高等职业教育农业农村部"十三五"规划教材

猪 生 产

第二版

李立山　主编

中国农业出版社

北　京

图书在版编目（CIP）数据

猪生产 / 李立山主编 . —2 版 . —北京：中国农
业出版社，2020.9（2023.8 重印）
高等职业教育农业农村部"十三五"规划教材
ISBN 978 - 7 - 109 - 27201 - 9

Ⅰ.①猪…　Ⅱ.①李…　Ⅲ.①养猪学－高等职业教育－
教材　Ⅳ.①S828

中国版本图书馆 CIP 数据核字（2020）第 152758 号

中国农业出版社出版

地址：北京市朝阳区麦子店街 18 号楼
邮编：100125
责任编辑：徐　芳　　文字编辑：张孟骅
版式设计：王　晨　　责任校对：沙凯霖
印刷：中农印务有限公司
版次：2011 年 8 月第 1 版　　2020 年 9 月第 2 版
印次：2023 年 8 月第 2 版北京第 4 次印刷
发行：新华书店北京发行所
开本：787mm×1092mm　1/16
印张：15.25
字数：338 千字
定价：39.80 元

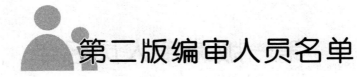# 第二版编审人员名单

主　编　李立山

副主编　王国强　张　伟　周芝佳　魏晓碧

编　者（以姓氏笔画为序）

　　　　王国强　李立山　李晓晗　李德生

　　　　张勇刚　张　伟　周芝佳　赵润梅

　　　　魏晓碧

主　审（企业指导）　薛云安

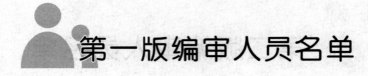

第一版编审人员名单

主　编　李立山

副主编　苏成文　周春宝　魏晓碧

编　者（以姓氏笔画为序）

丁兆忠　刘　燕　苏成文　李立山

宋显章　周春宝　周淑芹　郭秀山

樊兆斌　魏晓碧

主　审　王希彪

第二版前言

本教材是在《关于职业院校专业人才培养方案制订与实施工作的指导意见》（教职成〔2019〕13号）、《国家职业教育改革实施方案》等文件精神指导下，结合我国养猪生产实际并着眼于未来养猪技术发展，在高等职业教育农业部"十二五"规划教材《猪生产》的基础上进行了体例和内容的大量修订编写完成的。

我国养猪生产的主体已由散养和小规模养殖企业转变为公司＋农户、公司＋猪场、大规模猪场和集约化养猪龙头企业。猪场的饲养管理正由传统人工饲养方式逐渐向信息化、智能化过渡，行业的人才需求也发生了重大变化。为了更好地适应我国养猪业转型的需要和未来的发展趋势，本教材调整了以下几个方面内容：一是教材内容与国际接轨，保证了教材内容的先进性，将欧美国家养猪的先进理念和技术引入教材，如母猪分批分娩、母猪分胎饲养、智能养猪、宠物猪管理、电脑控制液体饲喂、动物福利、猪场生物安全、2012版美国NRC猪饲养标准等；二是教材内容适应国家生猪产业布局调整和发展生态养猪的需要，如将特色猪肉生产、猪群健康、猪场废弃物无公害化处理等内容再次编入教材；三是更加注重教材内容的实用性，如更新了生产数据，减少编者的主观观点，选用养猪生产一线人员进行审稿等。

本教材的特色是从强化实践能力培养、提高学生分析解决问题能力、适合职业岗位及职业资格需要、指导生产的角度出发，编写了模拟生产现场的情景化习题；按照生产环节及能力目标组织教材内容，使之方便学生阅读、教师讲授及生产技术人员参考；本教材设计了19个实训内容，以充分满足实践能力培养需要，使之更加贴近生产实际、更加适应教学需要、更加满足不同人才市场需求。本教材充分反映教学改革的最新成果，体现以实际生产过程为导向的课程体系改革思想，有利于培养学生的实践技能和增强学生就业与创业能力。本教材在使用过程中，要求学生具备一定的专业基础理论与知识。为提高教学效果，应在课堂教学基础上，辅以现场教学等多种教学方法，使学生能深入了解现代养猪生产的新知识、新工艺与新技术，熟练掌握养猪生产中每个环节的技术要领，具备分析和解决养猪生产中实际问题的能力，从而能够独立胜任养猪生产工作。

　　本教材模块一、模块三中项目二、三、四由李立山（锦州医科大学）编写，模块二中项目二、三、四由魏晓碧（四川农业大学水产学院）编写，模块二中项目一由赵润梅（甘肃农业职业技术学院）编写，模块二项目五和模块三中项目一由周芝佳（黑龙江职业学院）编写，模块二中项目七由张伟（新疆农业职业技术学院）编写，模块三中项目五、六由张勇刚（朔州职业技术学院）编写，模块二中项目六和模块四由李德生（锦州医科大学）编写，模块三中项目七由王国强（南阳农业职业学院）编写。每个模块中所涉及的实训内容由本模块编写者编写，全书由李立山统稿完成。辽宁省锦州市第一高级中学讲师李晓晗负责英文资料的翻译。

　　本教材由沈阳正成集团董事长、高级畜牧师薛云安担任主审，对书稿提出了许多宝贵意见和建议，提升了教材质量。编写过程中得到辽宁正成饲料科技有限公司总经理、高级畜牧师薄成斌，沈阳正成集团原种猪场场长、高级畜牧师梁作之和王福志的支持；中国农业出版社对教材编写进行了指导，并大力支持和帮助，在此一并表示感谢。

　　由于编者水平有限，难免有不妥之处，恳请广大读者及同行指出，以便改正。

编　者
2020 年 5 月

第 一 版 前 言

本教材是在贯彻教育部《关于全面提高高等职业教育教学质量的若干意见》文件精神，依据农业部科技教育司、全国农业职业院校教学工作指导委员会和全国农业职业技术教育研究会《全国高等农业职业教育畜牧兽医专业教学指导方案》的有关要求，依据高职高专服务区域经济发展、以就业为导向的培养方向，突出实践能力、增强职业能力的培养目标，汲取了我国在高职高专课程建设经验，结合我国养猪生产实际并着眼于未来养猪技术发展编写而成的。

本教材从强化实践能力培养、提高学生分析问题解决问题能力、适合于职业岗位及职业资格需要、指导生产的角度出发，编写了模拟生产现场的情景化习题；按照生产环节及能力目标组织教材内容，使本教材方便学生阅读、教师讲授及生产技术人员参考；全书设计 19 个实训操作内容，以充分满足实践能力培养需要，并且每个实训操作后面均附有实训考核标准便于老师考核。为使本教材适合于现代化养猪生产技术需要，符合优质、高效和可持续发展的理念，调整了教材内容：删除了与《畜牧场设计与畜舍环境调控技术》课程相重复的猪场建设与工厂化养猪内容；首次将猪场管理、特色猪肉生产、猪群健康、发酵床养猪生产技术、猪场废弃物无公害化处理、猪群保险、动物福利等内容编入高职高专教材；修订了落后于生产的数据及技术；全书名词术语统一，并与国际接轨，使得本版教材更贴近于生产和实用，保持教材内容的先进性。

本教材模块一中的项目一至七、知识链接一和模块二中的知识准备、项目一、二、知识链接二由李立山（辽宁医学院畜牧兽医学院）编写，模块三中的项目一、二、知识链接一以及附录 3 由苏成文（山东畜牧兽医职业学院）编写，模块一知识链接三由周春宝（江苏畜牧兽医职业技术学院）编写，模块一知识链接二由魏晓碧（四川农业大学水产学院）编写，模块一知识链接四和模块二知识链接一由周淑芹（黑龙江农业工程职业学院）编写，模块三知识链接二、三由郭秀山（北京农业职业学院）编写，模块四由宋显章（温州科技职业学院）编写，樊兆斌（辽宁医学院畜牧兽医学院）编写了模块一实训一、二、三、四、十和模块三实训以及附录 1、2，刘燕（河南农业职业学院）编写了模块一实训五、八、

九、十一和模块二实训一、二，丁兆忠（沧州职业技术学院）编写了模块一实训六、七、模块二实训三、四、五和模块四实训；全书由李立山统稿完成。

本教材由东北农业大学王希彪教授主审，对书稿提出了许多宝贵意见和建议，提升了教材质量；编写过程中得到沈阳正成牧业有限公司总经理、高级畜牧师王淑敏同志，原种猪场场长、高级畜牧师梁作之同志的支持，在此一并表示感谢。

由于编者水平有限，难免有不妥之处，恳请广大读者及同行指出，以便修改。

编　者

2011 年 2 月

目　　录

模块一　养猪入门

学习要点

1. 了解养猪发展史。
2. 了解猪的产品。
3. 了解养猪业发达国家的养猪生产概况。
4. 了解我国养猪生产滞后的主要原因。
5. 了解我国养猪生产的发展趋势。

项目一　猪生产与人

一、养猪历史

　　猪属于动物界，脊索动物门，哺乳纲，偶蹄目，猪次目，猪科，猪属，猪种。按照猪种分类，可分为欧洲野猪和亚洲野猪，大多数家猪起源于此。

　　考古学证据指出，猪是最先于新石器时代在东印度群岛和亚洲的东南部被驯养；约公元前9000年，在新几内亚的东部地区（现在的巴布亚新几内亚）出现猪的驯养；约公元前7000年，欧洲野猪开始被单独驯养，并晚于东印度猪；大约公元前5000年，东印度猪被带到了中国，之后，又于19世纪被带到欧洲，并在那里与欧洲野猪的后代杂交，由此融合了欧洲和亚洲猪种的血统并诞生了现代品种。

二、猪的产品

　　现代瘦肉型猪的屠宰体重一般为90～120 kg，屠宰率为72%～80%。猪的产品一般分为猪肉和猪副产品两部分。其中，猪副产品是一个总称，主要包括猪肺、猪肚、猪头、猪毛、猪血、脂肪等。

　　1. 猪肉　猪屠宰后，在进入市场进行销售时，需要按部位切割分级，猪肉分割的方法各国有所不同，我国通常将其分割成颈背肉、前腿肉、大排肉、小里脊、后腿肉、腹肋肉等。猪肉因其部位不同其口味和营养成分也有所区别。但总体来看，猪肉是一种可口的美食，富含人们生命活动所必需的营养成分：优质蛋白质（氨基酸）、矿物质和维生素等。

　　猪肉除了含有有益人体健康的成分外，还含有对人体有害的成分。例如：如果人们过多食用猪肉，会使人体血液中胆固醇水平升高，从而增加人患动脉硬化的概率。现将一些常见食物中胆固醇含量列表如下（表1-1），供饮食参考。

表1-1　常见食物中胆固醇含量

食品	胆固醇（mg/100 g）	食品	胆固醇（mg/100 g）
瘦猪肉	60	猪肠	150
牛肉	106	奶油	300
鸡	60～90	猪腰	380
鸽	110	牛肚	150
腊肠	150	草鱼	85
猪肚	150	鲫	90

　　另外，由于在饲养过程中通常会使用一些添加剂和兽药等，如果不严格执行有关添加剂、兽药的适用范围和停药期等规定，可能会在猪肉中造成有害物质的残留，在

一定程度上影响人类健康。因此，应注意加强食品安全方面的立法和执法力度，以保障人们吃上"放心"猪肉。

2. 猪副产品 包括可食用猪副产品和非食用猪副产品。可食用猪副产品是指生猪屠宰加工后所得内脏、脂肪、血液、骨、皮、头、蹄、尾等可食用的产品；非食用猪副产品是指生猪屠宰加工后所得毛、蹄壳、三腺等不可食用的产品。

（1）脂肪。可用于制作动物饲料，既可以提高饲料能值又能减少饲料粉尘，同时可以改善饲料的色泽质地和口味，增加饲料粒化效率，降低动物饲料生产过程中的机械损耗等。

（2）猪骨。猪骨不仅含有钙、磷、铁、钠等多种矿物质元素和蛋白质，而且具有很好的医疗保健作用。经加工制成的猪骨食品对缺铁性贫血、佝偻和骨质疏松等疾病有较好疗效。

（3）猪皮。猪皮约占猪胴体重量的10%。猪皮富含胶原蛋白、脂肪等成分。猪皮经去脂、脱色、脱毛、去味除腥、水解、稀释杀菌、凝絮，可加工成晶莹透亮、易于消化的皮冻。

（4）猪血。猪血营养丰富，蛋白质含量高。猪血中的血浆蛋白被人体中的胃酸等分解后产生的物质具有解毒、润肠的作用。

（5）猪鬃。猪鬃的硬度适中，具有弹性强、韧性好、耐热、耐湿、耐酸、耐磨等特性，可以用于制作毛刷，也可以制成装饰品。

（6）内分泌腺体。包括甲状腺、副甲状腺、垂体、松果体、肾上腺和胰腺，可以用于制药。例如：甲状腺可分离出甲状腺素、降血钙素和甲状腺球蛋白；脑垂体可以分离出促肾上腺皮质激素、加压素、催产素、催乳素和促甲状腺素等；肾上腺可以分离出皮质类固醇、可的松、肾上腺素和去甲肾上腺素；胰腺可以分离出胰岛素。总之，大约40种药物和医药品取自猪体。

猪生产除了生产猪肉和形成副产品外，还有其他方面的功能和用途。例如：猪生产过程中产生的猪粪尿可用于种植业，提高土壤肥力，有利于土壤可持续再生产，并作为生产有机产品过程中一个基本原料；另外，有些品种的猪可以作为观赏动物、实验动物，经过特殊训练的猪还可以用于军事探雷和海关缉私等。

三、猪产品与人们日常生活和生命健康的关系

猪肉中含有适量的高品质蛋白质（氨基酸）可用于身体组织的发育和修复。在鲜猪肉中，蛋白质的含量为15%～20%，并含有新组织形成所必需的氨基酸。85 g猪肉可以为一名19～50岁的成年男子提供每天所需蛋白质总量的44%。同时猪肉也是一种很好的能量来源，其能量的数值取决于猪肉中脂肪的含量。猪肉中的矿物质主要是铁、磷、锌和硒。磷与钙结合构成人的骨骼和牙齿，磷还参与体细胞骨架的形成，有助于保持血液的碱性，参与神经系统的能量输出等。铁是血液的必需组成成分，可以防止缺铁性贫血，是形成红细胞中血红蛋白的成分，可以协助将生命所需要的氧送到身体各个部位。研究证明，猪肉等肉类中的铁不仅最容易被人体吸收，而且还可以帮助吸收蔬菜中的铁。

猪肉中富含维生素A和B族维生素，早在3500年前，中国人和埃及人就发现食

用猪等动物的肝可以提高人的夜视能力。事实上，医学专家发现，夜视能力弱或夜盲的原因是食物中缺乏足够的维生素 A。

猪肉中 B 族维生素以维生素 B_1、核黄素、烟酸、维生素 B_6 和维生素 B_{12} 尤其丰富。其中维生素 B_1 的含量是其他食物 3 倍以上。通过食用猪肉，可以满足人们身体生长发育所需的 B 族维生素。对于人体能量代谢、新组织的形成发育、神经功能和许多其他功能都是必不可少的。维生素 B_1 可以治疗脚气病，烟酸可以治疗糙皮症。

猪肉不仅含有较多的营养物质，而且还可以很好地被消化吸收。猪肉中蛋白质和脂肪的消化率分别高达 92% 和 96%，因此是人们日常生活中不可缺少的食品（表 1-2）。

表 1-2 2016 年世界猪肉人均消费量

（李晓晗译自美国农业部官网）

国家/地区	人均消费量/kg	国家/地区	人均消费量/kg
中国大陆	39.12	墨西哥	17.65
欧盟国家	39.33	韩国	36.99
美国	29.16	菲律宾	16.22
日本	20.50	中国台湾	38.14
俄罗斯	22.03	巴西	13.41
越南	26.53	全球平均	14.87

四、增加收入

历史上猪肉生产是种植业的一个补充产业，大多数生产者的养猪收入是他们农场收入的宝贵来源。养猪能形成利润的主要原因在于与其他家畜生产相比有较高的劳动回报以及全年基本不变的劳动需求。但是近些年来，受人们对猪肉产品人均需要比例的下降、原料涨价和环境控制费用投入增加、劳动力工资福利增加、猪舍等固定资产的投入增加、猪群健康投入增大、猪肉产品包装费用提高等诸多因素的影响，猪肉产品成本增加，而销售价格的增长滞后使得养猪业者经济收入有下降的趋势。

项目二 我国养猪业的现状与趋势

一、我国养猪业的现状

1. 区域发展不平衡，多种养猪形式并存 据官方统计数据显示，截至 2015 年 4 月我国猪场总数 6 713.7 万个，其中 100 头以上的规模养殖场达 50%；其中年出栏 1 万头的猪场有 3 000 个左右，占全国出栏量 15%。2015 年生猪出栏 70 825 万头，猪肉产量 5 487 万 t，年末存栏量为 45 113 万头。

就全国养猪形式来看，散养、规模化和集约化三种并存，散养依然占据 50% 的出栏量，并且分布不均衡；从生产经营方式上散养户 80% 以上是外购断乳仔猪进行育肥，仅有不到 20% 的散养户实行自繁自养。而规模化猪场几乎全部自繁自养。一些特大型猪场或上市公司正在以公司＋农户模式进行养猪生产，实现风险共担、利益共享，如扬翔、温氏、中粮等集团，这种养猪形式未来 5～10 年将占养猪生产的主导地位。还有一些散养户结成养猪合作社。另外就是国内或国外投资的集约化猪场正在逐步兴起，特别是国外投资建设的集约化猪场无论是在规模上，还是在经营管理模式上都有可能领跑中国未来的养猪生产。

就地区来看，规模化猪场数量南方多于北方；经济发达地区多于经济欠发达地区和贫困地区。我国母猪生产水平还不够高，规模化猪场每头母猪年出栏 20～23 头，散养户每头母猪年出栏 12～16 头。而丹麦一个 700 头基础母猪的猪场，每头母猪年提供断乳仔猪 35.5 头。这也导致了我国生猪价格与国外生猪价格竞争处于劣势。

在猪生产中，全国 98% 以上的猪场进行"洋三元"品种间的杂交生产，仅有不到 2% 的猪场饲养地方猪种。养猪业发达的国家猪场一般进行的是"四元双杂交"或"品系杂交"，全国或一定区域实现联合育种，进行严格的选种选配工作。而我国在这一方面做的工作还不够，致使生产处于滞后状态。

从猪所居环境来看，规模化猪场优于散养户。规模化猪场在猪舍选址、建筑设计及舍内设备设施等方面基本能够满足猪群健康和生产的需要，但和养猪发达国家的全封闭猪舍还存在差距。至于散养户，多数在房前屋后建猪舍，而且猪舍功能简单只能满足猪采食和勉强的休息，几乎没有环境控制设备，不能有效地进行环境控制，猪群健康受到影响。根本无从谈到猪的福利，一部分猪处于亚健康状态，严重影响猪生产潜能的发挥。

2. 饲养管理较原始，生产效益较低 我国大多数猪场依然以原始人工喂养方式进行生产，劳动效率很低。以一个 500 头基础母猪自繁自养猪场为例，全场全部人工操作的情况下需要 10～15 名员工。而丹麦一个 700 头基础母猪的自繁自养猪场，只有 4 名员工，究其原因该猪场是一个智能化猪场。其中上料、投料、饲喂、清粪、环境调控甚至发情配种全部由电脑操控，员工只需要利用电脑进行少量操作，劳动效率较高。

　　养猪生产者主要关注两个问题，一个是生猪价格，另一个是猪群健康。我国生猪价格一直"坐过山车"，其原因有很多种，在很大程度上也与行业统计信息误差或市场预测不准确有关；至于猪群健康在一定程度上是可控的。例如：目前国内、外主要流行的传染病有蓝耳病、圆环病毒病、传染性胃肠炎、流行性腹泻、副猪嗜血杆菌病等。猪瘟、伪狂犬在欧美国家已经净化，蓝耳病在瑞典、智利已经被完全根除。北美 2010 年开始执行根除蓝耳病病毒的地区程序，而且范围正在扩大。其他国家上述一些传染病虽然没有完全根除，但是通过生物安全、环境控制、种猪淘汰隔离、仔猪早期隔离断乳和药苗的合理使用等已逐渐趋于稳定。而我国由于药物和疫苗使用欠规范、种猪淘汰隔离不严格等导致上述的一些传染病屡屡发生。散养户和相当一部分规模化猪场在制订免疫方案前没有进行疫情分析监测，盲目跟风，在没有进行抗原抗体监测情况下进行免疫，导致免疫效果不佳甚至失败，甚至造成猪群感染。

　　饲料方面，90％以上的养猪场使用配合饲料。但是依然存在原料品种单一、个别原料品质管控不力的情况。微生态制剂仍然没有大面积铺开，仍有一部分养猪生产者把抗生素当成保证猪群健康的首选，而忽视环境、营养的作用。而养猪业发达的国家已经开发出不同生产时期和阶段的"功能"饲料，猪生产水平较高。

　　猪场的管理者管理水平和技术能力对猪场生产水平、经济效益起着至关重要的作用。而一些中、小猪场投资者对于养猪生产技术不是十分了解，固有的观念束缚着其对新技术、新观念的认识，不舍得投入引进管理人才和技术能手，造成猪场经营管理不善、生产水平不高。个别猪场投资者凭借着自己养猪生产中摸索的不健全的经验和体会，不注意新知识、新技术的学习，一意孤行，最终导致猪场生产经营惨淡。

　　总之，我国现在的养猪业现状与养猪业发达的国家 20 世纪 90 年代的情况相近，养猪的理念、技术还有相当大的提升空间。然而，大规模和集约化猪场正在领跑我国的养猪业朝着健康、稳定方向前进。

二、我国养猪业的趋势

　　1. 规模化、集约化养猪势在必行　　全国的养猪生产未来走向是规模越来越大，猪场的数量越来越少，最终走向集约化。随着我国人民生活水平的不断提高，人均食肉量越来越多，仅凭几个大集团投资建一些大型集约化猪场是不能满足整个社会对猪肉的需求，养猪生产的空间还很大，需要有识之士加入养猪行业。国家陆续出台的一些对生猪生产环境保护和食品安全要求的法律法规，对猪肉安全、环保要求、粪污处理等越来越严格。散养户会陆续退出养猪行业，这是因为散养户与规模化猪场比较具有以下几方面差距：首先，随着规模扩大，头均净利润逐渐增加，据中国社会科学院农村发展研究所畜牧业经济研究中心刘玉满等统计，2011 年散养户每头育肥猪净利润平均为 377 元；小规模的每头育肥猪净利润平均为 465 元，增加了 88 元；中等规模进一步增加到 472 元。其次，散养户在猪舍建筑、内部结构和设备设施上无法与规模化猪场相比较，这导致了猪舍环境控制不到位，猪群健康无法保证，病死猪增加。最后，规模化猪场拥有比较优秀的管理人才和技术人才，是猪场取得高生产水平、高经济效益的主要因素。综上所述，现在的公司＋农户只是一个过渡，它将逐渐取代散养户；紧接着将会出现公司＋养猪场，而这种养猪模式要取代一部分中、小规模养猪场；最终是大规模猪场、集约化猪场将逐渐增多，成为我国养猪生产的主导模式。

2. 猪肉安全是红线　生产规模不断扩大，养猪数量得到了发展，消费者首要关心的问题是猪肉安全。近年来，国家相继出台了食品安全监督、检查、检测和处罚打击食品安全违法犯罪的法律法规，加大了整治力度。作为养猪业从业者必须时刻把猪肉安全放在第一位，认真学习国家关于加强食品安全方面的政策法规，遵纪守法，杜绝违禁药物的使用；按照农业农村部有关重大疾病的处理要求对病死猪及时实施无公害化处理；严格执行药物休药规定，杜绝药物残留；对于正常出栏的生猪实现可追溯制度，使消费者放心满意。猪肉产品品种也会有一定的微调，满足特殊消费群体的需要，如特味猪肉、有机猪肉、地方品种猪肉等。

3. 环境保护迫在眉睫　我国的环保意识不断增强，政府相关职能部门以及将来的民间组织对环境保护的要求会越来越严格，目前不同等级城市周围均划定不同范围的禁养区，避免对人群集聚区环境污染。对于允许饲养地区的猪场，环保部门对粪污排放、病死猪处理也做出了严格规定，不达到规定标准的需要停产甚至禁养。这样一来，猪场在兴建之初必须考虑粪污处理、病死猪处理，必须有粪污处理、病死猪处理设备设施，以实现粪污、病死猪无害化处理。例如：沈阳正成原种猪场，2013年在辽宁省率先投资200万元购买先进的病死猪处理技术和设备；2015年又投资近500万元购买先进的粪污处理技术和设备，通过微生物处理后的粪污既生产出有机肥又生产出可以冲洗圈舍的水，甚至可以饮用。

4. 猪种选育是关键　要想获得稳定、高性能的生产成绩，必须加强猪的选种选配工作。例如：东北地区或者每个省实施联合育种势在必行，这也是养猪发达国家正在进行的措施，也是加快遗传进展、提高优秀基因利用率的主要途径。我国领土面积较大，全国范围内统一实现选种选配有一定的困难，但是实现一定区域范围内的选种选配是完全可行的，如以省为单位或者临近几个省实行选种选配。要想实现上述协作相关职能部门加强管理和督查是首要的，否则只是空谈。

制约我国现在养猪生产水平的瓶颈之一是母猪繁殖性能低下，全国规模化猪场母猪平均年产仔窝数只有2窝左右，窝产仔数10～12头，而养猪业发达的国家已经达到年产仔窝数2.4窝，窝产仔数14～16头。因此，应加强母猪产仔数性状的遗传选育，提高我国现有猪群母猪年产水平，从而提高我国养猪生产经济效益。

5. 从根本上抓猪群健康是硬道理　猪群健康与营养、所居环境、生物安全息息相关。只有猪居住安逸、营养科学合理，才能使猪有一个健康的体质。未来营养配合个性化、功能化将变成现实；猪舍选址上更加注重天然防疫屏障，充分利用地理条件，减少生物制剂和药物的使用；在猪舍设计、内部设施设备等方面更加"猪性化"，猪舍环境控制智能化，有利于猪群生产潜能的发挥；猪群生物安全措施将被得到真正有效落实；每个猪场程序化地执行封闭饲养、早期隔离断乳、全进全出、科学使用药苗、严格淘汰隔离病死猪，定期进行猪群抗原抗体检测，进行科学必要的免疫，使得安全养猪生产形成常态。

6. 动物福利提上日程　通过建立健全动物福利可以在一定程度上提高猪生产性能，有利于猪群健康和肉质的改善。因此，需要在猪的生存空间内营造一个温馨、和谐的环境。

7. 养猪智能化是出路　饲养员流动性大、用人紧张、劳动强度大、劳动环境差、饲养员的素质和文化水平参差不齐、年龄偏大等是猪场的常见问题。要想改变这种状况，只有实现自动化喂饲、智能化管理，才是猪场进行稳定生产的出路。

8. 猪场饲养管理者必须有"内功"　猪场饲养管理者必须不间断地进行业务学习，不断更新养猪观念，主动接受新观念、新技术。养猪生产精细化代替粗放的饲养管理。在实际生产中善于发现问题、研究问题、最终创新性解决问题，形成一个完善的具有中国特色的、崭新的养猪技术，从而提高猪场生产水平和管理水平，提高养猪生产经济效益。

三、养猪业发达的国家养猪生产概况

1. 养猪业发达的国家养猪生产模式　养猪业的发达国家如丹麦、美国和加拿大等主要的养殖模式是规模化猪场和集约化猪场并存。育肥猪场数量显著多于育种场。年出栏 1 万～2 万头的规模化猪场占主导地位，而年出栏几十万头的集约化猪场也比较少。但是这些国家猪育种一直处于领军地位，每年向养猪不发达的国家和地区售出数以亿计的种猪，在一定程度上影响着世界养猪生产方向和水平。在养猪业发达的国家，无论是规模化猪场还是集约化猪场，智能化饲养管理已成主流。

2. 养猪业发达的国家养猪生产水平　养猪业发达的国家猪场的母猪平均年产窝数最多为 2.37 窝，最少为 2.25 窝。经产母猪年提供断乳仔猪 36～37 头。保育猪死亡率和育肥猪死亡率最高的都是美国，分别达到 3.87% 和 5.04%，全程（哺乳期除外）死亡率总计 8.91%。而最低的是巴西，分别为 2.00% 和 2.20%，全程（哺乳期除外）死亡率总计 4.20%。生长速度方面，丹麦和加拿大的猪长得最快，育肥期日增重分别达到 916 g 和 878 g。其他国家相差不大，都在 800 g 左右。西班牙最低，只有676 g。饲料转化率方面，有 3 个国家的育肥期料肉比达到了 2.6，分别为巴西、荷兰、西班牙，而料肉比最高的是加拿大，为 3.02。不同国家的育肥猪出栏重量不同，美国、加拿大、德国一般在 120 kg 左右出栏，丹麦、英国一般在 100 kg 左右出栏。英国猪出栏时的平均瘦肉率最高，为 61.4%；美国猪的瘦肉率最低，为 55.5%。从母猪造肉能力方面来衡量，造肉能力是评价一头母猪综合生产性能的一个比较全面的指标。在"每头母猪每年生产胴体重"和"每头母猪每年生产瘦肉重"方面都是荷兰的猪群最好，分别为 253.9 kg 和 149 kg。

综合来说，丹麦和荷兰两国的养猪水平最高。

思考题

1. 我国养猪业滞后的主要原因有哪些？
2. 简述我国养猪业的发展趋势。

模块二　猪生产基础

学习要点

1. 了解猪场规模的类型。

2. 了解猪场生产模式和生产方式。

3. 了解猪舍类型和猪舍设备。

4. 了解各品种猪的原产地、主要的外貌特征、主要生产性能及利用方向。

5. 了解常用饲料原料与饲料类型。

6. 了解种猪测定的技术规程。

7. 了解猪场管理内容。

8. 了解猪场生物安全的措施、环境因素与猪群健康的关系、预防猪病措施，掌握猪群健康观察方法。

9. 了解猪质量性状的遗传选择，掌握生产力性状的遗传和选择。

10. 掌握猪的生物学特性。

11. 掌握猪群类别划分。

项目一　猪场筹划

任务一　确定猪场规模与模式

（一）确定猪场规模和生产方向

1. 年出栏头数　猪场的饲养规模指在养猪场正常运营情况下，养猪场年出栏商品猪的头数，如千头猪场、万头猪场等多种规模。种猪场也可以按照基础母猪头数计。

小型养猪场：年出栏 1 000～5 000 头商品猪，年饲养基础母猪≤300 头；

中型养猪场：年出栏 5 000～10 000 头商品猪，年饲养基础母猪 300～600 头；

大型养猪场：年出栏 10 000 头以上，年饲养基础母猪＞600 头；规模超过 30 000 头宜分场建设，有利于猪场疫病防治、环境控制、粪污处理。

（1）规模化养猪场。实际生产中以基础母猪 100 头，年出栏商品猪 2 000～2 400 头为一个标准规模养猪场，每周至少有 4～5 头母猪产仔，5～6 头母猪配种、妊娠，每周出栏商品肉猪 40 头，需要 6 个劳动力完成全部任务，投入资金 130 万元，产出约 150 万元，每头母猪制造利润大约 2 000 元。

自繁自养的规模化养猪场、年出栏 300～5 000 头商品猪的标准化规模养猪场、养猪专业户，其基础母猪头数参考见表 2-1。

表 2-1　不同规模养猪场种母猪头数指标

建设规模/（头/年）	400～500	500～1 000	1 000～2 000	2 000～3 000	3 000～5 000
基础母猪/头	20～30	30～50	50～80	80～120	120～200

（2）集约化猪场。集约化猪场是大规模的猪场，通过使用优良的猪种，饲喂全价饲料，创造适宜的环境，执行严格的防疫，实行集约化养猪，最终的目的是获得较高的经济效益。如果将生产环节按照工业生产方式进行，即按繁殖周期安排工艺流程，按节拍均衡生产，实行全进全出制度，这种生产方式称为"工厂化养猪"。

2. 生产方向　根据生产方向可细分为哺乳仔猪场、生长育肥猪场、自繁自养猪场和种猪场。哺乳仔猪场要求保育猪经过保育期饲养体重达到 20～25 kg，然后销售给生长育肥猪生产者；自繁自养也称全程饲养，即配种、分娩、育肥三个过程结合的一种饲养方式；种猪场主要生产并出售种猪。

养猪场的性质和规模的确定，先根据市场需求制订，再要考虑生产技术水平、投资能力和各方面基础条件。种猪场应尽可能纳入国家或地区的繁育体系，其性质和规模应适应国家或地区的要求，建场时应慎重考虑，切忌盲目追求高层次、大规模，否则很易导致投入产出不成比例、资金链断裂、猪场倒闭的严重后果。

（二）确定生产模式和生产方式

1. 集约化 集约化养猪，就是以"集中、密集、制约、节约"为前提，按照养猪生产的客观规律和地区特点而采取的对猪群、劳力、设备的合理配置和适度组合的方式，并采用先进的养猪科学技术，挖掘各类猪群的生产潜力，提高养猪效益。集约化养猪以高效益为目的，力求用较低的成本在较短的时间内生产较多的产品，主要体现在：集约化养猪可有效地提高猪舍的利用率，比传统养猪可节省猪舍面积30%～50%，猪场占地面积和占地投资也相应减少；实施早期断乳、同期发情等先进的繁殖技术，提高母猪的利用强度，使母猪年产仔窝数增加到2.5窝；适宜的环境和合理的饲养管理，同时加强了良种选育工作及采用新技术；充分挖掘了猪的生产潜力，提高了商品猪生产水平，一般育肥猪达90 kg体重的日龄为170～180 d；饲料转化率得到提高，我国育肥猪的饲料转化率一般为2.8∶1，而美国可达到（2.3～2.4）∶1。

2. 非集约化 非集约化饲养主要指农村家庭传统散养，养殖户多，养殖规模和数量少，分散饲养。这种千家万户养殖模式越来越少，主要是受到现代化、规模化养殖和疫病、防疫风险等因素影响。

3. 自动喂饲 自动喂饲主要使用机械喂料，经饲料加工厂加工好的全价配合饲料，直接装入饲料罐车运输到猪生产区内，送入饲料贮存塔中，然后用螺旋输送机输送到猪舍内的自动落料饲槽或食槽内进行饲喂，供猪采食。这种供料饲喂方法，不仅使饲料保持新鲜，不受污染，减少包装、装卸和散漏损失，还可以实现机械化、自动化，节省劳力，提高劳动生产率。但缺点是设备造价高，投资成本大，对电的依赖性大。目前一些大型猪场均采用智能喂饲系统，提高了劳动效率。智能喂饲是发展趋势。

4. 人工喂饲 人工喂饲指人工喂料为主，饲料采用袋装，人工送到猪舍，投到自动落料饲槽或食槽，供猪采食。尽管人工运送喂饲劳动强度大，劳动效率低，饲料装卸、运送损失大，又易污染，但这种方式所需设备较少，除食槽外主要是加料车。加料车机动性好，可在猪舍走道与操作间之间的任意位置行走和装卸饲料；投资少，制作简单，适宜运送各种形态的饲料；不需要电力，任何地方都可采用。

任务二　资金筹划

（一）资金数量与分配

猪场资金根据用途和周转方式分为固定资金和流动资金。固定资金主要用于垫支固定资产上的资金，也是固定资产的货币表现。它是以实物形态呈现如房屋建筑、圈栏、机械设备、运输工具等，它的特点是使用时间长，可多次参与生产过程而不改变原来的物质形态，只是逐步磨损，并且把价值逐年转移到产品中去，以折旧的方式计入成本。流动资金是指购买仔猪、育肥猪、饲料、兽药以及其他消耗性原料等的货币支出。它的特点是只参加一次生产过程就被消耗掉，并把其全部价值转移到新的产品中去。养猪场的主要成本项目还有劳务费（指直接从事养猪生产的饲养人员的工资、福利和各种险金）、饲料费、燃料和动力费、医药费、固定资产折旧费、固定资产维修费、低值易耗品费等。这些费用的总和就是猪场的生产总成本。

（二）资金筹集途径

目前筹集养殖场的资金途径主要由贷款、自筹资金、社会融资等组成。

1. 贷款 通过银行进行贷款。

2. 自筹 自行筹集用于养殖的资金。

3. 社会融资（股份制） 面向社会，利用多种灵活方式，动员社会上潜在的资金力量，把分散的资金集中起来。

任务三 土地筹划

（一）土地来源

1. 国家划拨 国家划拨的专门从事养殖的土地。

2. 征地 养殖场规划布局和选址时国家鼓励利用废弃地和荒山荒坡等未利用地，尽可能不占或少占耕地原则，禁止占用基本农田。

（二）土地面积

1. 各类猪群饲养密度（表2-2）。

表2-2 各类猪群饲养密度

猪群类别		每栏建议饲养头数	每头占猪栏面积/m²
种公猪		1	8.0～12.0
空怀及妊娠母猪	限位栏	1	1.3～1.5
	群饲	4～6	1.8～2.5
后备母猪		4～6	1.5～2.0
泌乳母猪		1	3.8～4.2
保育猪		8～12	0.3～0.4
生长猪		8～10	0.6～0.9
育肥猪		8～10	0.8～1.2

数据来源：NY/T 1568—2007 标准化规模养猪场建设规范。

2. 考虑生产需要总计土地面积（表2-3）。

表2-3 养猪场占地面积及建筑面积指标

建设规模/（头/年）	300～500	500～1 000	1 000～2 000	2 000～3 000	3 000～5 000
占地面积/ m²	1 050～2 200	2 200～3 740	3 740～7 620	7 620～11 500	11 500～18 000
总建筑面积/ m²	320～670	670～1 100	1 100～2 350	2 350～3 520	3 520～4 770
生产建筑面积/ m²	260～580	580～980	980～2 150	2 150～3 250	3 250～4 000
其他建筑面积/ m²	60～90	90～120	120～200	200～270	270～770

数据来源：NY/T 1568—2007 标准化规模养猪场建设规范。

任务四　人员筹划

（一）员工类别与素质要求

1. 职业经理人　职业经理人认真贯彻执行国家有关发展畜牧业的法规和政策，在充分调研、协商的基础上，决定养猪场的经营计划和投资方案，对外签订经济合同；制订猪场的年度预算方案、决算方案、利润分配方案以及弥补亏损方案；决定猪场机构设置，聘任或解聘猪场的员工和决定其报酬等事项；制定猪场的基本管理制度，负责向投资人汇报猪场经营情况和财务状况；决定猪场合并、分立、变更、经营形式、解散等重大事件。

2. 技术人员　畜牧技术员根据猪场生产任务和饲料条件，拟订猪场生产计划；制订各类猪群更新淘汰、产仔、出售以及猪群周转计划；按照各项技术规程，拟定饲料配方和饲喂定额；制订育种、选种、选配方案；负责养殖场的日常技术操作和生产管理；进行猪的生产力评定；制订、督促、检查各种生产操作规程和岗位责任制贯彻执行情况；总结本场畜牧技术经验，传授科技知识，填写养殖档案和各项技术记录，并进行统计整理；及时报告本场的畜牧技术事故，并承担应负的责任。

兽医技术员制定本场消毒、防疫、检疫制度和制定免疫程序，并行使总监督；负责拟定全场兽医药械的分配调拨计划，并检查其使用情况，在发生传染病时，根据有关规定封锁或扑杀病畜；组织兽医技术经验交流、技术培训和科学实验工作；组织会诊疑难病例；对于兽医中重大事故，要负责找出原因，并承担应负的责任。

3. 饲养员　饲养员进行饲料饲喂；打扫猪栏；观察猪群状况，检查舍内温度，检查猪舍设备并对病猪进行简单治疗；按免疫程序给猪群进行免疫，定期驱虫和消毒；填写各种记录。饲养员是养猪生产的主体，需要掌握一定的科学养猪知识，了解猪的生物学特性，生长、发育阶段的营养需要和饲养管理技能，并能自觉遵守饲养管理操作规程，达到科学养猪的目的。

4. 销售员　销售员完成猪场下达的销售任务，建立客户档案，定期上门回访客户，保持每年稳定 60%～70% 的老客户，开发 30%～40% 新客户；要求才思敏捷，有较好的专业技能和语言沟通能力；能够吃苦耐劳，不断加强学习以提高自身营销技巧和拓展业务的能力。

5. 采购员　采购员为猪场采购原料、兽药和疫苗；禁止购进发霉变质和不符合质量标准规定的原料以及伪劣兽药疫苗及饲料添加剂；采购员不能敲诈、拿回扣或收受顾客的贿赂，损害公司的利益，保证各猪场计划所需的原料、兽药、疫苗的准时供应；采购原料等要坚持"质量第一"的原则。

6. 后勤辅助人员　猪场后勤辅助人员包括财会员、统计员、保管员、设备维修员、门卫等，除了负责自己的本职工作同时还要积极协助场内的一些其他工作。

（二）不同生产条件下员工数量

1. 人工操作条件下养猪工作量　人工操作虽然投资较少，但是饲养员劳动强度较大，生产效率低，年人均劳动生产效率见表2-4。

表2-4 养猪场劳动定额

猪场规模/(头/年)	300～500	500～1 000	1 000～2 000	2 000～3 000	3 000～5 000
劳动定员/人	2～3	4～6	6～9	9～10	10～15
年人均劳动生产率/头	150～165	165～200	200～220	220～300	300～330

2. 自动化条件下养猪工作量 自动化养猪生产，虽然基础投资较大，但饲养员劳动强度较小，生产效率高，如丹麦一个700基础母猪的猪场4名员工可以完成猪场的所有工作，年人均劳动生产效率6 300头，是人工操作养猪的20～40倍。

任务五 猪场建设

（一）场址选择

1. 场址与建设条件 场址选择应根据猪场的性质、规模和任务，考虑场地的地形、地势、水源、土壤、气候等自然条件，同时应考虑饲料及能源供应、交通运输、产品销售、与周围工厂（居民点、其他畜禽场等）的距离、当地农业生产、猪场粪污无害化处理和排污能力等社会条件，一切应符合国家相关法律法规、当地土地利用发展规划和村镇建设发展规划，进行全面调查和综合分析后再做出决定。

（1）地形地势。猪场地形要求开阔整齐，有足够面积。地形狭长或边角多不便于场地规划和建筑物布局；面积不足会造成建筑物拥挤，给饲养管理、改善场区及猪舍环境及防疫、防火等造成不便。非集约化猪场生产区面积一般可按繁殖母猪每头45～50 m² 或上市商品育肥猪每头3～4 m² 考虑，猪场生活区、行政管理区、隔离区另行考虑，并且需要留有发展余地。集约化猪场按照存栏头数计算，每头猪使用面积2 m²。

猪场地势要求较高、干燥、平坦、背风向阳、有缓坡。地势低洼的场地易积水潮湿，夏季通风不良，空气闷热，易滋生蚊蝇和微生物，而冬季则阴冷。有缓坡的场地便于排水，但坡度以不大于 25°为宜，以免造成场内运输不便。在坡地建场宜选背风向阳坡，以利于防寒和保证场区较好的小气候环境。集约化猪场建场选址时主要考虑原料、生猪运输、防疫和粪污处理。

厂址选择时应本着节约用地，不占或少占农田的原则。建场土地面积依猪场的任务、性质、规模和场地的具体情况而定，一般一个年出栏万头育肥猪的大型商品猪场，占地面积30 000 m²（3 hm²）为宜。

以下地段或地区严禁建场：规定的自然保护区、水源保护区、风景旅游区；受洪水或山洪威胁及泥石流、滑坡等自然灾害多发地带；自然环境污染严重的地区。

（2）水源水质。猪场水源要求水量充足，水质良好，便于取用和进行卫生防护，并易于净化和消毒。水源水量必须满足场内生活用水、猪只饮用及饲养管理用水（如清洗调制饲料、冲洗猪舍、清洗机具、用具等）的要求。各类猪每头每天的总需水量与饮用量分别为：种公猪40 L和10 L、空怀及妊娠母猪40 L和12 L、泌乳母猪75 L

和 20 L、断乳仔猪 5 L 和 2 L、生长猪 15 L 和 6 L、育肥猪 25 L 和 6 L，这些参数供选择水源时参考。

（3）土壤特性。土壤的物理、化学和生物学特性都会影响猪的健康和生产力。一般情况下，猪场土壤要求透气性好、易渗水、热容量大，这样可抑制微生物、寄生虫和蚊蝇的滋生，并可使场区昼夜温差较小。土壤化学成分通过饲料或水影响猪的代谢和健康，某些化学元素缺乏或过多，都会造成地方病，如缺碘造成甲状腺肿，缺硒造成白肌病，多氟造成斑釉齿和大骨节病等。土壤虽有一定的自净能力，但许多病原微生物可存活多年，而土壤又难以彻底进行消毒，所以，土壤一旦被污染，则多年具有危害性，选择场址时应避免在旧猪场场址或其他畜牧场场地上重建或改建。

为避免与农争地，少占耕地，选址时不宜过分强调土壤种类和物理特性，应着重考虑化学和生物学特性，注意地方病和疫情的调查。

（4）周围环境。养猪场饲料、产品、粪污、废弃物等运输量很大，交通方便才能保证饲料的就近供应、产品的就近销售及粪污和废弃物的就地转化和消纳，以降低生产成本和防止污染周围环境，但交通干线又往往是造成疫病传播的途径。因此，选择场址时既要求交通方便，又要求与交通干线保持适当的距离。一般来说，猪场距铁路 300～500 m，距国家一、二级公路 300～500 m，距国家三级公路 150～200 m，距国家四级公路 50～100 m。

猪场与村镇居民点、工厂及其他畜禽场间应保持适当距离，以避免相互污染。与居民点间的距离，一般猪场应保持在 300～500 m，大型猪场（如万头猪场）则应不少于 1 000 m。猪场应处在居民点的下风向（侧风向）和地势较低处。与其他畜禽场间距离，一般畜禽场应保持在 150～300 m，大型畜禽场间应保持在 1 000～1 500 m。此外，还应考虑电力和其他能源的供应。

2. 规划布局　场地选定后，根据有利防疫、改善场区小气候、方便饲养管理、节约用地等原则，考虑当地气候、方向、场地的地形地势、猪场各种建筑物和设施的大小及功能关系，规划全场的道路、排水系统、场区绿化等，安排各功能区的位置及每种建筑物和设施的位置和朝向。

（1）场地规划。猪场一般可分为 4 个功能区，即生活区、生产管理区、生产区、隔离区。为了便于防疫和安全生产，应根据当地全年主风向与地势，顺序安排以上各区，即生活区→生产管理区→生产区→隔离区。

① 生活区。包括文化娱乐室、职工宿舍、食堂等。此区应设在猪场大门外面。为保证良好的卫生条件，避免生产区臭气、尘埃和污水的污染，生活区设在上风向（侧风向）和地势较高的地方，同时其位置应便于与外界联系。

② 生产管理区。包括行政和技术办公室、接待室、饲料加工调配车间、饲料储存库、水电供应设施、车库、杂品库、消毒池、更衣消毒和洗澡间等。该区与日产饲养工作关系密切，距生产区距离不宜远。饲料库应靠近进场道路，并在外侧墙上设卸料窗，场外运料车辆不许进生产区，饲料由卸料窗入料库；消毒、更衣、洗澡间应设在大门一侧，进生产区人员一律经消毒、洗澡、更衣后方可入内。

③ 生产区。包括各类猪舍和生产设施，也是猪场的最主要区域，严禁外来车辆进入生产区，也禁止生产区车辆外出。各猪舍由料库内门领料，用场内小车运送。在

靠围墙处设装猪台，售猪时由装猪台装车，避免外来车辆进场。生产区各类猪舍根据风向与地势，按照生产工艺流程安排：种猪舍→配种舍→妊娠舍→分娩舍→保育舍→生长舍→育肥舍。

④ 隔离区。包括兽医室和隔离猪舍、尸体剖检和处理设施、粪污处理及贮存设施等。该区是卫生防疫和环境保护的重点，应设在整个猪场的下风向（侧风向）和地势低处，以避免疫病传播和环境污染。

场内道路应分设净道、污道，互不交叉。净道用于运送饲料、产品等，污道则专运粪污、病猪、死猪等。场内道路要求防水防滑，生产区不宜设直通场外的道路，而生产管理区和隔离区应分别设置通向场外的道路，以利于卫生防疫。场区绿化可在冬季主风的上风向设防风林，在猪场周围设隔离林，猪舍之间、道路两旁进行绿化。

（2）建筑物布局。生活区和生产管理区与场外联系密切，为保障猪群防疫，宜设在猪场大门附近，门口分设行人和车辆消毒池，两侧设值班室和更衣室。生产区各猪舍的位置需考虑配种、转群等联系方便，并注意卫生防疫，种猪、仔猪应置于上风向和地势高处。分娩猪舍要靠近妊娠猪舍，又要靠近仔猪培育舍，育成猪舍靠近育肥猪舍，育肥猪舍设在下风向，育肥猪舍置于离场门或围墙近处，围墙内侧设装猪台，运输车辆停在围墙外装车，如商品猪场可按种公猪舍、空怀母猪舍、妊娠母猪舍、产房、断乳仔猪舍、育肥猪舍、装猪台等建筑顺序靠近排列。病猪和粪污处理应置于全场最下风向和地势最低处，距生产区宜保持至少 50 m 的距离。猪舍的朝向一般以冬季或夏季主风与猪舍长轴有 30°～ 60°夹角为宜，应避免主风方向与猪舍长轴垂直或平行。为了防暑和防寒，猪舍一般以南向或南偏东、南偏西 45°以内为宜。猪舍间距一般以 3～5H（H 为南排猪舍檐高）为宜。

（二）猪舍类型

非封闭式猪舍设计要求为：在寒冷地区以保暖防潮为主；在炎热地区以隔热防潮为主。猪舍排列和布置必须符合生产工艺流程要求。一般按配种舍、妊娠舍、分娩舍、保育舍、生长舍和育肥舍依次排列，尽量保证一栋猪舍一个工艺环节，便于管理和防疫。

1. 猪舍建筑基本结构　猪舍的基本结构包括床面、墙、门窗、屋顶等，这些又统称为猪舍的"外围保护结构"。猪舍的小气候状况，在很大程度上取决于外围保护结构的性能。

（1）床面。床面要求保温、坚实、不透水、平整、防滑、耐腐蚀、便于清扫和清洗消毒；床面应斜向排粪沟，坡度为 3%～4%，以利保持床面干燥。猪舍床面分实体床面和漏缝地板。

① 实体床面。采用土质床面、三合土床面或砖床面，虽然保温好，费用低，但不坚固、易透水、不便于清洗和消毒；若采用水泥床面，虽坚固耐用，易清洗消毒，但保温性能差。实体床面不适用于保育仔猪和幼龄猪。

② 漏缝地板。漏缝地板有钢筋混凝土板条、钢筋编织网、钢筋焊接网、塑料板块、陶瓷板块等。漏缝地板要求是耐腐蚀、不变形、表面平而不滑、导热性小、坚固耐用、漏粪效果好、易冲洗消毒，能保证所饲养的猪行走站立，不卡猪蹄。

（2）墙壁。墙体要求结构简单、保温隔热、内墙面应平整光滑、便于清洗消毒。

（3）屋顶。具有遮挡风雨和保温隔热作用。要求坚固，有一定承重能力，不透风、不漏水，耐火，结构轻便，猪舍加吊顶可提高保温隔热性能。

（4）门窗。猪舍设门有利于猪的转群、运送饲料、清除粪便等。一栋猪舍应有两个外门，一般设在猪舍的两端墙上，门向外开，门外设坡道而不应有门槛、台阶。冬季应加设门斗。窗户主要用于采光和通风换气。

（5）猪舍通道。猪舍内为饲喂、清粪、进猪、出猪、治疗观察及日常管理等作业留出的道路。猪舍通道分为饲喂通道、清粪通道和横向通道3种。从卫生防疫角度考虑，饲喂通道和清粪通道应该分开设置。采用水冲清粪和往复式刮粪板清粪的猪舍可以不留清粪通道。当猪舍较长时，为了提高作业效率，还应设置横向通道。

（6）猪舍高度。猪舍内的空气环境（温、湿度和空气质量）对猪的影响最大，为了使舍内保持较好的空气环境，必须有足够的舍内空间，空间过大不利于冬季保温，空间过小不利于夏季防暑。猪舍高度一般为2.5～3.0 m。由于对流作用热空气上升，猪舍上部的空气温度通常高于猪活动区。因此，在以冬季保温为主的寒冷地区，适当降低猪舍高度有利于提高其保温性能；而在以夏季隔热为主的炎热地区，适当增加猪舍高度有利于使猪产生的热量迅速散失，同时又减少通过屋顶传到猪舍的太阳辐射热，从而增强猪舍的降温隔热性能。

2. 猪舍建筑常见类型

（1）**按屋顶形式分**。分为单坡式、双坡式、不等坡式、联合式、平顶式、拱顶式、钟楼式、半钟楼式等。

（2）**按墙的结构分**。分为开放式、半开放式和密闭式。

① 开放式。三面有墙，一面无墙，其结构简单，通风采光好，造价低，但冬季防寒困难。

② 半开放式。三面有墙，一面设半截墙，保温略优于开放式。冬季若在半截墙以上覆盖草帘或塑料薄膜，能明显提高其保温性能。半开放式猪舍建造简单，投资少，见效快，很受小型养殖户欢迎。

③ 密闭式。分为有窗式和无窗式。有窗式猪舍四面设墙，窗设在纵墙上，窗的大小、数量和结构应结合当地气候而定。一般北方寒冷地区，猪舍南窗大，北窗小，以利保温。为解决夏季有效通风，夏季炎热地区还可在两纵墙上设地窗，或在屋顶上设风管、通风屋脊等。有窗式猪舍保温隔热性能好；无窗式猪舍四面有墙，墙上只设应急窗（停电时使用），与外界自然环境隔绝程度较高，舍内的通风、采光、温度全靠设备调控，能为猪提供较好的环境条件，有利于猪的生长发育，提高生产率，但这种猪舍建筑、装备、维修、运行费用大。母猪分娩舍和仔猪保育舍可采用。

（3）**按猪栏排列分**。分为单列式、双列式和多列式。

① 单列式。猪舍猪栏排成一列，一般靠北墙设饲喂走道，舍外可设或不设运动场，跨度较小，结构简单，省工省料造价低，但不适合机械化作业。

② 双列式。猪栏排成两列，中间设一工作道，有的还在两边设清粪道。猪舍建

筑面积利用率高，保温好，管理方便，便于使用机械。但北侧采光差，舍内易潮湿。

③ 多列式。猪栏排列成三列以上，猪舍建筑面积利用率更高，容纳猪只多，保温性能好，运输路线短，管理方便。缺点是采光不好，舍内阴暗潮湿，通风不畅，必须辅以机械，人工控制其通风、光照及温湿度。

（三）猪舍设备

猪场的设备主要包括猪栏、饲喂设备、饮水设备、环境控制设备、饲料加工设备、清洗消毒设备、粪便处理系统、兽医防疫设备等。

1. 猪栏 猪栏是养猪场的基本生产单元，它可以将猪限制在一个特定的范围内活动，以便对其进行管理。根据所用材料的不同，分为实体猪栏、栏栅式猪栏和综合式猪栏 3 种形式。

实体猪栏采用砖砌结构（厚 120 mm，高 1 000～1 200 mm）外抹水泥，或采用水泥预制构件（厚 50 mm 左右）组装而成；栏栅式猪栏采用金属型材焊接成栏栅状再固定装配而成；综合式猪栏是以上两种形式的猪栏综合而成，两猪栏相邻的隔栏采用实体结构，沿喂饲通道的正面采用栏栅式结构。

根据猪栏内所养猪只种类的不同，猪栏又分为公猪栏、母猪栏、母猪分娩栏、保育猪栏、生长猪栏和育肥猪栏。

（1）公猪栏。公猪栏指饲养公猪的猪栏。按每栏饲养 1 头公猪设计，一般栏高 1.2～1.4 m，占地面积 6～7 m²。

（2）母猪栏。母猪栏指饲养后备、空怀和妊娠母猪的猪栏，按要求分为群养母猪栏、单体母猪栏和母猪分娩栏 3 种。

① 群养母猪栏。通常 4～6 头母猪占用 1 个猪栏，栏高为 1.0 m 左右，每头母猪所需面积 1.2～1.6 m²。采用母猪智能喂饲系统，根据喂饲系统规格与要求，可以 16 头、32 头、48 头、64 头 1 栏。主要用于饲养后备和空怀母猪，也可饲养妊娠母猪。非智能喂饲系统喂饲要注意防止抢食而引起流产。

② 单体母猪栏。每个栏中饲养 1 头母猪，栏长 2.0～2.3 m，栏高 1.0 m，栏宽 0.6～0.7 m。主要用于饲养妊娠母猪。单体母猪栏见图 2-1。

③ 母猪分娩栏。母猪分娩栏指饲养分娩哺乳母猪的猪栏，主要由母猪限位架、仔猪围栏、仔猪保温箱和网床 4 部分组成。其中母猪限位架长 2.2～2.4 m，宽 0.6～0.7 m，高 1.0 m；仔猪围栏的长度与母猪限位架相同，宽 1.7～1.8 m，高 0.5～0.6 m；仔猪保温箱是用水泥预制板、玻璃钢或其他具有高强度的保温材料，在仔猪围栏区特定的位置分隔而成。母猪分娩栏见图 2-2。

（3）保育栏。保育栏指饲养保育猪的猪栏，主要由围栏、自动食槽和网床 3 部分组成。按每头保育仔猪所需网床面积 0.30～0.35 m² 设计，一般栏高为 0.7 m 左右。仔猪保育栏见图 2-3。

（4）生长栏、育肥栏。生长栏、育肥栏指饲养生长猪和育肥猪的猪栏。猪只通常在地面饲养，栏内地面铺设局部漏缝地板或金属漏缝地板，其栏架有金属栏和实体式两种结构。一般生长栏高 0.8～0.9 m，育肥栏高 0.9～1.0 m，其占地面积生长猪栏按每头 0.6～0.9 m²，育肥栏按每头 0.8～1.2 m² 计。

图 2-1　单体母猪栏

图 2-2　母猪分娩栏

图 2-3　仔猪保育栏

　　以上各类猪栏在舍内的布局应根据猪场饲养规模、猪舍类型和管理要求而合理安排。

　　2. 饲喂设备　合适的饲槽可以节省饲料，提高猪的采食均匀度。饲槽要求构造简单、坚固耐用、表面光滑、便于清扫和消毒，按用途分自由采食饲槽和限量饲槽两种；按材质可分为水泥饲槽、金属饲槽等；按饲用功能分为间歇添料饲槽、自动落料饲槽等。

　　（1）限量饲槽。采用金属或水泥制成，每头猪喂饲时所需饲槽的长度大约等于猪肩宽。

　　（2）间歇添料饲槽。分为固定饲槽和移动饲槽，条件较差的一般猪场采用移动饲槽。饲槽一般为长形，每头猪所占饲槽的长度应根据猪的品种、年龄而定。集约化、工厂化猪场限位饲养的妊娠母猪或泌乳母猪，其固定饲槽为金属制品，固定在限位栏上。

　　（3）方形自动落料饲槽。一般条件的猪场不用这种饲槽，它常见于集约化、工厂化的猪场。方形落料饲槽有单开式和双开式两种。单开式的一面固定在走廊的隔栏或隔墙上；双开式则安放在两栏的隔栏或隔墙上，自动落料饲槽一般用镀锌铁皮制成，并以钢筋加固。

　　（4）圆形自动落料饲槽。圆形自动落料饲槽用不锈钢制成，较为坚固耐用，底盘也可用铸铁或水泥浇注，适用于高密度、大群体生长育肥猪舍。

3. 饮水设备 猪用自动饮水器的种类很多，有鸭嘴式、杯式、乳头式等。由于乳头式和杯式自动饮水器的结构和性能不如鸭嘴式饮水器，目前普遍采用的是鸭嘴式自动饮水器。它主要由阀体、阀芯、密封圈、回位弹簧、塞和滤网组成。

4. 环境控制设备

（1）供热保温设备。猪舍的供暖，分集中供暖和局部供暖两种方法。集中供暖主要利用热水、蒸汽、热空气及电能等形式。在我国养猪生产实践中，多采用热水供暖系统，该系统包括热水锅炉、供水管路、散热器、回水管及水泵等设备。局部供暖最常用的有电热箱、电热地板、红外线灯等设备。

（2）通风降温设备。为了排除舍内的有害气体，降低舍内的温度和控制舍内的湿度等使用的设备。

① 通风机配置。利用风机强制进行猪舍内外的空气交换，常用的机械通风有正压通风、负压通风和联合通风3种。正压通风是用风机将猪舍外新鲜空气强制送入舍内使舍内气压增高，舍内污浊空气经排气口（管）自然排走的换气方式；负压通风是用风机抽出舍内的污浊空气，使舍内气压相对小于舍外，新鲜空气通过进气口（管）流入舍内而形成舍内外的空气交换；联合通风则同时进行机械送风和机械排风的通风换气方式。

② 湿帘-风机降温系统。利用水蒸发降温原理对猪舍进行降温的系统，由湿帘、风机、循环水路和控制装置组成。湿帘是用白杨木刨花、棕丝布或波纹状的纤维制成的能使空气通过的蜂窝状板。在使用时湿帘安装在猪舍的进气口，与负压机械通风系统联合为猪舍降湿。

③ 喷雾降温系统。利用高压水雾化后漂浮在猪舍中吸收空气的热量使舍温降低的喷雾系统，不但起降温作用，又能净化空气。

5. 清洗消毒设备

（1）自动清粪设备。用刮板等机械将粪污清至猪舍的一端或直接清至舍外。常用的清粪设备有链式刮板清粪机、往复式刮板清粪机、螺旋搅龙清粪机。

（2）冲水设备。采用水冲方式清粪。常用的有自动翻水斗和虹吸自动冲水器。

（3）粪尿水固液分离机。固液分离机有倾斜筛式粪水分离机、振动式粪水分离机、回转滚筒式粪水分离机和压榨式粪水分离机等。

（4）火焰消毒器。利用高温火焰对设备或猪舍进行瞬间的高温喷烧，以达到消毒杀菌的目的。

（5）喷雾消毒机。用于杀虫、气雾免疫、空气加湿、降尘除菌等。

（6）紫外线消毒灯。对人员和物品消毒。在对人员消毒时一定要控制好时间，时间太短不能起到消毒效果，时间长了会对人产生伤害。一般消毒时间为 15～20 min。

（7）高压喷雾人员通道消毒系统。该设备代替传统消毒模式，提高了人员消毒的可靠性。高压喷出的微雾，颗粒直径在 10～115 μm，既不会打湿衣服，又能使全身接触到微雾而达到彻底消毒的效果。

（8）沼气发生设备。利用厌氧微生物的发酵作用处理各类有机废物并制取沼气的工程设备。

（9）死猪处理设备。常用的死猪处理设备有腐尸坑、焚化炉。

6. 其他常用设备

（1）饲料加工设备。粉碎机、制粒机、搅拌机等。

（2）运输工具。仔猪运输车、运猪车和粪便运输车等。

（3）兽医设备及日常用具。检验和治疗设备、人工授精相关仪器、兽用B超与A超、活体肌内脂肪测定仪、断尾钳或断尾器、断牙钳、耳标钳、抓猪器等。

（四）水电配给

养猪场生产消耗指标见表2-5。

表 2-5　养猪场生产消耗指标

项目名称	单位	消耗指标
用水量	每头母猪年需量/m³	70～100
用电量	每头母猪年需量/(kW·h)	100～120
用料量	每头母猪年需量/t	5.0～5.5

数据来源：NY/T 1568—2007 标准化规模养猪场建设规范。

项目二 猪的品种

任务一 我国优良地方猪种简介

(一) 东北民猪

1. 产地及分布 东北民猪是东北地区的一个古老的地方猪种,有大(大民猪)、中(二民猪)、小(荷包猪)3种类型。广泛分布于东北三省、河北省、内蒙古自治区。目前中型民猪主要分布在黑龙江省和吉林省部分地区,辽宁省部分地区尚有少量小型民猪(2007年)。

2. 外貌特征 全身被毛黑色,头中等大,颜面长直,头纹纵行,耳大下垂,背腰稍凹,后躯斜窄,四肢粗壮,体质强健,鬃长毛密,皮厚。有效乳头7对以上(图2-4)。

东北民猪公猪　　　　　　　　　　　　东北民猪母猪

图2-4　东北民猪

3. 生产性能 东北民猪具有产仔多、肉质好、抗寒、耐粗饲的特点。性成熟早,发情明显,经产母猪平均产仔高达14头左右。经过选育和改进饲粮结构后饲养的东北民猪,233日龄体重可达90 kg,胴体瘦肉率为48.5%,饲料转化率为4.18。

4. 杂交利用 以民猪为母本分别与大白猪、长白猪、杜洛克猪等进行经济杂交,杂交效果良好。杜洛克×民猪,其一代杂种猪195日龄体重达90 kg,饲料转化率为3.61,胴体瘦肉率为56.19%;长白猪×民猪,杂种一代饲养207日龄体重可达90 kg,饲料转化率为3.82,胴体瘦肉率53.47%;汉普夏×民猪,其杂种猪199日龄体重可达90 kg,饲料转化率为3.68,胴体瘦肉率为56.65%。

(二) 八眉猪

1. 产地及分布 产于陕西泾河流域、甘肃陇东和宁夏的固原地区。主要分布于陕西、甘肃、宁夏、青海等省、自治区,在邻近的新疆和内蒙古亦有分布。

2. 外貌特征　体格中等,被毛黑色,头较狭长,耳大下垂,额有纵行的"八"字皱纹,腹稍大,四肢较结实。乳头数为6~7对(图2-5)。

八眉猪公猪　　　　　　　　　　　　　　　　八眉猪母猪

图2-5　八眉猪

3. 生产性能　繁殖能力中等,经产母猪窝产仔猪9~14头。体重75 kg,胴体瘦肉率达43.2%。肉质好,肉色鲜红,肌肉呈大理石纹状,肉嫩,味香。

4. 杂交利用　八眉猪是一个良好的杂交母本品种,与国内外优良品种公猪杂交,一般都具有较好的配合力。

(三) 太湖猪

1. 产地及分布　主要分布于长江下游的江苏省、浙江省与上海市交界的太湖流域。由二花脸、梅山(分为大、中、小3型,大型已经绝迹)、枫泾、嘉兴黑、焦溪、横泾、米猪和沙乌头猪等类型组成,其中梅山猪居多(图2-6)。

梅山猪公猪　　　　　　　　　　　　　　　　梅山猪母猪

图2-6　梅山猪

2. 外貌特征　体形中等,被毛稀疏,黑色或青灰色。头大额宽,额有皱纹,耳大下垂。背腰宽阔而微凹,腹大下垂,臀宽而倾斜,大腿欠丰满,四肢粗壮。乳头8~9对。

3. 生产性能　太湖猪以繁殖力高而著称于世,是世界上猪品种中产仔数最高的一个品种。母猪第一胎产仔数 12 头左右，经产可达 15 头左右。泌乳力高，母性好。中型梅山猪体重 26.45～75.25 kg（平均 208 日龄结束），日增重 419.38 g，饲料转化率 3.88。75 kg 体重屠宰率为 64.71%，胴体瘦肉率为 43.42%，具有肉色鲜红、肉味鲜美等优点，但瘦肉脂肪含量较多，增重较慢。

4. 杂交利用 以太湖猪为母本与杜洛克猪、长白猪和大白猪杂交，效果良好。目前常用太湖猪作母本开展三元杂交，以杜×（长×太）或大×（长×太）三元杂交组合较好，其后代具有胴体瘦肉率高、生长速度快等特点，胴体瘦肉率可达 53%以上。

（四）金华猪

1. 产地及分布 主要产于浙江省金华地区的义乌、东阳和金华 3 市。

2. 外貌特征 金华猪除头颈和臀尾为黑色外，其余部位均为白色，故有"两头乌"之称。耳中等大、下垂，额上有皱纹，颈粗短，背微凹，腹大微下垂，臀较倾斜，四肢较短，蹄坚实，皮薄毛稀。乳头数为 7～8 对（图 2-7）。

金华猪公猪　　　　　　　　　　　　　金华猪母猪

图 2-7　金华猪

3. 生产性能 具有性成熟早，繁殖力强，繁殖年限长，优良母猪高产性能可持续 8～9 年，泌乳力强、母性好和产仔多等优良特性，经产母猪窝产仔数 14 头左右，仔猪育成率高达 94.0%。75 kg 体重屠宰率为 71%，胴体瘦肉率为 41%～43%。金华猪以肉质好、适宜腌制火腿和腊肉而著称，具有皮薄、肉嫩、骨细和肉脂品质好的特点。驰名中外的"金华火腿"就取材于此品种猪的后大腿。

4. 杂交利用 以金华猪为母本与长白猪、大白猪、汉普夏猪、杜洛克猪进行杂交，杂交一代具有明显的杂交优势。长×（大×金）、大×（长×金）、长×（苏×金）等三元杂交猪的效果优于二元杂交。

（五）内江猪

1. 产地及分布 主要产于四川省内江市，分布于长江流域中游，曾经广泛推广到全国各地。

2. 外貌特征 全身被毛黑色，鬃毛粗长，皮厚，体格较大，体躯宽深，头大短宽，额面有深皱褶，耳中等大、下垂，背宽微凹，腹部较大，臀部宽稍后倾，四肢粗短。乳头数为6～7对（图2-8）。

内江猪公猪　　　　　　　　　　内江猪母猪

图2-8　内江猪

3. 生产性能　内江猪对外界刺激反应较迟钝，忍受力强，在极端不良的环境和饲养条件下，具有较强的抗逆性。性早熟，母猪120日龄性成熟。经产母猪窝产仔数一般在10头以上。体重从20 kg增至90 kg需要190 d，饲料转化率4.12。90 kg体重屠宰率71.45%，胴体瘦肉率41.10%。

4. 杂交利用　以内江猪为父本，与民猪、八眉猪、乌金猪、藏猪等地方品种以及北京黑猪、新金猪等培育品种杂交，其杂种一代在日增重与每千克增重耗料均有一定的优势。内江猪具有适应性强和杂交配合力好等特点，但存在屠宰率较低、皮较厚等缺点。用长白、大白、杜洛克、汉普夏等瘦肉型优良种公猪与内江猪进行二元和三元杂交，可获得较好的效果。

（六）荣昌猪

1. 产地及分布　主要产于重庆市荣昌区和四川省隆昌市，是中国地方猪种中少有的白色猪种之一。

2. 外貌特征　体格中等，除两眼周围及头部有大小不等的黑斑，其余全身被毛白色。耳中等大、下垂，背腰微凹，腹大而深，臀部稍倾斜，四肢结实。乳头数为6～7对（图2-9）。

荣昌猪公猪　　　　　　　　　　荣昌猪母猪

图2-9　荣昌猪

3. 生产性能　性成熟早，2～4月龄达到性成熟，4～5月龄参加配种。经产母猪窝产仔数一般在10头左右。87 kg体重屠宰率71%，胴体瘦肉率在地方猪种中相对较高，达42%～46%。

4. 杂交利用　具有较好的适应性和杂交配合力好等特点。以荣昌猪为母本与长白猪、大白猪、杜洛克猪等杂交，效果较好。

(七) 两广小花猪

1. 产地及分布　分布于广东省和广西壮族自治区的浔江、西江流域的南部，陆川猪、福绵猪、公馆猪和广东小耳花猪等地方类群统称为两广小花猪，其中陆川猪居多。

2. 外貌特征　体形较小，具有头短、颈短、身短、耳短、脚短和尾短的特点，故有"六短猪"之称。背腰宽而下凹，腹大下垂拖地。被毛稀疏，毛色为黑白花（图2-10）。

陆川猪公猪　　　　　　　　　　　　　　　　陆川猪母猪

图2-10　陆川猪

3. 生产性能　两广小花猪早熟易肥，皮薄肉嫩。经产母猪窝产平均10头左右，母性强。75 kg体重屠宰率68%，胴体瘦肉率37.2%。

4. 杂交利用　与长白猪、大白猪杂交效果较好。

(八) 大花白猪

1. 产地及分布　产于广东省珠江三角洲一带，分布于广东省北部和中部的40多个县市。

2. 外貌特征　大花白猪体形中等，毛色为黑白花，头部和臀部有大块黑斑，腹部和四肢白色，背腰部和体侧有大小不等、分布不均匀的黑块，在黑白色的交界处有一条宽3～6 cm的灰色带，大部分被毛稀疏。背腰较宽，背微弓，腹大。耳稍大、下垂，额部多有横行皱纹。乳房发育良好，有效乳头多数为6对（图2-11）。

3. 生产性能　性成熟早，初情期为90～120日龄，繁殖性能较好，公猪性欲旺盛，母猪发情特征明显，发情持续时间长，经产母猪平均窝产12头左右，具有早熟易肥的特点。67.5 kg体重屠宰率69%，胴体瘦肉率为42.1%。

4. 杂交利用　与长白猪、大白猪、杜洛克猪杂交效果好。

大花白公猪

大花白母猪

图 2-11 大花白猪

(九) 香猪

1. 产地及分布 产于贵州与广西交界处的从江县、三都县、环江县和巴马瑶族自治县等地。是一种具有悠久的饲养历史和稳定的遗传基因、品质优良且珍贵稀有的地方小型猪种。

2. 外貌特征 体躯短而矮，外观特点是短、圆、肥。头长额平，额部皱纹纵横，耳朵较小，颈短而细，背腰微凹，腹大而圆，四肢细短。全身白多黑少，有两头乌的特征。乳头 5~6 对（图 2-12）。

香猪公猪

香猪母猪

图 2-12 香 猪

3. 生产性能 性成熟早，小母猪一般 3 月龄发情，4 月龄就可配种繁殖，发情明显，产仔数较少，一般为窝产仔数 8~9 头。6 月龄体高 40 cm 左右，体长 60~75 cm，体重 20~30 kg，平均日增重仅 120~150 g，屠宰率 68%，胴体瘦肉率 47%，大理石纹明显，肉质肉色良好。成年体重达 40 kg。该猪是理想的乳猪生产猪种，早熟易肥，皮薄骨细，肉嫩味美，保育猪无腥味，早期即可宰食，加工成烤乳猪、腊肉别有风味。抗逆性强，发育慢。

4. 香猪的开发利用 香猪以其体形矮小、基因纯合、肉质细嫩、味道鲜香等独特的优点而闻名于世。

(十) 藏猪

1. 产地及分布 是世界上少有的高原型猪种。主产于青藏高原，包括云南迪庆藏猪、四川阿坝及甘孜藏猪、甘肃的合作猪以及分布于西藏自治区山南、林芝、昌都等地的藏猪类群。

2. 外貌特征 藏猪被毛多为黑色，部分猪具有不完全"六白"特征，少数猪为棕色，也有仔猪被毛具有棕黄色纵行条纹。鬃毛长而密，被毛下密生绒毛。体小，嘴筒长、直，呈锥形，额面窄，额部皱纹少。耳小直立、转动灵活。胸较窄，体躯较短，背腰平直或微弓，后躯略高于前躯，臀倾斜，四肢结实紧凑、直立，蹄质坚实，乳头多为5对（图2-13）。

藏猪公猪　　　　　　　　　　　藏猪母猪

图2-13 藏　猪

3. 生产性能 生长极其缓慢，繁殖力低。性成熟晚，每年产仔一窝，产仔数一般为4～6头。10月龄体重达25 kg。对高寒的气候条件、终年放牧等粗放的饲养管理条件有很强的适应能力。

任务二　国外引入猪种简介

我国曾陆续引入10多个外国猪种，随着时代的发展和市场的需求变化，目前对我国养猪生产影响较大的引入猪种主要有大白猪、长白猪、杜洛克猪、皮特兰猪和汉普夏猪等。

（一）大白猪

1. 产地及分布 原产于英国的约克郡及附近地区，又名大约克夏猪，是世界上分布最广的品种之一。目前引入我国的主要是大型大白猪。

2. 外貌特征 体格较大，体形匀称，全身被毛白色。头长，颜面微凹，耳大直立，背腰多微弓，后躯宽长，腹部充实而紧，四肢较高。乳头7～8对（图2-14）。

3. 生产性能 与其他国外引进猪种相比，大白猪繁殖能力较强，母猪初情期在6月龄左右。母猪窝产仔数12～14头，母猪泌乳性能较好，仔猪成活率较高。成年公猪体重350～380 kg，成年母猪体重250～300 kg。大白猪生长速度快，150日龄左右体重达100 kg。平均日增重达900 g左右，饲料转化率2.3～2.6。90 kg体重屠宰率为71%～74%，胴体瘦肉率为63%～66%。

4. 杂交利用 用大白猪作父本与许多培育品种和地方猪种杂交，效果均很好，如大本杂交。在三元杂交中，大白猪也常用作杂交母本或第一父本，效果明显，如

大白猪公猪   大白猪母猪

图 2-14 大白猪

长×（大×本）、杜×（长×大）等。

5. 评价 大白猪具有生长快、饲料转化率高、胴体瘦肉高、产仔数相对较多（据沈阳正成原种猪场 2010—2015 年测定，长大杂种母猪产仔数为 12～14 头）、泌乳性能良好、适应性强等优点，且在中国分布较广，有较好的适应性。但肉质性状一般。

（二）长白猪

1. 产地和分布 原产于丹麦，原名兰德瑞斯猪，它是世界上分布最广的瘦肉型猪种之一。

2. 外貌特征 体躯长，全身被毛白色，故在我国称为长白猪。外貌清秀，体躯呈流线型。头狭长，颜面直，耳大前倾，背腰特别长，背腰平直或微呈弓形，腹部平直，后躯发达，腿臀丰满，全身结构紧凑，四肢坚实。乳头 7～8 对（图 2-15）。

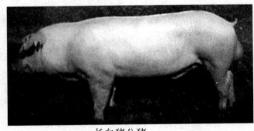

长白猪公猪   长白猪母猪

图 2-15 长白猪

3. 生产性能 长白猪繁殖性能较好，自引入我国后，产仔数有所增加，经产母猪平均产仔数 11～14 头。成年公猪体重 250～350 kg，成年母猪体重 220～300 kg。长白猪 150～160 日龄体重达 100 kg，生长育肥期平均日增重 900 g 左右，饲料转化率 2.5 以下，90 kg 体重屠宰率 73%～75%，胴体瘦肉率 64% 以上。

4. 杂交利用 与我国地方猪种杂交能显著提高后代的生长速度、胴体瘦肉率和饲料转化率，在杂交配套生产商品猪体系中既可以作父系，也可以用作母系，如长×本、长×（大×本）、杜×（大×长）等。

5. 评价 长白猪具有生长快、饲料转化率高、胴体瘦肉率高、母猪产仔较多、泌乳性较好、断乳窝重较高等优点。但对饲养条件要求较高，生长猪存在体质较弱、抗逆性较差，肉质欠佳等缺点，引入我国后经长期风土驯化，适应性有所提高，分布也日益扩大。

（三）杜洛克猪

1. 产地及分布 原产于美国，是美国目前分布最广的品种之一，也是世界上著名的瘦肉型猪种之一，分布很广。

2. 外貌特征 体躯高大，全身毛色呈棕红或红色（现在也有白色杜洛克猪种），头中等大小，耳中等大小，耳尖下垂，体躯深广，背腰呈弓形，肌肉丰满，四肢粗壮结实。乳头 6 对左右（图 2-16）。

 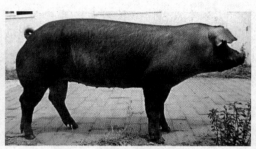

杜洛克猪公猪　　　　　　　　　　　　　　杜洛克猪母猪

图 2-16　杜洛克猪

3. 生产性能 繁殖力一般，母性较强，育成率高。成年公猪体重 340～450 kg，母猪 300～390 kg。杜洛克猪生长较快，145～165 日龄体重达 100 kg，生长育肥期平均日增重 800～900 g，饲料转化率 2.5 以下，育肥猪 90～105 kg 体重屠宰率 73% 以上，胴体瘦肉率 64% 以上。

4. 杂交利用 杜洛克与地方品种或培育品种的二元或三元杂交，效果都优于其他猪。杂交中多用作终端父本，可明显提高后代的生长速度和胴体瘦肉率，是商品猪的主要杂交亲本之一，如杜×（长×本）、杜×（大×本）等。

5. 评价 具有生长速度快、饲料转化率高、体质强健、抗逆性较强、肉质较好等优点。但也存在着产仔数少、早期生长较差等缺点。

（四）皮特兰猪

1. 产地及分布 原产于比利时，是近年来欧洲比较流行的一个瘦肉型猪种。我国从 20 世纪 80 年代开始引进，分布和饲养量还不是很大。

2. 外貌特征 体形中等，体躯呈方形。被毛灰白，夹有形状大小各异的黑色斑块，耳中等大小略前倾，背腰宽大，平直，体躯短。肌肉特别发达，尤其是腿臀丰满，呈双肌臀，体质强健（图 2-17）。

3. 生产性能 母猪初情期一般在 190 日龄，经产仔猪平均产仔数 9 头左右，护仔能力强，母性好。在 60 kg 以前生长较快，60 kg 以后生长速度显著减慢。160 日龄体重达 100 kg，平均日增重 830 g 左右，饲料转化率 2.5 左右。90 kg 体重屠宰率 74% 以上，瘦肉率可达 73% 左右。

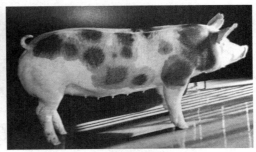

皮特兰猪公猪　　　　　　　　　　　　皮特兰猪母猪

图 2-17　皮特兰猪

4. 杂交利用　在经济杂交中作终端父本，可显著提高后代腿臀围和胴体瘦肉率。

5. 评价　皮特兰猪具有背膘薄、胴体瘦肉率极高的特点。但产仔数少、生长相对较缓慢、肉质欠佳、肌纤维较粗，且氟烷阳性基因频率很高，易发生 PSE 肉（水猪肉）。1991 年以后，比利时、德国和法国已培育出抗应激皮特兰新品系。

（五）汉普夏猪

1. 产地及分布　原产于美国肯塔基州，是世界上著名的瘦肉型猪种之一，广泛分布于世界各地。

2. 外貌特征　体形大，全身主要为黑色，肩部到前肢有一条白带环绕，故称"银带猪"。头中等大小，嘴较长而直，耳中等大小而直立，体躯较长，背腰呈弓形，后躯臀部肌肉发达。乳头 6 对以上（图 2-18）。

汉普夏猪公猪　　　　　　　　　　　　汉普夏猪母猪

图 2-18　汉普夏猪

3. 生产性能　性成熟晚，母猪一般 6~7 月龄开始发情，繁殖性能不高，经产母猪产仔数 9~10 头，母性好。成年公猪体重 315~410 kg，成年母猪体重 250~340 kg。150 日龄左右体重达 100 kg，平均日增重 815 g 左右，饲料转化率 2.3 左右。91 kg 体重屠宰率 74.1%，胴体瘦肉率 65.3%。

4. 杂交利用　以汉普夏猪为父本与我国大多数培育品种和地方良种进行二元或三元杂交，效果良好，可明显提高杂种仔猪的初生重和商品肉猪的胴体瘦肉率。

5. 评价　汉普夏猪具有背膘薄、眼肌面积大、瘦肉率高、母性好、体质强健等优点，但繁殖力不高，生长性能一般，后代中出现肌肉颜色变浅的情况较其他猪种多见。

项目三 猪的生物学特性与行为

任务一 猪的生物学特性

猪在漫长的进化过程中形成了许多生物学特性和行为学特征，在饲养生产实践过程中，我们应充分利用这些特性，进行科学合理的饲养管理，以便发挥猪的生产潜力，提高生产效率，获得较大的生产效益。

（一）多胎高产，繁殖率高

我国的地方猪性成熟早，一般在3～4月龄就可达到性成熟，6～8月龄就可初次配种，早于培育品种和国外猪种。生产上一般安排在母猪达到性成熟后即母猪的第二、三个发情期配种。

猪是常年发情的多胎高产动物，猪的妊娠期平均为114 d，其范围为108～120 d。母猪繁殖周期较短，一年可产仔2～2.5窝，每胎产仔10～16头（各类母畜的妊娠期见表2-6）。

表 2-6　各种母畜的妊娠期

种类	平均/d	范围/d	种类	平均/d	范围/d
牛	282	276～290	马	340	320～350
水牛	307	295～315	驴	360	350～370
猪	114	108～120	骆驼	389	370～390
绵羊	150	146～161	犬	62	59～65
山羊	152	146～161	家兔	30	28～33

（二）生长速度快，生长周期短

猪与马、牛、羊相比，胚胎生长期和出生后生长期都较短，生长强度大，代谢很旺盛。猪的初生体重很小，30日龄仔猪的体重可达到初生体重的5～6倍；60日龄的体重可达到初生体重的10～13倍。断乳后至8月龄前，生长发育仍很强烈，特别是优良的肉用型猪种，在满足其营养需要的条件下，肉猪一般160～170日龄体重可达90～120 kg，相当于初生重的90～100倍，而牛、羊同期只有5～6倍。猪沉积体脂肪的能力强，特别是在皮下、肾周和肠系膜处脂肪沉积多。

（三）杂食，饲料来源广

猪是单胃动物，门齿、犬齿和臼齿都很发达，具有杂食性，采食的饲料介于肉食与草食动物之间。特别是我国地方猪种具有耐粗饲的优良特性，能广泛利用各种动植物和矿物质饲料，能充分利用各种农副产品。但猪对食物有选择性，能辨别口味，特别喜吃甜食。

猪以谷物饲料为主，由于猪胃内没有分解粗纤维的微生物，几乎全靠大肠内微生物分解，而大肠内微生物分解粗纤维的能力有限，因此，猪对粗饲料中粗纤维的消化较差。而且饲料中粗纤维含量越高，日粮的消化率也就越低。猪对精饲料中有机物的消化率一般可达75%以上，所以猪饲料应以含糖类较多的谷物为主。在猪的饲料配合上，要注意精粗比例的合理搭配，控制粗纤维在日粮中的比例，保证日粮的全价性和可消化性。

（四）嗅觉和听觉灵敏，视觉不发达

猪的嗅觉非常灵敏，嗅区广阔，对气味有很强的辨别能力。仔猪初生后依靠嗅觉能寻找乳头，3 d后就能固定乳头吃乳，因而在生产上仔猪的固定乳头或寄养，应在3 d内进行比较顺利。母猪会利用嗅觉识别自己所生的仔猪，排斥其他母猪所生的仔猪，所以饲养上充分利用这一特性可做好仔猪的寄养工作。猪凭借灵敏嗅觉寻找食物、圈舍和卧位等，保持群内个体间的密切联系。发情母猪和公猪通过特有的气味辨别对方所在方位。

猪的听觉器官相当发达，耳形大，外耳腔深而广，即使很微弱的响声都能察觉到。猪头部转动灵活，可以迅速判别声源方向，能辨别声音的强度、节律、音调。通过呼名和各种命令等声音训练可以很快建立起条件反射。仔猪生后几分钟内便能对声音有反应，几小时即可分辨出不同声音刺激，到3～4日龄时就能较快地辨别出来。猪对有关吃喝的声音较敏感，当它听到饲喂器具声响时，立即行动起来望食，发出饥饿的叫声。猪对意外声音特别敏感，尤其是对危险信息特别警觉，一旦有意外响声，即使睡觉，也会立即站立起来，保持警惕。因此，保持猪群安静，安心休息，有利于猪生长发育。

猪的视力很弱，视距短、视野范围小，辨色能力差，不靠近物体看不清东西，几乎不能用眼睛精确辨别物体的大小形状。猪只对光的强弱有反应，而对光的颜色变化则反应不大。强光能够促使猪兴奋，弱光能够使猪安静。对光的刺激一般比声音刺激出现条件反射要慢很多。人们常利用猪的这一特点，使用台猪（母猪模型）进行采精训练和采精。

（五）对温、湿度敏感，喜欢清洁，容易调教

猪对环境温度很敏感，天气的冷热变化会影响猪的健康和生长。猪从出生到成年，随着体格和体重的变化，对温度耐受力也发生了较大变化，即对冷耐受力提高，对热耐受力降低。对成年猪而言，热应激比冷应激影响更大。成年猪适宜温度为15～22 ℃，相对湿度为50%～80%。猪体温调节机能较低，低温时猪可以通过减少活动、行动迟缓等来减少热量流失；在高温时猪的呼吸频率和直肠的温度增高，这时猪喜欢在泥水中打滚，并不时地转动体躯来散热。为了散热，猪常用鼻端拱地，使得自身能够躺在凉爽的下层泥土中，并尽量伸展自己的体躯，尽可能地增大体表接触地面的面

趴卧休息

积。在睡眠时鼻子总是朝向来风的方向，以增大热量的散发。

猪喜欢清洁，喜欢在阴暗、潮湿的角落里进行排泄，地点一旦固定很少改变。在条件允许的情况下，猪喜欢在清洁和干燥地方躺卧，不会在自己吃、睡的地方排泄。根据猪的这种特性，在安排生产时，一定要注意猪的密度，以保证每只猪合理占有猪舍的面积。把饮水器安装在排泄区，引诱猪在此区域排泄粪尿。

猪性情温顺，很容易调教。家猪经过调教后，能够建立条件反射。按特定的信号，按时起居、进食、排泄，便于管理，有利于生产。

（六）群体位次明显

猪具有群居性，可以在一定的条件下相当平稳地过着群居生活。猪在群体中有一个位次关系，这种位次关系是由猪的争斗力强弱而决定的。猪的争斗行为常常发生在两头或两群猪之间。一般是为了采食和争夺地盘而引起。猪在重新组群的初期会发生以强欺弱、强者抢食多及猪只间激烈的争斗咬架现象，并按不同来源，分群躺卧，经过数天后，就会形成一个有秩序的群居集体，以胜利者为核心，建立位次关系。若群体过大，就难以建立位次，相互争斗频繁，影响采食和休息。

任务二　猪的行为

行为就是动物的行动举止，也是动物对某种刺激和外界环境适应的反应。动物的行为和生物学特性一样，有的取决于先天遗传，有的取决于后天的调教、训练或使用。猪和其他动物一样，对其生活环境、气候条件和饲养管理条件等在行为上都有其特殊的表现，而且有一定的规律性。在生产中，充分利用这些行为特点，制订科学的饲养方法，设计合理的猪舍和设备，最大限度地创造适于猪行为特性的环境条件，充分发挥猪的生产潜能，提高猪的生产性能，获得最佳的经济效益。

饮水器饮水

采食行为

（一）采食行为和排泄行为

猪的采食行为主要包括摄食和饮水两种方式。猪的采食具有选择性，特别喜爱甜食。颗粒料与粉料相比，猪爱吃颗粒料；干料与湿料相比，猪爱吃湿料，且采食花费时间也少。猪的采食有竞争性，群饲的猪与单饲的猪相比，采食量大，采食速度快，生长速度也快。猪在白天采食的次数（6～8 次）比夜间（1～3 次）多，每次采食持续时间 10～20 min，限饲时则少于 10 min，猪的采食量和摄食频率随体重增加而增加。自由采食不仅采食时间长，而且能表现每头猪的嗜好和个性。猪的采食量大，但采食总是有节制，所以猪很少过食致死。

排尿

猪的饮水量大，常常是采食和饮水同步或交叉进行，一般日饮水量为风干日粮的2～4 倍，或者体重的 10%。在不同季节、不同龄年、不同生理阶段、不同日粮组成、不同外界温度下，猪的饮水量不同。仔猪初生后就需要饮水，其水分的获取主要来自母乳，仔猪吃料时饮水量为干料的 2～3 倍。成年猪的饮水量除饲料组成外，很大程度取决于环境温度。自由采食时通常采食与饮水交替进行，直到满意为止，限制饲喂的猪则在吃完料后才饮水。在高温时，猪主要靠水分蒸发散发体内热量，故饮水量增大，在炎热的夏天，猪的饮水高峰在午后，母猪在哺乳期的饮水大大超过其他时期。

排粪

　　猪不在采食、趴卧休息的地方排泄粪尿,这是猪的本性。因为野猪不在窝边排泄粪尿,可以避免被敌兽发现。猪一般在猪栏内远离趴卧区的一个固定地点排泄粪尿。猪排粪尿是有一定的时间和区域规律的,一般多在采食、饮水后或起卧时,选择阴暗、潮湿或污浊的角落排粪尿,且受邻近猪的影响。当猪舍过小、猪群密度过大、环境温度过低时其排泄习性容易受到干扰破坏。

(二) 群居和争斗行为

　　猪为喜群居的胆小动物,习惯于成群活动、居住和睡卧,群体内个体间表现出身体接触和保持听觉的信息传递,彼此能和睦相处,但也有竞争习性,大欺小,强欺弱,群体越大,这种现象越明显。

　　一个稳定的猪群,是按优势序列原则,组成有等级的群体结构,个体之间保持熟悉,和睦相处。猪群等级序列的建立,与构成这个群体的品种、体重、性别、年龄等因素有很大的关系。一般体重大的猪占优位;年龄大的比年龄小的占优位;公猪比母猪、未去势的比去势的猪占优位;小体形猪及新加入到原有猪群的猪则往往处于次位。同窝仔猪之间群体优势序列的确定一般取决于断乳时体重的大小,不同窝仔并圈喂养时,开始会发生激烈的争斗。

猪的群居性

　　猪的争斗行为多受饲养密度的影响。当猪群密度过大,其争斗行为越明显,特别是在成年猪群之间的争斗更加激烈,甚至会带来伤亡。生产中见到的争斗行为主要是为争夺群居位次、争夺地盘和争夺食物。所以在养猪生产中,要控制猪群的饲养密度,并根据猪的品种、类别、性别、年龄、体重等进行分群饲养,从而防止以大欺小、以强欺弱,保证猪群整齐度和正常生长。

(三) 性行为

　　性行为是动物的本能,在猪种的延续上有非常重要的意义。性行为主要包括发情、求偶和交配行为。母猪在发情期可见到特异的求偶表现,公、母猪都出现交配前的行为。

　　发情母猪主要表现卧立不安,食欲减退,发出柔和而有节奏的哼哼声,频频排尿,爬跨其他母猪或被其他母猪爬跨。管理员按压其臀部时,表现站立不动,这种反应称"静立反射"。这种反射是母猪发情的一个关键行为,能由公猪的短促、有节奏的求偶叫声所引起,也可被公猪分泌的外激素气味所诱发。由于母猪的"静立反射"与排卵时间有密切关系,所以生产实际中广泛用于发情鉴定。

(四) 母性行为

　　母性行为主要表现在母猪分娩前后做窝、哺乳、对仔猪的保护等行为。猪的母性行为是对后代生存和成长有利的本能反应。母猪在分娩前1~2 d,通常衔取干草或树叶等造窝的材料,如果栏内是水泥地面而无垫草,便用蹄子扒地来表示。分娩前6~10 h,母猪表现神情不安,频频排尿,摇尾,拱地,时起时卧,不断改变姿势。分娩多选择在安静时间,一般在下午4时以后,特别是夜间产仔多见。分娩结束后,母猪排出胎衣,胎衣若不及时取走,则往往被母猪吃掉。母猪在分娩过程中乳头已经饱

猪的母性
行为

满，产后母猪会自动让仔猪吸乳。母猪在产后最初每 0～40 min 哺乳一次仔猪，以后随着仔猪年龄不断加大，哺乳次数不断减少。

母猪非常注意保护自己的仔猪，在行走、躺卧时十分谨慎，不致踩伤、压死仔猪。母性好的母猪躺卧时多选择靠近栏角处并不断用嘴将仔猪拱离卧区后而慢慢躺下，一旦遇到仔猪被压，只要听到仔猪的尖叫声，会马上站起，将防压动作再重复一遍，直到不压住仔猪为止。带仔母猪对外来的侵犯先发出警惕的叫声，仔猪闻声逃窜或者伏地不动，母猪会用张合上下颌的动作对侵犯者发出威吓，或以蹲坐姿势负隅抵抗。我国的地方猪种，护仔的表现尤为突出。

在对分娩母猪进行人工接产、初生仔猪的护理时，母猪甚至会表现出强烈的攻击行为，地方猪种表现尤为明显；现代培育品种尤其是高度选育的瘦肉猪种，母性行为有所减弱。生产上，为了使仔猪寄养成功，可将寄养仔猪与本窝仔猪混味，让母猪像爱护自己的仔猪一样来爱护寄养的仔猪。生产上也经常利用母猪的母性行为进行哺乳和抵抗其他动物的侵害。

（五）后效行为

猪的行为有的与生俱来，如觅食、哺乳和性行为等；有的则是后天形成的，如识别某些事物和听从人们指挥的行为等。后天获得的行为称条件反射行为，或称后效行为。后效行为是猪生后对新鲜事物的熟悉而逐渐建立起来的，猪对吃、喝的记忆强，对饲喂的有关工具、食槽、饮水槽及其方位等最易建立起条件反射。仔猪在人工哺乳时，每天定时饲喂，只要按时给以铃声等信号，经过几次训练，就可建立起条件反射。

猪上述的行为特性，为饲养管理好猪群提供了科学依据。在整个养猪生产工艺流程中，充分利用这些行为特性，精心安排各类猪群的生活环境，使猪群处于最佳生长状态，才能充分发挥猪的生产潜力，获取最佳经济效益。

（六）猪的异常行为

异常行为是指超出正常范围的行为，着重指对人畜造成危害或带来经济损失的异常行为，它的产生多与猪所处的环境中的有害刺激有关。这些行为主要与活动受到限制、长期高密度圈养等因素有关。动物在野生情况下，除非疾病几乎没有异常行为，而在家养条件下异常行为屡见不鲜。研究发现，舍饲或在有限空间的室外脏地上饲养的动物往往会产生与适应相反的行为改变。异常行为可通过许多形式表现出来，如采食、排泄、性、母性、好斗、啃咬栏杆或探究行为。

恶癖是对人畜造成危害或带来经济损失的异常行为。它的产生多与动物所处的环境中的有害刺激有关，如长期圈禁或随活动范围受限程度的增加，则咬栏柱的频率和强度增加，攻击行为也增加。口舌多动的猪常将舌尖卷起，不停地在嘴里做伸缩动作，有的还会出现拱癖和空嚼癖。同类相残是另一种有害恶癖，如神经质的母猪在产后出现食仔现象。咬尾咬耳是较为常见的一种反常行为，这一行为与密闭有限空间相关。

生产上为避免异常行为的发生，要合理控制饲养密度，保持猪舍内空气新鲜。仔猪断乳前后的饲养管理中要注意日粮中微量元素的平衡。异常行为一旦发生难以根除，重在预防。随着养猪生产的日趋现代化，猪的行为特点已越来越引起人们的重视。我们可以将猪的行为在生产中加以运用和训练，使猪更能适应现代化的管理方法，研究猪的行为特点、发生机制以及调教方法和技术，已经成为提高养猪效益的有效途径。

当然，我们也不可忽视的是人的行为和活动对猪行为的影响，猪对饲养员不熟悉或饲养员的异常操作，会使猪产生不愉快和恐惧的心理行为反应，所以，饲养员应采取正确的、亲和友善的行为。同时，可使饲养员注意到猪或猪群行为的变化，从而预防猪受到不良的影响，还可以克服因人为造成猪的不利行为所带来经济上的损失，这也是管理现代化猪场的一个重要方面，对提高养猪生产的经济效益有一定意义。

任务三　猪群类别划分

在养猪生产中，为了有效地组织生产和依据各类猪的特点进行饲养管理，需要按照猪的不同年龄、性别、体重和用途，对猪群进行类别划分。

1. 哺乳仔猪　指出生后至断乳前的仔猪。一般为 21～28 日龄的仔猪。

2. 保育猪　指断乳到 25 kg 左右或者 70 日龄的仔猪。

3. 育成猪　指 70 日龄或 25 kg 左右至 4 月龄留作种用的幼猪。

4. 后备猪　指 5 月龄至初配前留作种用的公猪和母猪。

5. 检定母猪　从初配开始至第一胎仔猪断乳的母猪。根据其生产性能、外貌表现等确定其是否留种。检定合格的第一产母猪，第二产开始进入种母猪群。

6. 检定公猪　从第一次配种至所配母猪产仔到断乳阶段的公猪。即有 1 岁左右配种的公猪，视其与配母猪产仔、仔猪断乳成绩的好坏确定是否转入基础群。

7. 基础母猪　指一胎产仔经检定合格，留作种用的母猪，是组成猪群的主要部分。

8. 种公猪　经检定合格留作种用的公猪，年龄在 1.5 岁以上。

9. 生长育肥猪　指专门用来生产猪肉的猪。

10. 生长猪　体重 25～60 kg（不作种用）的猪。

11. 育肥猪　体重 60～90 kg（或 120 kg）以上的猪。

哺乳仔猪

保育猪

育成公猪

后备母猪

后备公猪

种公猪

生长育肥猪

项目四　常用饲料原料与饲料类型

任务一　常用饲料原料的质量鉴别与使用比例

猪属杂食性动物，其饲料来源广、种类多。猪的常用饲料有能量饲料、蛋白质饲料、青饲料、粗饲料、矿物质饲料和饲料添加剂等。以下介绍几种猪的常用饲料原料。

（一）玉米

玉米能值高，适口性好，对动物无任何副作用，是最常用而且用量最大的一种能量饲料，在配方中占的比例较大，一般为60%~70%。玉米含水量高时则极易发生霉变，产生的霉菌毒素会致癌和引起动物免疫抑制，极易引起动物中毒。玉米的正常感观特性是籽粒均匀，呈白色或黄色，颗粒饱满，均匀一致，无损害、无虫咬、虫蛀和发霉变质现象。除此之外，检验玉米的关键是水分的含量，配制饲料要求玉米水分含量不超过14%，否则将会大大影响饲料的质量。

近几年来，由于玉米霉变造成各大养殖场的猪群体发病，出现母猪发情紊乱、不孕、流产，公猪性欲差，受胎率低等情况。

（二）小麦麸

小麦麸即麸皮，由小麦的种皮、糊粉层与少量的胚和胚乳组成。其营养价值的高低受加工过程中出粉率的影响，出粉高则麸皮的粗纤维含量高，淀粉含量低，麸皮的营养价值低。麸皮的有效能值不高，容积较大，常用来调节日粮中的能量浓度。小麦麸结构疏松，含有轻泻性盐类，可以刺激胃肠的蠕动。一般喂量5%~25%。因麸皮中含有较高的阿拉伯木聚糖等，若喂量超过30%，将引起排软便。同时，麸皮吸水性强，大量干喂可引起便秘。

好的麦麸外观呈细碎屑状，色泽新鲜一致，无发酵、霉变、结块及异味。麦麸是最常用的原料，较有可能存在掺假的情况是掺入价格更为便宜的石粉、稻糠等。鉴别时，可以用手插入麦麸中抽出，如手上粘有白色粉末且不易抖下则证明掺有石粉，再用手使劲抓握麸皮，如果麸皮成团为纯正麸皮，而握时手有涨的感觉，则掺有稻糠。

（三）豆粕

豆粕是我国主要的植物性蛋白质饲料来源，也是所有饼粕中品质最好的饲料。蛋白质含量高，一般40%以上，品质优良。豆粕因加工条件不同而含有不同程度的脲酶和抗胰蛋白酶，从而降低蛋白质及其他营养物质的消化吸收率，导致猪增重降低，饲料转化率下降。加热虽然可以降低脲酶含量，但加热过度也会导致蛋白质中某些氨基酸的破坏。一般日粮用量在20％左右，添加过多易引起幼龄猪腹泻。膨化豆粕蛋白质含量可以达到45％以上，并且尿酶含量较低，最高添加量可以达到25％以上也不会出现幼龄猪腹泻症状。

好的豆粕呈浅黄褐色或浅黄色不规则的碎片状或粗粉状，色泽一致，无发酵、霉变、虫蛀及杂物，有正常的豆香味，无其他异味。劣质豆粕颜色深浅不一致，大小不均，有结块，有霉变、虫蛀并有掺杂物，有霉味、焦化味或生豆味。

（四）小麦

小麦蛋白质含量较玉米高，能量比玉米略低，适口性较玉米好。但其中含有阿拉伯木聚糖、β-葡聚糖、植酸、外源凝集素等抗营养因子，其主要抗营养特性是高黏稠性和持水性，喂量过高可引起腹泻。一般不宜超过饲粮的30％，否则需添加小麦专用酶或复合酶。

优良小麦去壳后有光泽，颗粒饱满、完整、大小均匀，组织紧密，无害虫和杂质。

（五）高粱

高粱营养成分比玉米略低，蛋白质也稍差。高粱中含有单宁，具有苦涩味，适口性较差，当饲粮中高粱比例较大时会影响动物食欲，降低采食量还会引起便秘。在猪日粮中所占比例一般不宜超过20％。

优质高粱，颗粒饱满、完整，均匀一致，质地紧密，无杂质、虫害和霉变。一般高粱米呈乳白色、有光泽。

（六）鱼粉

品质优良的鱼粉，脂肪含量不超过8％，干燥而不结块，水分不高于15％，食盐含量低于4％，蛋白质含量在60％以上，氨基酸构成平衡，富含赖氨酸、蛋氨酸和胱氨酸。适合与植物性蛋白质饲料搭配使用。由于鱼粉价格较高，一般用于喂幼猪和种猪，用量在10％以下。鱼粉在贮藏过程中易被真菌及沙门氏菌污染，不新鲜的鱼粉含有大量的组胺，可使猪中毒，应注意检测。另外，大量喂鱼粉可使猪肉带有鱼腥味，因此育肥猪在宰前一个月要停喂鱼粉。

好的鱼粉呈黄棕色、黄褐色，一般为颗粒大小均匀一致、稍显油腻的粉状物，组织蓬松、纤维状组织明显，含少量鱼眼珠、鱼鳞碎屑、鱼刺或鱼骨，手握有疏松感，不发黏，不成团，有浓郁的烤鱼味，略有鱼腥味，无结块和霉变，无焦灼味和油脂酸败味。

（七）食盐

食盐不仅可以补充氯和钠，而且可以提高饲料适口性，一般占日粮的0.2％～0.5％，过多可引起食盐中毒。配合饲料中食盐过量时，猪饮水量加大，粪便变稀，步态不稳，后肢麻痹，剧烈抽搐，影响生长，严重者甚至死亡；食盐不足时，易导致采食量下降，身体无力，并伴有掘土毁圈、喝尿、舔脏物、互相咬尾巴等异食癖。

（八）石粉

石粉指石灰石粉，为天然的碳酸钙，是补充钙最廉价、最方便的矿物质饲料。石粉中含纯钙 35% 以上，且镁含量不超过 0.5%。一般为配合饲料的 1% 左右。

（九）磷酸氢钙

磷酸氢钙可补充饲料中磷和钙元素，钙磷比例约为 3：2，接近动物所需的平衡比例。一般含钙 23% 以上，含磷 16% 以上。天然磷矿多含有氟元素，因此，需严格控制磷酸氢钙产品中的氟含量。一般为配合饲料的 1% 左右。

（十）添加剂预混料

添加剂预混料是指一种或几种添加剂（如微量元素、维生素、氨基酸、抗生素等）加上一定数量的载体或稀释剂，经充分混合而成的均匀混合物。分为微量元素预混料、维生素预混料和复合添加剂预混料。预混料既可供养猪生产者用来配制猪的饲粮，又可供饲料厂生产浓缩饲料和全价配合饲料。市售的添加剂预混料多为复合添加剂预混料，一般添加量为全价饲粮的 0.25%～4%，具体用量根据实际需要或产品说明书确定。

任务二　常用饲料类型

为了适应动物生产的需要及各种动物的采食习性。配合饲料往往可加工成不同的外形和质地。

（一）干粉料

干粉料是指将按照饲养标准配制成的混合饲粮，可直接进行喂饲，是目前饲料厂生产的主要料型。干粉料的生产工艺简单，加工成本低，易与其他饲料搭配。

优点在于省工，易于掌握喂料量；饲料经过粉碎，减少咀嚼，增加与消化液的接触面，促进消化，提高养分的利用率；还可保持舍内清洁干燥，剩料不易霉变，冬季不冻结，便于自由采食。但干粉料适口性差，饲喂时粉尘大，容易引起呼吸道疾病；采食时容易造成损失，容易引起猪的挑食，造成浪费。体重 30 kg 以上的猪，颗粒直径 1～2 mm 为宜，过细的粉料易黏于口腔上，难于咽下，影响采食。

（二）生湿料

生湿料指将干粉料与水按一定比例混合后饲喂，一般料水比例为 1：1。生湿料既可以提高适口性，又可避免产生饲料粉尘；饲喂效果较好，与用干粉料饲喂没有差异。但要求随时拌随时喂，以免冬季结冰、夏季腐败变质；如果水的比例过大，则饲料过稀，既影响猪的干物质采食量，又冲淡了胃液不利于消化，会降低猪的生长速度和饲料转化率。

（三）颗粒料

颗粒料是指将干粉料加工成颗粒状。颗粒饲料改善饲料的适口性，提高营养消化率，便于投食，避免动物挑食，减少浪费，制粒后的饲料可提高采食量和利用率5％～15％；在制粒后，体积变小，便于贮存、运输。但颗粒饲料加工成本高，饲料单价要高一些；对于乳猪料、教槽料而言，颗粒饲料还要经过破碎工艺，颗粒太大会影响仔猪饲料的采食和消化。

（四）液体饲料

液体饲料是由水、玉米、糖蜜、动植物蛋白质、微量矿物质、维生素等原料，利用悬浮技术或发酵技术精制而成的一种液态动物饲料，可直接用于饲喂的液体全价饲料成品。

液体饲料适用于母猪、断乳仔猪、生长猪和育肥猪，与传统猪用日粮相比，具有饲喂的灵活性和便利性；可以提高猪只采食量，易于消化吸收，显著提高生长性能，降低饲养成本；有益于肠道健康，显著降低断乳仔猪的致病性死亡率，减少抗生素的使用，提高了猪肉产品的安全；加工过程中没有粉尘污染，对人身体的危害降低等优点。但液体饲料也存在着质量不稳定、成分差异大、设备投入大、制作上要求较高的技术水平等问题。

目前一些替代抗生素类的添加剂如益生素、寡糖、小肽以及微生态制剂等产品虽然也有类似作用，但此类添加剂大都成本昂贵，限制了其在养猪业中的应用。近年来，国外液体饲料再次升温。整个欧洲养猪业中液体饲料的应用占30％左右，德国30％，英国20％，丹麦、爱尔兰和荷兰为30％～50％。亚洲的泰国和菲律宾也正在逐步应用。然而，在我国集约化养猪生产中，饲喂的料型基本上还是粉料和颗粒料，液体饲料方面的研究还是一项新兴技术，其生产也刚刚起步，人们对它重要性的认识尚不够深入。

我国丰富的液态饲料资源为液态饲料的规模生产提供了条件，我国北方（黑龙江）盛产甜菜，南方（广东、云南）盛产甘蔗，在制糖过程中会产生大量的废糖蜜，每年为230万～280万 t；在中部地区则有大量的可溶性糖、油脂和肉类加工下脚料；在沿海地区则有广泛的鱼类资源，在鱼类加工过程中，产生的不可食的部分，通过酶解可得到大量与鱼粉营养价值相当的液态饲料。以上这些资源都是液态饲料的良好原料，为我国液态饲料的进一步开发提供了条件。

随着科学技术不断进步，特别是悬浮技术、微胶囊技术与防腐技术的日臻成熟，加之液体饲料显著的饲养效果和经济效益被人们所认同，液体饲料将会像颗粒饲料一样具有较强的市场竞争力，其种类会更加齐全，应用对象也将会更加广泛。

项目五　猪的杂交利用

任务一　质量性状的遗传和选择

（一）毛色遗传规律

猪的毛色与其经济性状关系不大，但是品种的重要标志，在生产实践中，常根据猪的毛色变化来粗略鉴别其纯度。猪的毛色之间有显隐性关系，其遗传符合孟德尔遗传规律。因此，掌握毛色类型及其遗传规律具有重要意义。猪的主要毛色类型有：

1. 白色　这类猪的被毛为全白色。其品种很多，如长白猪、大白猪、哈白猪、上海白猪等。白毛色猪与其他毛色猪交配，后代均为白色，因此，白色对其他毛色为显性，对野猪毛色也为显性。

白色

2. 纯黑色　被毛全为黑色。这类猪种也很多，如我国的民猪、北京黑猪、内江猪、英国的巴克夏猪和美国的波中猪等。黑色对棕红色为显性遗传，但因显性强度不同，分为完全显性和不完全显性。完全显性遗传，如具有白环带的汉普夏猪黑毛色对棕红色的杜洛克是完全显性，我国多数的黑猪对棕红色猪也呈显性遗传；不完全显性遗传，如将有六白特征的巴克夏猪和波中猪与杜洛克猪杂交，其后代的毛色有红色和黑斑点，即所谓的虎斑毛色。

黑色

3. 白环带　这类猪的腰部或颈肩部为白色，躯体两端为黑色，如我国的金华猪、宁乡猪以及美国的汉普夏猪等。白环带毛色的猪与棕红色和黑色的猪交配，白环带趋向显性遗传，但白环带对我国某些黑猪为不完全显性。

白环带

4. 花斑　其全身分布有大小不同的黑白花斑，如广东大花猪、北京花猪及比利时的皮特兰猪等。

5. 棕红色　其全身都为棕红色或棕黄色，如我国云南的大河猪、美国的杜洛克猪等，其遗传为隐性遗传，有的为不完全显性遗传。

棕红色

（二）耳型遗传规律

猪的耳型和大小呈中间型遗传，垂耳对大型立耳呈不完全显性，用纯合立耳与纯合的垂耳猪杂交，其后代表现为半垂耳。

垂耳

（三）有害基因控制的遗传规律

遗传疾病是指由基因突变或染色体畸变引起的某种形态缺陷、生理机能失常或生化紊乱的现象。据统计，仔猪中患遗传缺陷的占1%。

1. 猪应激综合征　肌肉丰满的猪在应激因子的作用下突然死亡，屠宰后肌肉为

立耳

PSE 肉。猪应激综合征呈常染色体隐性遗传。在某些育肥性状和胴体性状上，这种杂合体的性能优于显性纯合体的猪，在选种时常被选留下来，从而增加了氟烷基因频率。猪应激综合征可用氟烷基因检测法将纯合的和杂合的应激敏感基因携带者直接检出。因此，要减少应激综合征的发生，就应在育种群中淘汰所有隐性基因携带者、其父母及同窝出现的其他猪。

2. 阴囊疝 公猪的一种限性缺陷。由肠通过腹股沟管落入阴囊内而形成，发生在左侧的频率高于右侧，仔猪生后 1 个月开始表现。是一种由隐性基因所致的遗传疾病。在所有家畜中，猪的阴囊疝发病率最高。

3. 脐疝 由于脐环太大，且出生时未闭合，通常在出生后几天一部分肠管和肠系膜进入皮下结缔组织而形成。在生长期，有些患猪会因小肠的绞结而死亡，但大多数患猪不会受到太大的影响，而达到上市体重。有的是由隐性基因所致，而有的是由脐部感染造成的。

4. 隐睾症 公猪的一个睾丸或两个睾丸滞留在腹腔内。只有一侧睾丸降至阴囊的称为单睾，两个睾丸都在腹腔内的公猪是不育的。单睾比双侧隐睾发生率高。该病是由隐性基因遗传所致。

5. 锁肛 患猪在出生时就没有直肠出口，正常肠内的排泄物无法排出。若不施行手术，公仔猪通常在生后 1~3 d 全部死亡。手术后的仔猪，断乳前发育可能正常，也可能不正常，但断乳后常因缺乏食欲而生长受阻，易形成僵猪。一部分母仔猪在生后 1 个月内死亡，其余往往会自然形成直肠阴道瘘连接直肠与阴道前庭，使粪便通过阴道排出而得以成活并能繁殖。该病是由隐性基因遗传所致，若群中发病率高，则应淘汰患猪及其父母与同胞。

6. 内陷乳头 其特征是乳头比正常的短且顶端凹陷，形成火山口状结构，造成乳头不能从乳房表面挺起，仔猪吮乳困难。内陷乳头多发生在脐部附近，其次在前部，后部很少发生。先天性的内陷乳头主要是由隐性基因所致。

7. 先天性八字腿 仔猪出生时或生后不久，不能站立走路，通常两后肢（有时是前肢）向前外翻或两侧张开。此病危害大，死亡率高，长白猪中多见。是由半致死基因引起的伴性遗传病。

8. 蔷薇糠疹 开始表现为豌豆大的充血斑点，通常在腹部皮肤，以后扩展，患处周缘发炎，常发生于生后 2~3 个月的猪。是由隐性基因引起的。

9. 震颤 又称抖抖症，猪的大多数震颤是先天性的，通常在仔猪出生后几小时内发生，但也有些类型的震颤在较大年龄时才开始出现，其特点是头颈和四肢表现有节奏的颤抖，其强度有大有小。症状轻者能够行走和吃乳，重者则不能行动，最后死亡。患猪在寒冷或其他刺激下，症状会加重。

10. 并趾 又称单蹄，每只蹄上只有一个脚趾，如同单蹄动物。该病为单基因显性遗传，只需淘汰患猪个体。

11. 前肢肥大 患猪前肢肌肉被结缔组织取代，使前肢异常肿大，常在生后数小时内死亡。该病为隐性遗传。发病率高，且具有遗传性，应淘汰患猪及其父母与同胞。

任务二　生产力性状的遗传和选择

（一）繁殖性状遗传和选择

1. 产仔数　出生时同窝的仔猪总数，包括死胎、木乃伊胎和畸形胎在内。产活仔猪数则指出生时存活的仔猪数，包括衰弱即将死亡的仔猪在内。产仔数的遗传力较低，一般为 0.05～0.15，平均为 0.10，因此表型选择效果差，产仔数的重复率也很低，不能用第一胎和第二胎的产仔数估计其终生产仔数，应以家系选择为主。

2. 初生重和初生窝重　仔猪初生重是指仔猪初生时的个体重，即在出生后 12 h 内测定的个体重。一般只测出生时存活仔猪的体重。全窝仔猪总重量为初生窝重。仔猪初生重的遗传力为 0.10 左右，初生窝重的遗传力为 0.24～0.42，初生窝重可作为现场繁殖记录的一项指标。初生窝重与断乳窝重呈正相关，相关系数为 0.61～0.93。

3. 泌乳力　以仔猪 20 日龄的全窝重量为指标，包括寄养过来的仔猪在内，但寄出仔猪的体重不计入。泌乳力的遗传力为 0.10 左右。

4. 断乳窝重　同窝仔猪在断乳时全部个体重的总和，应注明断乳日龄。

在现代养猪生产中，为了评定猪的繁殖效率，还需测定情期受胎率、哺乳期成活率、每头母猪年产仔胎数和年产断乳仔猪数等指标。断乳窝重的遗传力为 0.17 左右，断乳个体重的遗传力低于断乳窝重，在实践中一般把断乳窝重作为选择的综合指标，它与产仔数、初生重、哺育率、哺乳期增重和断乳个体重等主要繁殖性状均呈正相关。

$$情期受胎率 = \frac{受胎母猪数}{配种母猪总数} \times 100\%$$

$$哺乳期仔猪成活率 = \frac{育成仔猪数}{产活仔猪数 - 寄出仔猪数 + 寄入仔猪数} \times 100\%$$

$$每头母猪年产仔胎数 = \frac{365}{妊娠期 + 哺乳期 + 空怀期}$$

$$每头母猪年产断乳仔猪数 = 年产胎数 \times 每胎产活仔数 \times 哺乳期成活率$$

（二）生长性状遗传和选择

生长性状也称育肥性状，生长性状的遗传力属于中等范畴，平均估计值为 0.30，表型选择有效。

1. 平均日增重　平均日增重指整个育肥期间猪只（种猪本身断乳到 180 日龄）平均每天体重的增长量，用 g/d 为单位。目前多用 20～90 kg 或 25～90 kg 期间平均每天的增重来表示。其计算公式为：

$$平均日增重 = \frac{育肥期总增重（末重 - 始重）}{饲养天数}$$

2. 饲料转换率　饲料转换率指育肥期内育肥猪每增加 1 kg 活重的饲料消耗量，亦称料重比。其计算公式为：

$$饲料利用率 = \frac{育肥期内饲料消耗总量}{育肥期总增重（末重 - 始重）}$$

3. 采食量 猪的采食量是度量食欲的指标。在不限食条件下，猪的平均日采食饲料量称为饲料采食能力或随意采食量。采食量的遗传力平均0.30，采食量与日增重呈强相关（相关系数0.7），与背膘厚呈中等相关（相关系数0.3），与胴体瘦肉量呈负相关（相关系数－0.2）。

（三）胴体性状遗传和选择

胴体性状有屠宰率、胴体瘦肉率、背膘厚、眼肌面积等指标。胴体性状的遗传力为0.40～0.60，属于高遗传力，因此这些通过个体选择可以获得较大的遗传进展。

1. 屠宰率 胴体重占宰前体重的比例。其计算公式为：

$$屠宰率=\frac{胴体重}{宰前体重}\times100\%$$

育肥猪达到适宜屠宰体重（90～100 kg，视品种而异）后，经24 h的停食休息，称得的空腹活重即为宰前体重。

2. 胴体重 育肥猪经放血、去毛、切除头（寰枕关节处）、蹄（前肢腕关节，后肢关节以下）和尾后，开膛除去内脏（保留肾和板油），劈半，冷却后，分别称取左、右两侧胴体的重量，其总重为胴体重。

3. 胴体瘦肉率 将左侧胴体剥离板油和肾后的胴体剖分为肌肉、脂肪、皮和骨。剖分时，肌间脂肪不另剔出，并尽量减少作业损耗，控制在2%以下。瘦肉重量所占的比例即为胴体瘦肉率。其计算公式为：

$$胴体瘦肉率=\frac{瘦肉重量}{胴体重-板油和肾重-作业损耗}\times100\%$$

4. 背膘厚度 背腰厚度指在第6和第7胸椎结合处测定的垂直于背部的皮下脂肪厚度，不包括皮厚。三点测膘时，取肩部最厚处、胸腰结合处和腰荐结合处三点膘厚的平均值，称为平均背膘厚。活体测定方法为：

超声波测膘仪测定法。应用"波频"回响原理，当发出十分短暂的高频声音进入猪体内时，可测出声音波频传导至猪体及反射回波两者之间经历的时间。当测膘仪完全显示出度数时，背膘厚度即能从标度中直接读出。超声波测膘仪也可用于测量最后肋的眼肌面积。目前，国外已生产能在5 s内同时测量出膘厚和眼肌面积的超声波探测仪，并可录像。

5. 眼肌面积 眼肌面积指胸腰结合处背最长肌的横断面积。如无求积仪时，用下列公式估测：

$$眼肌面积（cm^2）=眼肌高(cm)\times眼肌宽(cm)\times0.7$$

6. 胴体长 从耻骨联合前缘中心点至第一肋骨与胸骨接合处中心点的长度（在吊挂时测量），称为胴体斜长；从耻骨联合前缘中心点至第一颈椎底部前缘的长度，则称为胴体直长。

7. 腿臀比例 沿腰椎与荐椎结合处垂直切下的后腿重量占该半胴体重量的百分比称为腿臀比例。

（四）肉质性状遗传和选择

肉质的优劣是通过肌肉的 pH、肉色、系水力、大理石纹、肌内脂肪含量、嫩度和风味等指标来判定。

1. 肌肉 pH 肌肉 pH 的高低与劣质肉的产生密切相关，一般作为评定肌肉品质优劣的标准。pH 测定的时间是屠宰后 45 min 以及宰后 24 h；测定部位是背最长肌和半膜肌或半棘肌中心部位。可采用玻璃电极（或固体电极）直接插入测定部位肌肉内测定。由于肌肉 pH 呈连续变化，不可能精确划定肉质优劣的界限值。常用背最长肌（眼肌）的 pH 来测定 PSE 肉；半膜肌或半棘肌的 pH 来判断 DFD 肉（黑干肉）。现公认：宰后 45 min 和 24 h 眼肌的 pH 分别低于 5.6 和 5.5 是 PSE 肉；宰后 24 h 半膜肌的 pH 高于 6.2 是 DFD 肉。

2. 肉色 肌肉的颜色取决于肌肉色素含量，色素越少肉色越浅。色素含量的多少受肌肉 pH 的影响。测定肉色的方法较多，主要分为客观仪器测定和主观评分两大类。仪器测定的精确性较高，主观评分精确性较差，但简单易行。主观肉色评定主要采用标准肉色等级评分法。评定部位为胸腰椎结合处背最长肌的横断面，评定时间为宰后 1~2 h 或冷却 24 h(4 ℃)，光照条件要求室内白天正常光度，不允许阳光直射肉样评定面，也不允许在室内阴暗处。按 5 分制标准图评定肉色。1 分为灰白肉色（异常肉色）；2 分为轻度灰白肉色（倾向异常肉色）；3 分为正常鲜红色；4 分为正常深红色；5 分为暗黑色（异常肉色）。3 分和 4 分均为正常肉色。在出现两级之间肉色时，可在两级之间增设 0.5 分。

3. 系水力 系水力指肌肉蛋白质在外力作用下保持水分的能力。目前仍采用贮存损失、熟肉率及失水率测定肌肉的系水力，其中以贮存损失的重复力为最高，精确性较好。失水率的测定有压力失重法和面积法。系水力是肉质的重要性状，直接影响肉品加工的产量，也影响肌肉的嫩度。肌肉系水力的高低，取决于宰后肌肉的 pH。我国通常采用加压重量法来度量肌肉失水率，以估计肌肉的系水力，即失水率越高，系水力越低。

系水力的测定方法：宰后 2 h 内取第 2~3 腰椎处的背最长肌，切取厚度为1.0 cm的薄片；再用直径为 2.523 cm 的圆形取样器（圆面积为 5.0 cm² ）切取肉样。用精度为 0.01 g 的天平称压前肉样重。然后将肉样置于两层医用纱布之间，上下各垫18 层滤纸。滤纸外层各放一块硬质塑料垫板，然后放置于钢环允许膨胀压缩仪平台上，匀速摇动摇把加重至 35 kg，并保持 5 min 立即称量压后肉样重，并用下式计算失水率。

$$失水率 = \frac{压前肉样重 - 压后肉样重}{压前肉样重} \times 100\%$$

4. 贮存损失 在不施加任何外力而只受重力的作用下，肌肉蛋白质在测定期间的液体损失，称贮存损失或滴水损失。此结果可用来推断肌肉系水力。其测定方法是：宰后 2 h 内取第 4~5 腰椎处的背最长肌，将试样修整为长 5 cm、宽 3 cm、厚 2 cm 的肉样，并称贮存前重。然后用铁丝钩住肉样一端，使肌纤维垂直向下，装入塑料食品袋中，肉样不与袋壁接触，扎好袋口，吊挂于 4 ℃冰箱中。24 h 后称肉样的贮存后重，按下式计算贮存损失。

$$贮存损失率 = \frac{贮存前重 - 贮存后重}{贮存前重} \times 100\%$$

5. 熟肉率　宰后 2 h 内取腰大肌中段约 100 g 肉样，称蒸前重。然后置于铝锅蒸屉上用沸水蒸 30 min。蒸后取出吊挂于室内阴凉处冷却 15～20 min 后称重，并按下式计算熟肉率。

$$熟肉率 = \frac{蒸后重}{蒸前重} \times 100\%$$

6. 肌肉大理石纹　肌肉大理石纹指一块肌肉内可见的肌内脂肪。评定方法是：取最后胸椎与第一腰椎结合处的背最长肌横断面，置于 4 ℃ 的冰箱中存放 24 h 后，对照大理石纹评分标准图，按 5 级分制评定。1 分为肌内脂肪呈极微量分布；2 分为肌内脂肪呈微量分布；3 分为肌内脂肪呈适量分布；4 分为肌内脂肪呈较多量分布；5 分为肌内脂肪呈过量分布。两级之间只允许评 0.5 分。以 3 分为理想分布，2 分和 4 分为较理想分布，1 分和 5 分为非理想分布。

7. 肌肉嫩度　肌肉嫩度是影响肌肉风味的重要性状。肌肉嫩度与肌纤维直径大小、肌肉中结缔组织多少或肌内胶原含量高低以及肌内脂肪含量等有密切关系。嫩度测定可采用评定人员咀嚼煮熟肉样主观评分，也可采用剪切力和测定肌肉总胶原含量的方法评估肌肉的嫩度。

8. 肌内脂肪含量　肌内脂肪含量直接影响猪肉的风味，主要是影响风味性状中的嫩度和多汁性。最佳的肌内脂肪含量为 2.5%～3.0%，低于此含量会影响肌肉的嫩度和多汁性，高于此含量就会被消费者认为太肥而不愿购买。测定肌内脂肪含量主要有 3 种方法。第一种是用乙醚浸提肌内脂肪的索氏抽提法，是测定肌内脂肪含量的常用方法；第二种是用红外线测定仪估测肌内脂肪的含量，其测定值精度较高，与索氏抽提法的相关系数达 0.92；第三种是主观的眼肌大理石纹评分法，此法简单易行，与索氏抽提法的相关系数也较高，达到 0.66。

9. 肌肉内其他化学成分　宰后 2～3 h，取胴体右侧背最长肌中心部位约 100 g。按常规肉脂化学成分分析法测定肌肉的水分、粗脂肪、粗蛋白质和灰分的含量。

任务三　提高杂交优势途径

（一）杂交方式

1. 杂交和杂种优势的概念

（1）杂交。不同品种、品系间相互配称为杂交，由杂交产生的后代称杂种。

（2）杂种优势。不同品种、品系和品群间杂交所产生的后代往往在生活力、生长势和生产性能等方面在一定程度上优于其亲本纯繁群平均值的现象。

2. 获得杂种优势的规律

（1）杂种优势表现的程度，取决于杂交亲本间遗传差异的程度。一般来说，亲本间遗传差异越大，则杂交效果越好，其杂种一代的杂种优势也越强。因此，在养猪生产实践中，常常选用那些在遗传基础、来源和亲缘关系差异较大的品种或品系进行杂交，其杂种优势显著。

（2）杂交亲本双方基因越纯合，其杂种一代的杂种优势越显著。

（3）不同品种近交系间的杂交比同品种近交系间的杂交，在产仔数和生长速度方面表现出较大的杂种优势。

（4）在养猪生产实践中，一般三品种杂交效果优于两品种杂交，而与四品种以上的多品种杂交效果相近，在杂交组织与方法上又比四品种以上的多品种杂交简单。因此，三品种杂交有较大的实用和推广价值。

（5）不同经济性状表现的杂种优势不同。

① 最易获得杂种优势的性状。一般这类性状遗传力低，主要受非加性基因的控制。如体质的结实性、生活力、产仔数、泌乳力、育成仔猪数、断乳个体重和断乳窝重等性状，近交时退化严重，杂交时最易获得杂种优势。在生产实践中，还应重视配合力的测定。

② 较易获得杂种优势的性状。一般这类性状遗传力中等。受加性基因和非加性基因双重影响的性状。如生长速度、饲料转化率等，杂交时较易获得杂种优势。

③ 不易获得杂种优势的性状。一般这类性状遗传力高，主要受加性基因的影响。如外形结构、胴体长、膘厚、眼肌面积、腿臀重、产肉量、屠宰率、瘦肉率及肉的品质等性状，杂交时不易获得杂种优势。

（6）为了使杂种优势充分表现，在营养上应供给杂种一代所需要的各种营养，充分满足其生长发育的需要，使优势潜力得到充分发挥。

3. 杂交方式的选择

二元杂交

（1）两品种杂交。又称二元杂交，是用两个不同品种（系）的公母猪进行一次杂交，其杂种一代全部用于商品育肥。特点是简单易行，实际生产中现已很少应用，没有利用繁殖性能的杂种优势，仅利用了生长育肥性状的杂种优势（图 2-19）。

例如：我国二元杂交主要以引入品种及培育品种作父本与本地品种或培育品种作母本进行杂交，杂交效果好，如长大、大长、皮杜、长民、大民等。

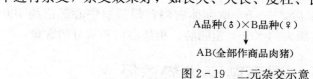
A品种(♂)×B品种(♀)
↓
AB(全部作商品肉猪)

图 2-19 二元杂交示意

（2）三品种杂交。又称三元杂交。即先利用两个品种（系）的猪杂交，从杂种一代中挑选优良母猪，再与第二父本品种杂交，二代所有杂种用于商品育肥（图 2-20）。

优点是综合了三个品种的优良特性，能够获得最大的个体杂种优势，同时利用了杂种母猪繁殖性能的杂种优势。一般三元杂交在繁殖性能上的杂种优势率较二元杂交高出 1 倍。

缺点是需要饲养 3 个纯种（系），制种较复杂且时间较长，一般需要两次配合力测定以确定二元杂种母本和三元杂种育肥猪的最佳组合，组织工作麻烦，不能利用父本的杂种优势。

例如：三元杂交所使用的母本常用地方品种或培育品种，两个父本品种常用引入的优良瘦肉型品种，如杜长民、杜大民、杜长太、杜大淮。为了提高经济效益和增加市场竞争力，可把母本猪确定为引入的优良瘦肉型猪，也就是全部用引入优良猪种进行三元杂交，效果更好，如杜长大、杜大长、皮长大、皮大长等。目前，我国从南方到北方的大多数规模化养猪场，普遍采用杜、长、大的三元杂交方式，获得的杂交猪具有良好的生产性能，尤其产肉性能突出，非常受市场欢迎。

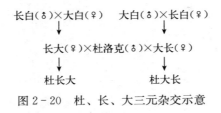

图 2-20　杜、长、大三元杂交示意

（3）轮回杂交。指由 2 个或 3 个品种（系）轮流参加杂交，杂交过程中，逐代选留优秀的杂种母猪作母本，每代用组成亲本的各品种公猪轮流作父本的杂交方式。在国外的养猪生产中，应用较多的是相近品种的轮回杂交。

优点是可利用各代杂种母猪的杂种优势来提高生产性能，因此不一定保留纯种母猪繁殖群，可不断保持各子代的杂种优势，获得持续而稳定的经济效益；可减少纯种母猪的饲养量，降低养猪成本，是一种经济有效的杂交方法；能充分利用杂种母猪的杂种优势，并可以利用人工授精站的公猪，组织工作简单，疾病传播风险下降。

缺点是不能利用父本杂种优势和不能充分利用个体杂种优势；两品种轮回杂交其遗传基础不广泛，互补效应有限；每代需更换种公猪；配合力测定较烦琐。

例如：常用的轮回杂交方法有两品种和三品种轮回杂交。如长白和大白的两品种轮回杂交。

（4）配套系杂交。又称四品种（系）杂交，是采用四个品种（系），先分别进行两两杂交，然后在杂交一代中分别选出优良的父、母本猪，再进行交配的方法。

优点是同时利用杂交公、母猪双方的杂种优势，可获得较强的杂种优势和效益，具体表现为 4 大优势：①瘦肉率更高，为 65%～70%；②繁殖能力更强，两年繁殖 5 胎，每胎产仔 12 头以上；③生长周期更短，生长到 90～100 kg 仅需 160 d 左右；④饲养成本更低，料重比为 2.8∶1。另外，此种方法可生产出更多优质商品肉猪，并可培育出"新品系"。

缺点是操作起来较为烦琐，不适合规模化程度低的养殖户。

例如：目前所推行的"杂优猪"，大多数是由四个专门化品系杂交而产生，如迪卡配套系（美）、斯格配套系（比利时）、PIC 配套系（英）、达兰配套系（荷兰）、托佩克配套系（荷兰），我国的光明配套系、深农配套系、华特配套系、冀合白猪配套系等。1991 年农业部从美国迪卡公司为北京养猪育种中心引入 360 头迪卡配套系种猪，其中原种猪有 A、B、C、E、F 5 个专门化品系，其实质是由杜洛克、汉普夏、大白、长白等种猪组成。在此模式中 A、B、C、E、F 5 个专门化品系为曾祖代（GGP）；A、B、C 以及 E 和 F 正反交产生的 D 系为祖代（GP）；A 公猪和 B 母猪生产的 AB 公猪，C 公猪和 D 母猪生产的 CD 母猪为父母代（PS）；最后 AB 公猪与 CD 母猪生产 ABCD 商品猪上市（图 2-21）。

（二）提高杂交优势途径

1. 杂交亲本的选择　所谓的杂交亲本，是指杂交所用的公猪和母猪，其中杂交

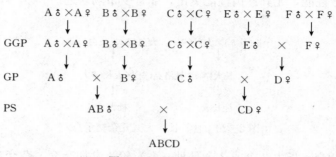

图 2-21 迪卡配套系

的公猪称父本，杂交的母猪称为母本。亲本性能的好坏，直接关系到杂交后代的质量，决定杂种优势的高低。一般来说，要想获得高而稳定的杂种优势和均匀一致的杂种后代，杂交亲本必须具有纯且稳定的遗传基础。品种之间遗传差距越大，亲缘关系越远，杂种优势效应往往越明显。一般来说，不同经济类型猪种杂交，其杂种优势往往超过同一经济类型猪种的杂交。

目前我国生产商品瘦肉猪，由于各地养猪条件很不一致，在选择亲本时，一方面要因地制宜。另一方面为获得高度杂种优势效益，应注意两个基本要求：一是作为杂交亲本，其种性要纯，质量要优，品种内个体间的差距要小；二是父母本品种间遗传差异要大。

（1）父本品种选择。一般选择日增重大、瘦肉率高、生长快、饲料转化率高、繁殖性能较好的品种作为杂交第一父本，而第二父本或终端父本的选择应重点考虑生长速度和胴体品质，例如第一父本常选择大白猪和长白猪，第二父本常选择杜洛克猪。根据经济类型来选择父本，不同类型比同种类型公母猪的杂交效果明显，还要考虑对商品肉猪的要求来选择父本，如要求杂种商品肉猪的胴体瘦肉率高一些，就应选择肉用型品种做父本。

（2）母本品种选择。因母本需要的头数多，宜选择猪源问题易解决，又易在本地区推广的猪品种。所以母本应该具有分布广、适应性强、繁殖力高、母性好、泌乳力强等特点。地方猪种、培育品种具有上述优点可以选择，引进长白、大白也可以选择，但选择体形不要太大，因为体形过大，维持需要所消耗的饲料太多。

2. 亲本选育提高 杂交亲本的选育提高，常用本品种选育的方法进行选育提高。利用我国的地方品种、培育品种和引进品种的一些遗传力高的性状，如胴体性状，通过本品种选育，可以改进遗传结构，提高生产性能。

3. 专门化品系与杂优猪

（1）专门化品系。专门化品系是指按照育种目标进行分化选择具备某方面突出优点、配置在完整繁育体系内不同阶层的指定位置、承担专门任务的品系。分化选择一般分为父系和母系。在进行选择时把繁殖性状作为母系的主选性状，把生长、胴体性状作为父系主选性状。

（2）专门化品系的选择方法。专门化品系可以采用系祖建系、近交建系、群体继代选育建系等方法。

① 系祖建系法。即通过选定系祖，并以系祖为中心繁殖亲缘群，经过连续几代

的繁育，形成与系祖有亲缘关系、性能与系祖相似的高产品系群。这种方法建立品系，关键是选好系祖，要求系祖不但具有优良的表现型，而且具有优良的基因型，并能将优良性状稳定地遗传给后代。系祖一般为公猪，因为公猪的后代数量多，可进行精选。

② 近交建系法。即利用高度近交使优良基因迅速纯合，形成性能优良的品系群。由于高度的近交会使性能衰退明显，需要付出很大代价，并且猪的近交系杂交效果不如鸡明显。因此，现代猪的育种已很少采用这种方法建系。

③ 群体继代选育法。该法是选择多个血统的基础群之后进行闭锁繁育，使猪群的优良性状迅速集中，并成为群体所共有的遗传性稳定的性状，培育出符合品系标准的种猪群。群体继代选育法使建系的速度加快，并且建成的品系规模较大，使优良性状在后代中集中，最终使其品质超过它的任何一个祖先。因此，成为现代育种实践中常用的品系繁育方法。

（3）杂优猪。由专门化品系配套繁育生产的系间杂种后裔，我国称为杂优猪，以区别于一般品种间杂交的杂种猪。杂优猪具有表现型一致化和高度稳定的杂种优势，适应"全进全出"生产方式。

任务四　种猪性能测定的技术规程

（一）送测猪条件和要求

1. 送测猪的准备

（1）确定送测品种。测定站测定的品种为国家级、省级或其他重点种猪场饲养的引进品种、培育品种（或品系），每个品种（品系）应有 5 头以上公猪血统和 80～100 头本品种基础母猪群。

（2）选择送测个体。

① 送测猪应品种特征明显，来源清楚，有个体识别标记，并附有系谱档案记录，须有两代以上系谱可查，有出生日期、初生重、断乳日龄和断乳重等数据资料。

② 送测猪应发育正常，体重 20 kg(8～9 周龄)，同窝无任何遗传缺陷，肢体结实，每侧有效奶头不得少于 6 个，窝产仔数达到该品种标准规定的合格以上要求。

③ 同一批送测猪出生日期应尽量接近，前后不超过 21 d。

④送测猪应经当地技术人员和中心测定站派出的技术人员核实签字后，方能发往中心测定站。

（3）确定测定组与测定头数。

① 采用公猪性能测定方案，送测猪要求来源于 5 个以上公猪血统的后代，从每头公猪与配的母猪中随机抽取 3 窝，每窝选 1 头公猪，共 15 头，即每个场每批送测 15 头公猪。

② 采用公猪性能与同胞性能相结合的测定方案，则在上述基础上，每窝增选 1 头去势公猪和 1 头小母猪，即每个测定组 3 头，15 个测定组共 45 头。

（4）保证送测猪健康。

① 提供测定猪的猪场，必须在近两年内没有发生过重大传染性疾病。

② 送测个体运送测定站之前必须进行常规免疫注射。运输车辆必须洗净、彻底消毒，沿途不得在猪场和市场附近停靠。

③ 送测猪须在送测前 1 周完成驱虫和公猪去势。

④送测猪必须持有所在场主管兽医签发的健康证书，到测定站隔离观察后由测定站兽医检验确认是否合格。

2. 测定前隔离观察与预试 被测定猪送到中心测定站后，不能直接进入测定舍测定，应隔离观察与预试 10～14 d，在此期间，饲喂测定前期料，以适应饲养与环境条件。同时观察被测猪的健康状况，若有发病应立即治疗，经多次治疗无效，应予以淘汰；若发生烈性传染病，应全群捕杀，损失由送测单位负责。

（二）测定方法

1. 测定时间 经隔离观察与预试以后，体重达到 25 kg 或 30 kg 时转入测定舍进行正式测定，当体重达到 90 kg（约 165 日龄）或 100 kg（约 180 日龄）时结束测定。入试体重和结束体重均应连续 2 d 早晨空腹称重，取其平均值。

同胞测定猪结束育肥测定后，应继续饲喂 2～3 d（以保证宰前活重达 88 kg 以上），空腹 24 h 后进行屠宰测定。

2. 测定性状

（1）生长育肥性状的测定。测试猪体重 25～30 kg 时开始记录，直至测试猪体重达到 90～100 kg 时所需要的天数，并按如下校正公式转换成达 100 kg 体重的日龄（借用加拿大的校正公式）：

$$校正日龄＝测定日龄－［（实测体重－100）/CF］$$

其中：$CF＝（实测体重/测定日龄）×1.826\,040（公猪）$

$CF＝（实测体重/测定日龄）×1.714\,615（母猪）$

（2）活体背膘厚的测定。

① 猪只保定。对测定猪只可用铁栏限位或用猪保定器套嘴保定，让猪自然站立，采用铁栏限位时可适当喂些精料，使其保持安静，测定时避免猪只弓背或塌腰而使测量数据出现偏差。

② 测量位置。我国目前以倒数 3～4 肋、距背中线 4～5 cm 处作为测定点。

③ 操作程序。若猪毛较厚，在测定前应对测定点进行剪毛，之后在测定点上均匀涂上耦合剂，使用活体背膘测定仪时将探头置于测定位点处，注意用力不要太大，观察 B 超屏幕变化。不同的 B 超所使用的探头不同，所显示的测定图像也不一样，因此应正确选取测定图像，方法是：当出现图像清晰，背膘和眼肌分界明显、肋骨处出现一条亮线时，即可冻结图像，使用操作面板上的标记对背膘上缘和下缘进行标记，会自动计算出背膘厚度，输出或打印该图像。将测定所得到的背膘厚度输入遗传评估软件，计算分析后会得出达到 100 kg 体重的活体背膘厚度。

以上为采用公猪性能测定方案时应测定的性状。若采用公猪性能与同胞性能相结合的测定方案，除测定以上性状外，须进行同胞屠宰测定，测定胴体性状和肉质性状。

（三）送测猪饲养管理

测定猪圈舍条件应尽量一致，根据不同品种、不同生长阶段的营养需要，确定相应的营养水平和饲料配方。

性能测定的公猪单栏饲养，2头全同胞或6头半同胞一栏，均采用自由采食，自由饮水。或采用ACEMA电子识别自动记料测试系统，一般12~15头为一个单元。

（四）测定成绩评定

种猪测定结束后，根据测定结果，参照各品种标准进行评定分级，淘汰外形不合格的个体，并对外形合格的每头猪进行育种值或综合选择指数的计算。

项目六　猪群安全

任务一　生物安全

（一）生物安全意义

生物安全包括为保护猪场、猪群和相关工作人员免遭疫病侵袭而必须采取的一切措施。生物安全是一个大课题，不仅包括环境卫生控制（清洁和消毒），而且还包括防止疾病通过其他动物（鸟类、家养动物和害虫等）、人类、空气、水源等途径侵入生产场所。另外，免疫接种、猪场的选址和布局设计以及猪群流动等都包括在内。理想状况是将病原的流行水平降低至动物利用自身的防御机制足以与这些病原体抗衡的水平。没有一家猪场能做到无菌，所以目标是实现疾病威胁与机体有效防御之间良好的平衡。

（二）生物安全实施

1. 疫病的来源　生物性安全防疫这个词用在养猪生产上时，指的是采取预防措施，以减少从外界带入疫病的危险性。

（1）直接接触。猪鼻对鼻的接触，以及接触粪便、尿甚至共同分享的空间，会导致疫病从一头猪向另一头猪传播。当把不同来源的猪混合在一起时，疫病更可能发生，任何一头未知健康状况的猪都可能是一个疫病携带者。据报道，感染 PRRSV，56％是通过感染猪传播的，20％是通过感染猪精液传播的，21％是通过污染物传播的，3％传染源不明。

（2）间接影响。这是非同舍猪群的影响，从邻近的猪群向周围的猪群扩散疫病，是疫病传播的第二大危险因素。在合适的环境条件下，风就可以把一些病毒带到 70 km 以外的距离。其他的一些病原，如猪喘气病病原，通过空气媒介传播的距离最远可达 3 km（表 2 - 7）。而一些病原如猪痢疾和疥癣是不能通过空气传播的，只能通过啮齿动物从一个猪群向另一个猪群传播。2004 年发现，美国的商业猪场新感染 PRRSV 的猪中 80％不是由病猪或精液传播的，而是由临近感染猪群污染了运输工具或材料，然后未感染猪群通过运输、未执行生物安全程序或由昆虫传播而感染。

载有猪的卡车能够对猪群带来危险，为了减少这个危险，猪舍距离公路至少50 m。

运输猪的车辆和上车时装载用的工具也是疫病的来源，卡车散落的粪便和在装载期间接触了这些粪便的猪从卡车上逃脱回猪群也可能带来疫病。

表2-7　从临近的猪群向周围猪群扩散疫病的危险性（距离）

（加拿大阿尔伯特农业局畜牧处等，1998. 养猪生产）

疫　病	扩散的最小距离/m	疫　病	扩散的最小距离/m
伪狂犬病	500	传染性胃肠炎	400
放线杆菌胸膜肺炎	500	气喘病	150
萎缩性鼻炎	300	疥癣	100
猪痢疾	300	链球菌脑膜炎	300

（3）其他动物。家鼠和田鼠能够传播疫病。它们能够传播沙门氏菌、猪丹毒、钩端螺旋体和猪痢疾等细菌性疫病，也可以携带病毒如细小病毒和乙脑病毒。

为了控制啮齿动物而饲养的猫和犬也能够成为疫病的媒介，它们通过携带粪便从一个地方到另一个地方而成为机械传播媒介。猫是弓形虫的终末寄生宿主，是弓形虫病的疫源，如果在猪场养猫，猫肯定会进入猪舍。

野鸟携带可感染猪的各种各样的病原。例如：欧椋鸟的排泄物中含有传染性胃肠炎的病原，而且可以存活36 h。特别是猪痢疾病原可以在欧椋鸟落下的排泄物中存活8 h以上。

苍蝇是许多传染病的传播媒介，它们一般只待在一个猪场，偶尔也在两个猪场之间飞来飞去。由于苍蝇在污染的饲料、废水、病猪、死猪上携带了致病性病原，因此苍蝇成为潜在的引发疫病的媒介。苍蝇携带猪乙型链球菌至少可长达5 d，苍蝇叮咬过的污染材料，可保持至少4 d以上的污染。

特别是在夏天，苍蝇在开放的养殖场建筑间广泛地活动，而在封闭的建筑物间的散布率则较低。当苍蝇的食物供应不间断时，它们则尽力停留在一个地方，在猪场间的活动范围是1.5～2 km。

（4）猪舍工人和参观者。如果他们排出1 g带有猪痢疾病原的粪便可以引发1 000头猪发病。

（5）水源。洞穴、小溪和开放型的池塘的水中不仅存在着像钩端螺旋体一类的致病性病原，而且这些水源还易被黄鼠狼、老鼠和其他昆虫宿主排出的含有病原的粪便所污染。

（6）交叉感染。下列情形之一会造成交叉感染：①猪场内部不同的猪感染不同传染病或猪场之间有的猪感染传染病，兽医在注射治疗过程重复使用同一个针头往往会造成交叉感染或出现继发混合感染。②兽医在进行外科手术时，如去势使用的手术器具未经消毒重复使用。③正处在感染期或隐性感染期的猪，因各种原因出血被其他猪食入或与创口直接接触。

2. 生物性安全防疫措施

（1）为了防止活猪带入疫病，要检疫新到达的猪或者建立一个封闭猪群，不直接引进猪。

（2）要保证用来装载猪的卡车在来到猪场之前已被清扫和消毒过，并且晒干。另一个办法是要有一个单独的可在二次装载期间能够清扫的装载场所。

（3）为了减少弓形虫病传播的危险，尽量避免养猫。猫和犬能传播出现和不出现临床症状的病毒病，对于不出现临床症状的病毒病，只有在对较高水平的健康猪群进行疫病监测时，使用有效的诊断方法时才可以发现和确定。另外，通道和顶棚应当使用网具遮挡，以防止鸟类穿越后进入猪舍。

（4）为了防止苍蝇对喷雾杀虫药产生抗药性，最好的控制方法是破坏掉它们的滋生地。猪舍的门窗应和隔离停车区有 30 m 以上的距离，有助于切断附着在猪舍周围饲料运送车上的苍蝇的传入途径。

（5）人们可能通过皮靴上、鞋子上或者在没有冲洗的手上携带的细菌来传播病原，一些养猪者要求所有的饲养员和参观者脱衣、脱鞋进行消毒后，换上专供在猪舍区使用的衣服才能进入；一些猪场管理员不允许任何参观者进入；另外一些养猪者要求参观者进入猪舍前，必须在一个没有养猪的环境中停留几小时（消毒）。

（6）按照以下程序操作，将阻止病原体传入。

① 猪舍内使用的鞋子要保证只在猪舍内部使用，这将防止把一些人或动物的脚印中留下的污染物带回猪舍内。

② 在所有的进出口设立牢固的隔离设施。

③ 设立明显的标志，划定当穿着从外面区域过来的衣服和鞋子时，限制进入的区域。

④专人具体负责监督猪舍工人和阻止其他人员进入。

⑤猪舍要锁门以阻止穿着外面的衣服的不速之客在被发现之前进入。

⑥预防附近的小孩进入猪场的措施要和成年人一样。

每天和猪相伴的工作人员比那些偶尔接触猪的人有更大的危险性。多杀性巴氏杆菌是引发猪肺炎的一个病原，从持续和猪接触24 h后的饲养员的鼻子中可分离培养出该菌。接触了疥癣猪的人，掘洞疥癣引起的病变有时候要经过 2～3 周才会消退。只有保证参观者穿戴清洁的衣服、鞋子和一个消毒口罩，其进入带来的疫病传入危险才能最小。阻止污染交叉传播的预防措施是必需的。

⑦对供水系统采用加氯消毒和从非发病疫区采水是减少易感动物发病危险性的两种方法。

⑧注射治疗主张一猪一针头，一次性或用后消毒再使用。外科手术所用器具应严格消毒后再用于其他猪手术。对疑似传染病猪要进行严格隔离或无公害化处理。

任务二　猪群健康观察

（一）静态观察

观察猪站立和睡卧的姿势、呼吸和体表状态。健康猪在温度适宜时睡卧（姿势）常取侧卧姿势，四肢伸展；在低温环境中采取四肢蜷于腹下的平卧姿势。站立平稳，呼吸均匀深长。被毛整齐有光泽，无色素沉着的皮肤呈粉红色。

（二）动态观察

观察猪群起立姿势、行走步态、精神状态、饮食、排泄情况。健康猪起立敏捷，行动灵活，步态平稳，有生人接近时出现警惕性凝视。采食时节奏轻快，尾巴自由甩动。粪呈圆柱形，落地后变形，颜色受饲料影响，一般呈浅橙色、灰色或黑色。

1. 猪临床检查

（1）通过仔细的视诊，观察个体及群体的变化，并对发育程度、营养状况、皮肤变化、精神状态、运动行为、呼吸、采食与排泄等项内容仔细观察。

（2）注意听取病理性声音，如喘息、咳嗽、喷嚏、咬牙、呻吟等。

（3）进行周密问诊及流行病学调查。

2. 一般检查

（1）体格、发育、营养程度。仔猪体躯矮小、结构不匀称、消瘦、被毛蓬乱无光，甚至成为僵猪常提示有慢性病存在，如猪瘟、副伤寒、气喘病、链球菌性心内膜炎、慢性传染性胸膜肺炎、各种寄生虫病等。

（2）姿势、运动。在温度适宜时，猪仍然采取四肢蜷于腹下的平卧姿势可能有心脏疾病。呈犬坐姿势提示呼吸困难，常见于肺炎、心功能不全、贫血。猪运步缓慢、行动无力，可由衰竭和发热引起。病猪跛行时应注意关节有无肿胀变形，蹄部有无损伤，引起关节肿胀变形的疾病有猪丹毒、链球菌病等，如果猪群中相继出现多数跛行的病猪并传播迅速时，应考虑是否存在口蹄疫、水疱病，此时要仔细检查蹄部有无水疱烂斑。另外，跛行还可由风湿症引起。

（3）皮肤。皮肤发绀可见于循环及呼吸系统障碍，如猪繁殖与呼吸综合征、猪肺疫、猪接触性传染性胸膜肺炎、仔猪副伤寒、应激综合征等。猪眼睑水肿常见于猪水肿病、猪繁殖与呼吸综合征、链球菌病。皮肤发红可见于发热。皮肤苍白可见于贫血。皮肤剧痒并伴有出血、结痂等提示螨虫病的可能。皮肤有疹块可见于皮炎肾病综合征、猪丹毒、猪痘等。皮肤有出血点，多发于猪的腹下、四肢常是猪瘟的表现。猪鼻盘干燥见于发热病。体表有较大的坏死和溃烂提示有坏死杆菌病。

（4）眼。出现脓性分泌物是有化脓性结膜炎，尤其应注意猪瘟。结膜潮红可能是局部炎症，也常见于各种热性病。结膜苍白见于贫血。结膜黄染见于肝病和溶血过程。贫血黄疸常见于断乳仔猪多系统衰竭综合征、嗜血支原体病等。结膜发绀见于呼吸系统和循环系统障碍或者中毒。脑部疾病时可出现眼球震颤。

（5）淋巴结。猪瘟、猪丹毒、弓形虫病、断乳仔猪多系统衰竭综合征等常见淋巴结明显肿胀。

（6）消化系统。观察是否存在呕吐、便秘、腹泻、直肠脱落。

（7）泌尿系统。公猪排尿时，尿流呈股状断续（交替）的短促排出，母猪排尿时后肢展开、臀下倾、后肢弯曲、举尾、背腰弓起。尿正常时为水样，在发热和饮水减少时尿呈黄色；泌尿系统炎症时可见血红尿或尿中有血块；初生仔猪溶血、支原体病可见血红蛋白尿。

（8）生殖系统。母猪外阴有脓性或白色的排出物，可能是膀胱炎、肾盂肾炎、阴道炎或子宫炎。前两种病可发生于任何阶段的母猪，但在妊娠期间较多见，后两种常发生在配种或产仔后。外阴单侧肿常由创伤引起，双侧水肿见于玉米赤霉烯酮中毒和支原体病。猪患布鲁氏菌病和乙型脑炎时可见睾丸肿大。

（9）神经系统。食盐中毒、日射病可见兴奋不安；伪狂犬病可见间歇性抽搐；病猪倒地、四肢划动可见于各种脑炎和猪水肿病。

（10）体温、心跳、呼吸数。引起体温升高的疾病很多，感染、应激等均可引起体温升高。体温过低可见于濒死期、严重下痢猪；母猪也常见体温过低，适当补充能量或治疗后可很快恢复正常，多由饲养管理不善引起。在发热时心跳次数增加，如果心跳次数显著减少常提示预后不良。呼吸次数增加可由于呼吸器官疾病，也可由于发热、心力衰竭、贫血等引起；常见疾病为气喘病、伪狂犬病、繁殖与呼吸综合征、支原体病、缺铁性贫血、应激综合征等。三者之间的关系一般是并行的。体温升高，则心跳和呼吸次数增加；体温下降，则心跳和呼吸次数减少。如果体温下降而心跳次数增加，多为预后不良之兆。

任务三　环境因素与猪群健康

猪群环境可以分为三方面，包括热环境、气体环境和物理环境。只有保证以上的三大环境适宜，才能确保猪群生长性能良好和猪群健康。

1. 热环境　猪群周围的空气温度通常被认为是热环境的主要部分，还包括相对湿度、湿温比。各阶段猪群所需的温度范围见表2-8。表中提到的适宜温度区间，被称为温度适中区或等热区。等热区的下限有效环境温度称为下限临界温度，在此温度范围内，动物的体温保持相对恒定，若无其他的应激（如疾病）存在，动物的代谢强度和产热量正常。对于猪群来说，精确的下限临界温度值取决于其采食量和体重。在饲喂相同日粮的情况下，与采食量较少的猪群相比，采食量较多的猪群其下临界温度值较低。上限有效环境温度称为上限临界温度或蒸发临界温度。当温度高于上限临界温度时，猪群便开始喘气或焦躁不安，以便向周围环境散热，从而保持体温。

表2-8　不同年龄阶段猪群所需的温度范围

动物体重/kg	最佳温度/℃	适宜温度区间/℃
泌乳母猪		10～21
新生仔猪	35	32～35
3周龄仔猪	27	24～29
保育猪（5～14）	27	24～29
保育猪（14～23）	24	21～27
保育猪（23～34）	18	16～21
生长猪（34～82）	16	13～21
育肥猪（>82）	13	10～21
妊娠母猪		10～21

空气温度不是热环境的唯一组成部分。其他因素也可以影响猪群和周围环境之间的热交换，包括周围空气流速以及猪舍地面类型等。在生产中，如何解决这些因素对猪群热环境的影响也是面临的挑战。例如：在温度不变的情况下，猪群在无垫料的猪舍中会比在有垫料的猪舍中感觉更温暖。

2. 气体环境　由于猪的呼吸、排泄以及垫料、排泄物等的腐败分解，使猪舍空气中二氧化碳增加，同时，会产生一定量的氨、硫化氢等有害气体及臭味。此外，猪舍空中还含有大量的灰尘和微生物。这些都会影响猪群的健康。

因此，猪舍的通风系统对于舍内空气质量控制十分关键。目前猪舍的通风系统已被广泛使用。不同阶段猪群需要的通风换气率见表2-9。

表2-9　不同阶段猪群需要的通风换气率

体重/kg	通风换气率/(m³/s)
母猪和仔猪	每窝 0.009 4
5～14	每头 0.000 47～0.000 94
14～23	每头 0.001 4～0.001 9
23～34	每头 0.002 4～0.003 3
34～82	每头 0.003 3～0.004 2
>82	每头 0.004 7～0.005 7

通风换气时需要采用连续、均匀的方式。通风率需要保持恒定，并与当时的季节相适应。具体所需的通风量取决于舍外的天气条件。通风系统需要设有控制和管理系统，便于改变整个猪舍内的通风换气率。

通风系统可以显著降低建筑物内的尘埃量。如果空气交换大于所需的湿度，房舍内将趋于干燥，并使灰尘浓度升高。空气相对湿度含量应为40%～70%。在冬季，大多数天气条件下，相对湿度应该是50%～70%。在该范围内，尽量减少通风换气率的同时，动物热消耗也降低，猪群仍处于健康状态。

已经证实高尘埃水平不利于猪群以及人类的健康。尘埃水平可通过适当的通风换气来控制。封闭式猪舍的尘埃水平受饲料和饲料处理方式的影响。选用适当的饲料处理系统可减少在饲料处理过程中产生的粉尘。饲料加工技术也影响封闭式猪舍的尘埃水平。在饲料加工过程中添加油能减少粉尘的产生。在饲料中添加油，可降低至少75%的粉尘。

设施管理实践中，全进全出的生产模式已被证明可以改善猪群的健康状况和生长性能。全进全出制度能提高舍内空气质量，因为动物被清空后，场地被彻底清洗，之后才将新的猪群迁入。这样，由于上一周期所留下的尘埃均被除去，因此在新的饲养周期开始后，舍内尘埃水平大大减少。

3. 物理环境　物理环境不是孤立存在的，它与热环境和气体环境密切相关。

（1）饲养空间。猪舍内物理环境包括猪群的饲养空间。例如：在炎热的夏天，狭小的饲养空间会导致猪群产生更多的热应激。不同阶段生长猪所需的饲养活动空间见表2-10。

表2-10　不同阶段生长猪所需要的饲养活动空间

体重/kg	每头猪饲养空间/m²
<14	0.16～0.23
14～27	0.28～0.37
27～45	0.46

（续）

体重/kg	每头猪饲养空间/ m²
45～68	0.56
＞68	0.74

（2）饲料槽大小。饲料槽大小是决定猪舍内物理环境条件的另一重要部分。每头猪所占用的饲料槽空间根据饲料槽的最长限度确定。大型猪舍内的生长猪所占用的饲料槽宽度见表2-11。

表 2-11 生长猪所占用的饲料槽宽度

体重/kg	每头猪所占用的饲料槽宽度/cm
4～23	15～18
＞23	30～35

任务四 预防猪病

疫病可通过对猪的性能、外貌、咳嗽情况、腹泻程度、猪舍环境、饲料利用、进食和饮水行为、体况和喜好等进行连续监测而发现。为了保证猪场不出现疾病（使发病率降至最低），猪场需要对猪病进行监测，另外，来自这些猪场的猪在屠宰场需要进行萎缩性鼻炎和肺炎等疾病的检查。猪场应记录总产仔数、产活仔数、死胎数、生长速度、阴道分泌物以及其他指标，并对各周记录进行比较。猪场应有自己设定的干预水平，例如：要求断乳后死亡率为1%，那么当达到3%时，就需要进行管理和兽医干预，找出死亡发生原因并加以改进。正常水平和干预水平的设立应与特定猪场的特定疾病以及特定时间有关。疾病监测方案应根据猪场存在的问题、猪场工作人员的要求和环境现状而定。最重要的是，这样的监测记录应长期保持并加以重视。一般来说，纸质记录包括时间、地点、病症、可能病因、食欲、环境、猪群活动情况、治疗（包括药物名称和药物来源）以及可能出现的并发症等。

能对猪病进行临床检查、疾病诊断和治疗是猪场全体健康团队（管理人员、猪场工人和兽医）的职责。对猪场员工进行疾病诊断技术培训是猪场主治兽医的基本职责。随着动物疾病检测技术的不断进步，近年来猪群中新发和再现的疾病不断地出现在人们的视野中。因此，猪场员工和兽医人员需要不断学习新的专业知识才能满足其职业发展的需要。

（一）疫病的定义

多伦多医学词典对疫病的定义是：机体任何一部分的正常结构、器官或系统的功能异常或丧失，而表现出的一系列的特征性症候群，这些症状的病因、病原和预后情况可能已知道或者不知道。

这个疫病的定义包含的内容大大超过了传染病一类的范围。兽医界有一个框图包含了疫病的范围，即 DAMNIT（6个疫病类型的第一个英文字母）。并不是每一种疫病都有致死性，但是，所有死亡的动物都是由于疫病。

1. 变性类疫病　指的是某种组织、器官退化成另一种状态，或者健康状况较其原来所具有的品质要低。也可以指一个动物逐渐衰老时所发生的变化。

2. 畸形　畸形指的是像先天性缺陷一类的疫病，如新生仔猪的头裂和锁肛。它也指致死性缺陷如新生仔猪的独眼。

3. 代谢性疫病　包括猪的生理状态异常，如糖尿病是当胰腺分泌的胰岛素不能满足血糖的使用量时而发生的；饲料成分中钙、磷比例和维生素 D 含量失衡时，导致母猪断乳后或繁殖怀孕期不能站立的代谢病；当猪不能得到足够的水满足代谢需要时，它们将表现为脱水和盐中毒症状。

4. 肿瘤　肿瘤指的是新增生的组织或者癌。一些良性增生物虽然带来一个增生或肿块，但一般不带来任何伤害。而另一种类型是恶性肿瘤，具有伤害性，它们干扰或阻断一些器官的正常功能，能够造成致死性损害。

5. 传染病　大多数人听到疫病这个词时就想到了"传染病"这个概念，绝大多数传染病是由病毒或细菌引起的。例如：猪的病毒性疫病（传染性胃肠炎、猪细小病毒病）和细菌性疫病（猪丹毒、链球菌脑膜炎），还有小部分由寄生虫引起的寄生虫病。

6. 创伤类病　它是指机械因素引起的组织和器官的破坏，如猪尾巴被咬或耳朵被撕裂是创伤病，动物由于运输而在运输后死亡也归为创伤性疫病死亡。

（二）预防猪病主要措施

1. 科学饲养　营养不良和过饲均可以导致免疫功能受损，由于蛋白质和能量的缺乏和过剩，维生素和微量元素的相对失衡，均增加对疾病的易感性。在集约化饲养条件下，猪的日粮是严格控制的，因此提供最优化的日粮配方就显得非常重要，尤其是要保证维生素和矿物质含量的最适需要。保证最佳免疫功能所需的关键维生素和矿物质包括维生素 A、维生素 C、维生素 E 和 B 族维生素，铜、锌、镁、锰、铁和硒。这些成分的平衡尤为关键，一种成分的不足或过量会影响另外一种物质的吸收或需要。

确切免疫功能所需的最优化日粮目前的研究还没有得出结论，人们只能根据现行饲养标准进行粗略确定，当某种营养缺乏症没有表现临床症状之前是不知的，但实际生产中某种营养物质的稍微失衡就会导致免疫功能抑制。另外，应激和快速生长也会改变最佳免疫功能所需的营养要求。1976 年有人研究证明，在日粮中添加维生素 E 可提高猪对大肠杆菌的抗体反应。

2. 环境卫生和疫病控制　猪舍良好的环境卫生是控制动物疫病的关键，环境卫生指的是建立和保持有利于动物健康的环境条件。猪舍是病原体理想的栖息地，良好的环境卫生减少这类病原的存在。定期的彻底清扫和消毒，强化使用一些保持每天卫生的基本规定，将把疫病发生的危险降到最小。将猪饲养在有充足光线、干净、密度小、通风良好和有大量清洁饮水的圈舍中，猪将更加健康。

控制环境卫生有以下措施：保持猪舍清洁和整洁，不允许猪舍里堆积粪便、垃圾和蜘蛛网；一旦母猪及其仔猪已经离开分娩间，应立即清扫（洗）和消毒分娩猪舍；

只要有条件，马上把猪的废弃物从猪舍建筑里运走；销毁发病动物的粪便和病猪曾经使用过的废物；控制鼠、猫、鸟和昆虫，不允许鸡在猪舍里跑动。

（1）死猪的处理。对死亡猪的销毁要快速进行无公害化处理。一般要求死亡动物的畜主应当在 48 h 内将死亡动物处理掉，处理方法为埋在至少 1.2 m 深的土层下面，或者销毁，或者把死畜运输到一个加工厂里。猪场按下述方式处理动物尸体：不能在小溪、河流或湖泊里及附近地区处理；不能把死亡动物喂犬或猫，这样扩散疫病的危险性太大；除非为了诊断死亡的原因进行尸体解剖检查外，其他任何理由都不能把动物割破和分割开；任何时候，只要有可能，都要把分娩舍和仔猪舍空 1 周，以便切断疫病在哺乳仔猪和保育猪之间的循环传播。

（2）消毒。当动物饲养在一个长时间没有间断的封闭猪舍时，病原有机物将积累到危害动物健康水平，定期的清扫和消毒能够防止疫病产生的病原有机物的堆积增长。

消毒是将无生命的物体表面病原体杀死，清除和破坏掉所有的有生命的微生物。消毒药和防腐药之间的差异是：消毒药会杀死所有病原菌，而防腐药则阻断病原菌的繁殖和生长，不一定必须杀死它们。消毒药常用在地板、建筑物和仪器设施上。消毒药是有害的化学物质，不能用于活的动物组织；防腐药是很安全的物质，它们可以使用在活的组织上，如阉割时和清洗伤口的污染时。

物体表面存在的有机物影响消毒药杀死微生物的能力，因此，猪舍在被有效地消毒前，必须正确的清扫，将所有的赃物和粪便清除，或者使用高压清洗机，或者蒸汽清扫。对猪舍清洁和消毒最常使用的是氢氧化钠溶液、洗涤剂和蒸汽。

蒸汽清扫时只有蒸汽喷头完全接近被清扫的表面，蒸汽直接接触了病原体，才能实现依靠蒸汽杀死病原体的作用。蒸汽清扫和使用洗涤剂方法对木板、金属、水泥、有狭槽和有纹路的地板的消毒效果较好。洗涤剂的作用是除去脂肪和其他物质，从而使清扫工作变得更加容易，并确保消毒剂能够充分接触微生物并杀死它们。清扫以后，使用消毒剂并保持几小时，在充分的接触后，将每处场所表面和仪器上消毒剂冲刷掉。如果建筑物或者其他设备不能用喷撒充分地消毒，这些建筑或设备则应当被密闭起来进行熏蒸消毒（如用福尔马林和高锰酸钾）。

影响消毒效果的因素很多，包括：①建筑物周围的环境；②病原有机物的类型；③接触起作用的时间；④化学药品的性质。

一个好的消毒药品具有的特性：①稳定性；②水溶性；③效力高；④毒力强；⑤腐蚀性小；⑥低成本；⑦受温度影响较小；⑧作用迅速。

（3）脚浴。脚浴池对预防猪舍建筑物之间的污染是有效的。它们也随时充当猪舍需要适当的卫生措施的提示作用。许多商业产品可用于脚浴池，一般药浴使用酚。要对鞋子进行有效的消毒，脚浴液中消毒剂的浓度必须保持在 0.1% 的水平上。脚浴液能够被肥皂灭活，在硬水里它们的效力也将减退（硬水是指含有钙等矿物质较多的水）。但脚浴液不能很好地保持浓度，久置后它们将变得无效，而且可能变成一个传染源，并造成安全的假象。

有效脚浴池的特点包括：①长和宽必须足够，以强迫人们步行穿过它们；②必须至少 10 cm 深；③必须定期排干和清洁；④不允许脚浴液外溢、冰冻或干燥；⑤当脚浴池变得很脏和失去作用时，应立即更换脚浴液。

3. 免疫接种 动物对疫病的抵抗能力可以使用特异性疫苗接种猪，刺激免疫系统产生抗体而被提高，如果一个免疫接种计划能够最有效地满足猪场的需要，这个计划就是最有效的。向兽医咨询要用什么疫苗，仅仅为了确保使猪不得病而使用所有疫苗是昂贵的和不必要的，疫苗并不保证猪不发生疫病，免疫接种也不能代替良好的管理。常用免疫接种疫苗种类有菌苗、细菌提取物苗、自制菌苗和病毒疫苗，而病毒疫苗又分为灭活的病毒疫苗和致弱的病毒疫苗。值得指出的是，灭活的病毒疫苗具有排除疫病发生和扩散疫病危险的优点，但免疫的水平和持续的时间不如活病毒疫苗产生的效果好。死的病毒疫苗适用于帮助减少最重要的猪病毒病的发生率；而致弱的活病毒疫苗，具有产生抗体水平高和持续较长时间的优点，但严禁给妊娠母猪注射弱毒疫苗。

致弱的病毒疫苗的效力依赖于被接种动物发生一个轻度感染的能力，如果经过不合理贮存或错误运输使疫苗受到破坏，由于不发生轻度感染，从而没有抗体产生。所以，致弱的病毒疫苗应当小心储存。

灭活的病毒疫苗或致弱的病毒疫苗接种机体后，需要几周的时间才能产生免疫力。按照一般的原理，第一次的疫苗接种使免疫系统对抗原致敏并产生首次免疫反应，但抗体产生的水平很低。第一次接种后的2~6周，必须进行第二次疫苗接种，第二次注射能够刺激产生更强的免疫力，因为疫苗病毒在猪体内可以生长和繁殖。给动物注射疫苗后产生的免疫同已经经历了感染后产生的免疫一样，称为主动免疫，这是因为动物自身的防御系统被激活而产生免疫力。另外，值得注意的是免疫接种计划的选择，要在征询了兽医的意见后，小心做出使用疫苗的决定。在决定要使用疫苗免疫接种前，要考虑以下的因素：

（1）疫病暴发而导致的损失，包括动物死亡的损失、治疗的花费、生产能力的损失等，后者指繁殖率、受孕率、分娩率和断乳前后死亡率。

（2）疫苗的费用。

（3）疫苗的效力。疫苗效力随疫苗不同而差异，并依赖于所需要的免疫类型。

（4）疫病发生的危险性。一些疫病是很普遍的，在正常的健康水平下的常规管理中，可以在任何时间发生，如猪丹毒、细小病毒和大肠杆菌病等，而像放线杆菌肺炎和传染性胃肠炎是一类不常发生的疫病。因此，用常规的免疫接种抵抗这些疫病可能是不经济的，而对流行危险性高的疫病进行免疫是合适的。

（5）其他控制措施。卫生措施是控制仔猪感染疫病的最重要途径，包括彻底地清扫分娩猪舍和栏床，在把母猪迁入分娩隔离间前沐浴母猪，每天清扫粪便以及理想的猪舍温度，以保持动物抗病力最大。动物管理也是一个主要的健康原因，不同年龄组的猪舍要隔离开，尽量减少猪群的移动和混群，后备母猪在第一次配种和进入种猪群以前，要与种猪群有良好接触和处理措施，以便使它们能够对存在于猪群中的病原微生物产生快速的免疫反应。

（6）大量证据表明，机体疲劳和心理紧张会抑制动物的免疫功能，生产中常见的应激因素同样也会抑制免疫功能，导致发病率增加，如过冷、过热、拥挤、混群、断乳、去势、免疫或驱虫、限饲、运输、噪声和约束等。

4. 适时保健 现代养猪生产面临致病因素多而复杂，如环境潮湿、寒冷、温度偏高偏低、舍（栏）卫生较差、猪密度过大、饲粮或日粮不科学、药物使用不规范、随意免疫、各猪场卫生防疫不统一等均会威胁到猪的健康。因此，建议遇到猪转群（栏）饲养管理变化、长途运输、季节变更、周边有疫情时应使用抗生素进行保健，减少猪群发病概率。

抗生素是微生物的代谢产物，能够抑制和杀灭其他病原微生物。当抗生素被合理使用时，对被治疗的动物不利影响很小。抗生素能阻止细菌的生长和繁殖，使动物体的防御系统更有效地抵抗感染。不同的抗生素可以抵抗不同的细菌。目前，国内外通常使用预防呼吸道或消化道抗生素药物，舍内空气质量不佳状态下应该使用预防呼吸道药物，如泰妙菌素、土霉素；幼龄猪预防消化道抗生素药物是常用的，如阿莫西林、喹诺酮类药物等。

5. 使用驱寄生虫药 定期使用驱寄生虫药物驱除体内、外的寄生虫也会达到增强体质和减少感染疾病的目的，现将常用的驱虫药物介绍如下：

（1）左旋咪唑。左旋咪唑适合做成饲料添加剂、药丸、注射用或水溶性制剂，当口服给药时，需停食和停水几小时。在这个时间内，药剂将被消化吸收。左旋咪唑对治疗肠道蛔虫的成虫和成熟的幼虫是有效的，也对治疗结节线虫、胃线虫有效，治疗鞭虫的效力则有很大差异。过多的唾液、咳嗽、呕吐等副反应在猪偶尔发生，特别是如果过量服用时尤其如此，但是这能在短时间内消失。左旋咪唑的停药期决定于使用的剂型，一般是 4~10 d。

（2）潮霉素 B。潮霉素 B 主要是作为一种粉剂添加到饲料中，它要连续饲喂 8 周以上才有效，它对治疗猪成熟的蛔虫有效。潮霉素 B 饲喂时间不能过长，使用剂量应遵循说明书的推荐剂量。过量使用可致使病猪耳聋和猪白内障。屠宰前要求15 d 的停药期。

（3）伊维菌素。猪使用这种药物目前只有注射溶液，一次注射对治疗蛔虫成虫、结节线虫和胃线虫有效，它治疗鞭虫的效果较差。伊维菌素也对治疗外寄生虫如疥癣和虱子有效。注射给药，其休药期至少 28 d。

6. 减少应激增强免疫力 应激是动物机体对环境和精神影响的一种意识状态和身体反映。应激并不是一种病，但却是一种或多种病的发病原因。

冷、潮湿或刮风的天气，以及潮湿冰凉的水泥地板是应激产生的原因，因此被称为应激原。应激反应描述了动物或人对外界变化的环境的反应和适应的方式，如果动物的反应和适应是合适的，应激反应是有利的。如果动物不能成功地适应，应激反应变成了应激过度和一个疫病可能发生的临床症状。

猪在现代圈养条件下面临着许多干扰引起应激，这些应激原包括：寒冷和有穿堂风的猪舍；过强的噪声；怀孕猪舍的潮湿地板；群饲状态。

这些应激因素都在猪的生长发育和母猪的健康上有很显著的影响，也影响母猪发挥全部的生殖能力，或造成对母猪机体上的伤害，主要的应激原经常能够降低母猪抵抗普通猪病的自然免疫力。应激反应的后果有：损害心脏和骨骼肌（猪应激综合征）；增加胃酸分泌（胃溃疡）；削弱身体的防御系统和丧失抵抗疫病的能力。

值得指出的是，不是所有的应激反应都是有害的，一些刺激是必要的警告信号，它可保持机体相应的功能。而没有达到应激反应的刺激将导致厌烦，最后将导致猪养成咬尾巴和耳朵的坏习惯。应激原影响猪对传染病的抵抗力，对于初生仔猪，寒冷减少了消化和吸收初乳的总量，增加了仔猪对大肠杆菌的易感性。低的环境温度通过降低体温而导致感染，如果环境温度能带来直肠温度的下降，将抑制白细胞吞噬和破坏病原体。行为性应激原如断乳、把陌生的猪混群、过度的拥挤等，将抑制免疫系统的功能，应激反应增加了血液中肾上腺皮质激素的水平，这个激素降低了猪对传染源的免疫反应程度和强度。人和猪之间的互相作用可以影响猪对疫病的抵抗力，如断乳导致母乳提供的被动免疫抗体突然中断，这将使仔猪在断乳后对直肠传染的易感性增加。能量和蛋白质水平不足降低免疫反应，当日粮中蛋白质水平低于 $12\% \sim 16\%$ 时，就会出现这种结果。如果将维生素 E 和硒添加到缺乏这两种成分的饲料中，对疫病的体液免疫反应将被显著提高。猪饲料中含有霉菌毒素时，会降低对传染病的抵抗力。猪舍中的氨气水平超过 $38\ mg/m^3$ 时将导致猪的呼吸道疫病，它影响猪的呼吸道上皮细胞。氨气导致呼吸道分泌过量的黏液，同时削弱纤毛细胞把黏液移出肺和呼吸道的能力。一种疫病感染可以带来猪对其他传染源更加易感，一些病毒或者甚至用活的病毒疫苗免疫接种，都降低免疫功能和抗病能力。

7. 实行全进全出减少疾病 3～4 周龄保育猪最大的问题是生长迟缓和对疫病易感。因此，精心护理仔猪有助于减少断乳时处于应激状态仔猪的疫病流行，保育猪对较大日龄猪传播的各种疫病高度敏感。

全进全出管理系统有 4 个主要的优点（图 2-22）：

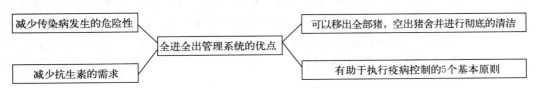

图 2-22　全进全出管理系统的优点

（1）减少传染病的危险性。在突然断乳后，自然环境和微生物菌群对仔猪的健康和生长有显著的影响，畜群的全进全出管理可预防以前猪舍里发生过的传染病传给新进入的断乳猪群。全进全出也提供了严格的环境控制，以满足不同年龄猪身体所需要的舒适条件，明显地减少了呼吸道和肠道传染性疾病的发生。

（2）可以移出全部猪，空出猪舍并进行彻底的清洁和消毒。全进全出要求在一批新仔猪被引入这个猪舍以前，移出原来全部猪，空出猪舍，彻底清洁和消毒出这些保育猪将要生活的猪舍和设备。

（3）减少抗生素的需求。猪肉消费者更关心肉质中抗生素残留。高度集约化的养猪增加了疫病的发生率，导致大量使用抗生素。抗生素确实成功地控制了部分疫病，然而关于萎缩性鼻炎的研究已经表明，在分离到的支气管败血性"波氏杆菌"（造成萎缩性鼻炎的原因之一）中很大部分变得对磺胺类药物有抵抗力，产生了耐药性，感染生长猪的其他病原微生物也有类似的倾向。大范围地广泛使用抗生素可能最终导致出现更多的微生物抗药菌株，使得有效的治疗更加困难。而全进全出系统由于减少了疫病发生危险和能够采取严格的消毒措施，可以减少对抗生素的需要。

（4）全进全出技术有助于执行疫病控制的 5 个基本原则。下面列出的是最重要的部分：

① 消灭环境中的传染源。因为排泄病原体的猪是疫病发生的主要传染源，隔离猪舍不仅防止了传染病从大猪向小猪的扩散，而且能更容易地从余下的猪群中发现并隔离生长不良的猪。

② 把猪从污染的环境中移开。如果猪和设备都被放在一个猪舍里，则猪舍不可能被彻底清扫，而（猪和设备）分开的猪舍允许每周自由的彻底清扫，可以经常使新断乳的仔猪进入到清洁的、较过去更加卫生的猪舍里。

③ 增加对疫病的抵抗力。当猪按照体形大小和年龄分组时，多样化的猪群健康管理措施包括从寄生虫防制到温度控制，变得更加有效。这些措施强化了猪的天然免疫系统，有助于预防疫病。

④ 提高特异免疫力。当采用合适的全进全出管理时，可以减少猪生长的环境中病原微生物的污染程度，使猪在接触大量病原之前，能逐步地接触这些病原中的一部分，从而逐步提高了猪的免疫力。

⑤ 减少应激反应。猪舍温度、气流速度的精确控制和管理者敏锐的观察力，对保持保育猪持续的健康和生长性能是必需的，因为在一个猪舍里，所有猪的日龄几乎都相同，所以减少应激反应就容易一些。

一组猪的健康指标通常是建立在以这组猪的数量为基础的猪的死亡数（死亡率）来估测的，但另一方面，预期生产性能的降低也是反映疫病影响的更加重要的指标。建立在每周把年轻的易感仔猪移到彻底清扫和消毒过的生产猪舍里的全进全出系统，给猪提供了最佳的生长条件，配合一个设计很好的记录系统，将能够准确地测算出一个养猪项目对任何希望采用的疫病控制方案后发生的变化。因此，全进全出系统还有一个使监测指标容易操作的额外作用。

项目七　猪场经营管理

猪场经营管理是指养猪企业为实现一定的经营目标，按照猪生长的自然规律和经济规律，运用经济、法律、行政及现代科学技术和管理手段，对猪场的生产、销售、劳动报酬、经济核算等活动进行计划、组织和调控的科学，它属于管理科学的范畴，其核心是充分、有效地利用猪场的人力、物力和财力，以达到高产和高效的目的。

从经济学的观点来看，猪场的根本目的在于盈利，一个养猪企业在为社会提供生猪产品的同时，要为投资者创造利润。而决定养猪企业经济效益好坏的两大要素是科学技术和经营管理。先进的科学技术和科学的经营管理是推动养猪企业发展的两个车轮。从养猪业的发展历程看，尽管我国养猪业和生产形势有起有伏，市场行情时好时坏，但总有一些企业在盈利，而另外一些企业在亏损。究其原因，养猪企业的盈亏首先取决于生猪价格，其次取决于生产水平和经营管理水平的高低。在市场经济条件下，经营管理者必须科学运用生猪市场价格规律合理调整猪群规模、结构，并实施科学的饲养管理和先进的经营管理才能保证养猪生产获得盈利。

任务一　猪场生产目标确定

（一）生产方向确定

猪场的生产方向是指养猪场根据当地市场需要和自身优势，在充分调查研究和论证的基础上，确定产品的主要生产方向。猪场的生产方向一般分为种猪生产和育肥猪生产两种。其中育肥猪生产又可以分为自繁自养模式和购入仔猪育肥模式两种。另外，目前还有一部分猪场专门出售保育猪。这4种生产方向均各有利弊，养猪生产者应该根据自身情况进行选择。

种猪生产场是以提高猪群生产性能为目的，通过先进的育种技术培育优良种猪的企业，企业利润主要来源于种猪销售收入。由于种猪的销售价格较育肥猪高，所以这类企业的利润一般也较高。但是，种猪选育对于企业的技术力量、圈舍设施和资金实力均有较高的要求，且需取得国家种猪生产资质。另外，育种工作是一个长期而系统的工作，当生猪市场价格低迷、饲料价格较高时，种猪的价格也会随之下降，企业的利润将大大减少，甚至处于亏损状态。但是作为育种企业，又不可能通过压缩规模来维持生存，需要在亏损状态下坚持运营较长的时间，这对企业的资金状况是严峻的考验。所以，我国专业进行猪育种的企业很少，一些所谓的猪育种企业，也只是将国外的优良猪种引进以后，通过选育使其更能适应中国的养殖环境而已，并没有自主选育的优良种猪品种销售。目前，我国规模化猪场的猪品种，大多数由一些国外育种公司育成。

自繁自养场是指猪场有自己的种猪群，一旦种猪群建立，便不再从外场引进种猪，仅使用本场种猪繁殖仔猪，以生产商品猪，企业的利润来自销售商品猪和仔猪。另外，这种模式生产比较灵活，当商品猪价格较高时，可以通过生产商品猪而获得较高利润；而当商品猪价格低迷时，可以通过出售仔猪而降低损失。种猪繁育、仔猪培育和育肥猪饲养可以在一个场区，也可以分为三个相对独立的场区，即所谓的"三点式"饲养，以利于疾病防控。目前，我国大、中型猪场多采用这种模式。但是这类猪场固定资金占用量大，对技术力量要求高，适合于社会化服务体系健全、资金有保障的企业。

商品猪育肥场是指专门从事生长发育猪育肥，以生产商品生长发育猪为经营目的企业，猪场的主要收入是出售育肥猪。这类猪场的固定资产投入少，仔猪全部外购，不饲养种猪，所以资金回收周期短，对技术力量要求低。由于没有种猪，所以饲养量的控制相对容易。当猪价低迷的时候可以压缩饲养量或者停止饲养，待猪价上升时再扩大养殖规模。在我国生猪价格大幅波动的环境下，这种饲养模式可以有效规避生猪价格长期低迷而造成的亏损。但是，这种经营模式的弊端也非常明晰，当猪肉价格上涨时，仔猪的价格也会上涨，加之饲料的上涨，其养殖成本也会随之增加，所以其利润空间有限。当猪肉价格很高时，种猪企业会控制仔猪的出售，转而自己进行育肥，所以商品育肥场有可能会出现买不到仔猪的情况。

（二）生产规模确定

一个养猪场根据实际条件，在确定养猪生产经营目标之后，还必须要确定养什么猪、养多少猪等具体目标，即确定饲养规模。猪场的饲养规模可以通过生产资料确定，或者通过预期目标确定，也可以通过盈亏分析确定。下面重点介绍如何利用盈亏分析法确定猪场规模。

利用盈亏平衡分析法确定规模是目前使用最普遍，而又简单实用的方法。养猪生产经营的主要目的是为了获取最大的盈利。那么，怎样才能够获取最大盈利呢？首先我们需要了解什么是成本？

成本是养猪产生产过程中所耗费的全部费用。各种成本项目中，有些成本项目在一定的条件和范围内是不变化的，根据这一特点，可将成本分为固定成本和变动成本两大部分。其中固定成本是在成本项目中的总额不随产量的增加而变动的成本，如固定资产折旧费、年固定工资总额等。而变动成本是指各成本项目中，其总额随产出量的增减成比例变动的那部分成本，又称为可变成本。例如：原材料费、辅助材料费、饲料费和按饲养头数承包的劳动报酬等。固定成本总额与变动成本总额之和即为总成本。而单位产品成本即是指平均每产出一单位的产品所消耗的成本。

由于固定成本总额不变，产量越大时，分摊到单位产品的固定成本额就越小，而在一定条件下，单位产品的变动成本是相对不变的，实际上产量大时单位产品成本就降低了。

了解了这些概念后，我们就可以进行盈亏平衡点的计算了。

盈亏平衡分析是一种动态分析，又是一种确定性分析，主要适合于分析短期问题。它是通过分析经营收入、变动成本、固定成本和盈利之间的关系，计算出经营收入等于生产成本时的产量规模，即盈亏平衡点。从而在产量、价格和成本三个变量之间的关系上寻找出最佳的投资方案。

这种方法的关键环节是计算出盈亏平衡点，即保本点。盈亏平衡点是产出和投入的变动依存关系中盈利与亏损的转折点。在价格既定的情况下，产出量未达到平衡点之前，出现亏损。只有在超过平衡点之后，才能盈利。

如图 2-23 所示，规模产量必须超过平衡点产量（B）点，其总收入才能大于总成本，从而实现盈利。

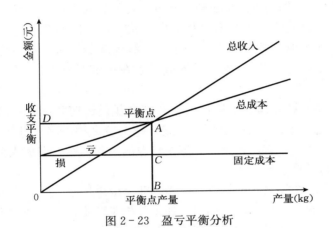

图 2-23　盈亏平衡分析

在市场基本稳定的条件下，养猪场产品的总收入等于产品产量与单位产品售价的乘积。当盈亏平衡时，产品的总收入恰好等于产品的总成本，即：总收入＝产量×单价＝单位变动成本×产量＋固定成本总额＝总成本。在一定条件下总固定成本和单价均处于不变状态。因此，盈亏平衡就取决于产量。根据上式中的等量关系，可以推导出：产量＝固定成本总额÷（单价－单位变动成本）时，即为盈亏平衡时的产量水平。

下面通过一个例子来说明盈亏平衡点的计算过程。

例如：某猪场年固定成本为 4 万元，育肥猪每千克活重的饲料等的成本，即变动成本为 12.0 元，当生猪销售价格为每千克 16.0 元时，饲养量应达到多少才能够保本？此时的而收入额又是多少？

我们可以这样想，当盈亏平衡时，产量＝固定成本总额÷（单价－单位变动成本），代入已知条件，我们就可以得到：产量＝40 000÷（16－12）＝10 000（kg），总收入＝10 000×16＝160 000（元），如果按每头育肥猪体重 100 kg 计算，该猪场生猪的最小出栏头数为 100 头，即出栏猪（头数）＝10 000÷100＝100（头）。

就是说，当总收入达到 16 万元或者出栏 100 头商品猪时，就是这个猪场的盈亏平衡点，既不亏本，也无利润。只有超过这个产量，即出栏商品猪超过 100 头，猪场才会有利润。

所以，平衡点是盈亏分析的基础，是生产经营的最小规模（保本规模）。在制订计划时，不论是产量指标，还是销售量指标，都应大于平衡点，而且越大越好，只有这样养猪生产才可以获得更大的经济效益。

任务二　猪场销售

1. 直接出售　直接出售是指猪场不需要委托公司、买卖代理商或者经纪人的参与，而直接将猪出售给当地的买主。在价格决定上，直接出售猪的价格都是私下协商而定的。近年来，随着高速公路和货车运输业的不断发展与改进，使得直接销售更加便利。养猪企业不再为了出售苦于将自己的猪场选在重要的铁路和河运要道上了。种猪和育肥猪均可方便运输，尤其是互联网的不断发展使养猪场的销售信息更为便捷的被屠宰场、加工厂获取，这也使直接出售被更多的人所接受。

2. 公共拍卖　公共拍卖是指在拍卖市场上通过公众竞价，最终将猪出售给那些出价最高的买家。近几年，生长育肥猪的电子化拍卖不断得到普及。出售猪的信息和出售方的证明通过电子邮件等形式一起传递给预期的买家，通过竞价后最终销售给出价最高的买主，这种方式避免了将猪集中在一起拍卖可能引起的疾病传播等风险。

3. 生长育肥猪产销合作　生长育肥猪产销合作是适应我国养殖环境而出现的一种养殖、销售模式。由于养猪规模化的发展，越来越多的散养户开始寻求新的出路，各大养猪企业也开创了很多养殖模式，解决猪农的出路问题，即由大公司与养殖户合作进行生产和销售的模式便应运而生。

该养猪模式有一个很突出的特点，大型企业一般采用多元化、产业化经营，以养猪业为主，兼营饲料、动保、屠宰和肉品加工等相关产业。由大企业为养殖户提供仔猪，以及饲料、动保、技术咨询和肉猪回收等配套服务，养殖户仅是承担猪的生长育肥阶段的饲养管理工作。这种模式对养殖户来说固定资产投资相对减少，整体养猪规模易滚动扩大。最大的好处是能带动农民养猪致富，这对未来猪农的发展转型还是很有帮助的。不过，这种模式是有一个很大的缺点就是需要大量的资金运作，只有财力雄厚或融资能力强的公司才能做到，而且运作复杂困难，资金链风险大，受农户信誉度的影响很大。

公司与农户合作前，在双方充分了解的基础上，应该签订详细的合作合同，明确权责。合同的内容可根据实际情况由双方协商拟定并签署，其格式与一般的商业合同相同，内容应包括以下几个方面：

（1）合作双方的共同约定；

（2）委托养殖猪的数量和保证金；

（3）猪源、饲料、药物和疫苗等供应的相关规定；

（4）产品回收价格及结算方式；

（5）交货时间、地点、运输方式和费用；

（6）公司的权利和义务；

（7）农户的权利和义务；

（8）违约责任；

（9）争议解决方式；

（10）附则。

4. 断乳猪销售　仔猪的传染性疾病大都来自母猪，所以实行早期隔离断乳（3周内），尽早将仔猪与母猪分开，将更有利于仔猪的健康。断乳仔猪的销售价格由其品种、体重和健康状况等因素决定，如三元杂交的仔猪较二元杂交的仔猪后期生长速度快，故售价也较高。俗话说："初生多一两，断乳多一斤，育肥多十斤"，足以看出断乳仔猪体重对其后期增重的影响。

5. 纯种猪和种猪的销售　纯种猪是品种的成员，拥有共同的祖先和独特的特性，或是已经登记或符合登记条件的类群。纯种猪也是种猪，但不同于来自种猪供应商的种猪。与纯种猪相比，后者是商业育种公司培育的商用品系。

种猪供应商是纯种猪生产者的竞争对手，他们出售具有专门化品系的公猪或者青年母猪。这些品系通常称为杂优猪，用两个或两个以上的品种杂交合成，应用一些特定的选择方案进行选种。其出售主要是由销售人员与大型养猪企业联系，并且制订出一个完整的育种方案，提供全部公猪和所有后备母猪。大部分纯种猪是通过私下协商从种猪场出售的。价格依据需求和性能指数来定。通常大部分种公猪除了育种目的以外，都进入商业猪群，仅保留非常优秀的种公猪以进一步改良猪群。然而，对种母猪的出售要求非常严格，以满足现有猪群后备猪或者建立新猪群的需要。

6. 育肥销售　育肥猪主要指商品代的猪饲养到上市体重的猪群，也包括种猪场繁殖性能较差的淘汰种猪育肥后的猪。育肥猪的销售应具备适宜的上市活重，育肥适宜的上市活重的确定，要结合生长速度、饲料转化率、屠宰率、胴体品质、市场价格走势等因素进行综合分析。就绝对生长速度来看，一般都是前期较慢，中期较快，后期最快；就饲料转化率来看，猪一般年龄越小，饲料转化率越高，越节约饲料；就体重来看，一般体重越大，屠宰率越高，肥肉也越多，瘦肉率就越低。另外，猪价较低时，育肥猪应该提前出售，以减少损失；猪价较高时，育肥猪应该推迟出售，以增大利润。

7. 猪的展览销售　举办猪展览会是展示优良种猪，加强猪育种交流的有效手段。目前，在很多猪展览会上还同时进行种猪拍卖，冠军得主的种猪可以获得很高的售价。同时，育种者也可以通过市场对冠军猪的评价来了解猪育种方向的变化，从而培育出更能适应市场需求的种猪。

参展的猪一般是种猪，但是近几年展览的侧重点已经转移到商品猪上，因为在商品猪的展览中获胜，对于养猪生产者和生产冠军的品种（系）都是一个杰出的成就。特别是当胴体品质作为评定的一部分时，获胜猪的类型通常是消费者需求的反映。

参展前要对展览猪进行认真的选择，猪的头颈部位要整齐，背腰平直并有足够的宽度；眼肌要宽且发达；腿臀部大、厚并稍微凸出；肩部发达且平整；肋侧长、深且平整；腿间距正常，平直，与身体呈直角等。参展猪要进行适当的装饰，包括修整猪蹄、去除獠牙、修剪耳朵和猪尾、冲洗等，如果规则允许，还要进行擦油和擦粉。

8. 互联网销售　目前各个行业均已进入"互联网＋"的时代，互联网以其便捷、快速和覆盖面广等优点，正在改变着包括养猪业在内的各行各业。养猪业的整个产业链很长，信息不对称，产业大而交易地域广阔，需要互联网有效串联。例如：大北农集团猪联网2.0的上线，目的是要打通猪场、金融机构、屠宰场、中间商、厂商5个部分，形成闭环，目标是齐聚1亿头生猪、20万户养殖户、1 000家养猪服务商和

5 000家屠宰企业。这是互联网在养猪业中应用的一次积极尝试。

任务三 猪场技术资料管理

（一）技术资料管理的意义

随着养猪业的快速发展，猪场的规模在不断扩大，各个阶段的划分也越来越精细。在这种背景下，作为一个猪场的管理人员，如何能够有效地了解猪场的生产是否正常？年初制定的生产计划是否在按计划推进？按照当前的生猪价格，猪处于盈利、持平还是亏损状态？所以，做好猪场技术资料的记录、管理和分析便显得非常重要。一个管理良好的猪场，可以将猪场生产一线的各项数据以报表的形式及时汇总到猪场管理者的手中，通过分析能第一时间发现存在的问题，并予以纠正，使管理人员真正做到耳聪目明、心中有数，从而保证了猪场生产更有序、更安全、更高效。

（二）猪场具体技术资料的记录整理

猪场技术资料一般包括生产记录、经营记录和猪场日志。

1. 生产记录 做好各项生产记录，及时对记录进行整理与分析，有利于及时发现生产中存在的问题，有利于总结经验教训，不断提高生产水平，改进经营管理。现将猪场常用的生产记录及其表格整理如下，各猪场可以根据实际情况借鉴使用（表2-12～表2-15）。

表2-12 配种记录

序号	受配母猪		与配公猪		配种日期						胎次	配种方式	返情日期	预产日期	实产日期	配种员	备注
	耳号	品种	耳号	品种	第一次			第二次									
					月	日	时	月	日	时							

表2-13 母猪产仔哺乳记录

母猪号： 品种： 胎次： 与配公猪号：

公猪品种： 配种日期： 产仔日期： 断乳日期： 近交系数：

序号	仔猪耳号	性别毛色	乳头数		个体重				备注
			左	右	出生	21 d	35 d	70 d	

总产仔数： 活产仔数： 初生窝重： 公仔数： 母仔数： 正常数：

死胎数： 畸形数：

21 d头数： 21 d窝重： 21 d存活率：

35 d头数： 35 d窝重： 35 d存活率：

70 d头数： 70 d窝重： 70 d存活率：

表 2 - 14　每周生产情况统计

（程德君，邢英新，2003. 优质猪肉生产技术问答）

第　周　日　期					
配种妊娠车间	转入后备公、母猪/头		保育车间	转入保育猪/头	
	转入断乳母猪/头			转出保育猪/头	
	转出妊娠母猪/头			转出均重/kg	
	配种或返情复配/头			耗料/kg	
	母猪流产或阴道炎/头			饲料转化率	
	淘汰公、母猪/头			转出仔猪成活率	
	死亡公、母猪/头			死亡/头	
	周末存栏母猪空怀或配种/头			周末存栏/头	
分娩车间	预产/窝		生长猪车间	转入保育猪/头	
	实产/窝			转出生长猪/头	
	产活仔总数/头			转出均重/kg	
	产畸形或弱仔/头			耗料/kg	
	死胎/头			饲料转化率	
	哺乳仔猪病死或机械死亡/头			转出仔猪成活率	
	断乳仔猪/(头/窝)			死亡/头	
	断乳仔猪平均重/kg			周末存栏/头	
	保育猪成活率		育肥车间	转入生长猪/头	
	母猪淘汰或死亡/头			出售育肥猪/头	
	转出仔猪/头			出售育肥猪/kg	
	转出仔猪均重/kg			耗料/kg	
	转出成活率			饲料转化率	
	存栏哺乳仔猪/头			出售猪成活率	
	存栏保育猪/头			死亡/头	
	存栏母猪分娩或待产/头			周末存栏/头	

表 2 - 15　猪群变动

项目	饲养日																
	1	2	3	4	5	6	7	8	9	10	11	12	13	…	29	30	31
现存																	
转入																	
转出																	
出售																	
死亡																	
存栏数																	

2. 经营记录 要对猪场经济效益进行分析，就必须对猪场所发生的总支出和总收入进行详细的记录，表2-16列出了猪场收支记录项目。

表2-16 年度财务收支记录

收入		支出		备注
项目	金额/元	项目	金额/元	
仔猪		饲料		
生长育肥猪		兽药		
种猪		工资福利		
淘汰猪		燃料		
粪肥		水电		
其他		基建		
		维修		
		管理费		
		其他		
合计		合计		盈亏

3. 猪场日志 由于集约化和工厂化的现代规模猪场，其周期性和规律性非常强，生产过程环环相扣。因此，要求全场员工对自己所做的工作内容和特点清晰明了，做到每日工作事事清。常用的猪场日志见表2-17~表2-23。

表2-17 生产记录（按日或变动记录）

圈舍号	时间	变动情况（数量）				存栏数	备注
		出生	调入	调出	死淘		

表2-18 饲料、饲料添加剂和兽药使用记录

开始使用时间	投入产品名称	生产厂家	批号/生产日期	用量	停止使用时间	备注

表2-19 消毒记录

日期	消毒场所	消毒药名称	用药剂量	消毒方法	操作员签字

表 2 - 20　免疫记录

时间	圈舍号	存栏数量	免疫数量	疫苗名称	疫苗生产厂	批号（有效期）	免疫方法	免疫剂量	免疫人员	备注

表 2 - 21　诊疗记录

时间	猪标志编码	圈舍号	日龄	发病数	病因	诊疗人员	用药名称	用药方法	诊疗结果

表 2 - 22　防疫监测记录

采样日期	圈舍号	采样数量	监测项目	监测单位	监测结果	处理情况	备注

表 2 - 23　病死猪无害化处理记录

日期	数量	处理或死亡原因	畜禽标志编码	处理方法	处理单位（或责任人）	备注

任务四　后勤管理

1. 必要的服务与供应　猪场要正常运行，除了具备合适的猪群之外，还应该保证饲料、药物和疫苗等供应充足，技术人员应该以周或者月为单位，根据本周或者本月月中饲料、药物和疫苗等的消耗情况，以及下月预计猪群数量，在每周末或者月末将下周或者下月所需饲料、药物和疫苗等的数量上报采购部。备用的饲料加工机械部件及低值易耗品如喷雾器、水管要有适当的储备。如果以上这些物品可以在较短的时间内购买，储备数量也可以不必过多。

2. 维修计划　由猪场出资人和管理人员共同制订一份维修计划，并落实到维修岗位责任人，从而保证对猪舍和设备的定期检查，发现问题的要及时修理。如果某些设备无法正常运转，将会影响许多工作的进行。

3. 水供应　断水对猪的影响要远大于断料，尤其在炎热的夏季就更是如此。猪场在建设之初就应该对猪场满负荷运转时全场的用水量做出估算，并根据该用水量以及每口井的最大出水量确定打几口井，同时应该预留备用水源。另外，应定期对水质进行化验，看有害物质是否超标。维修人员必须保证供水管道畅通和储水设备的安全蓄水，保证水的质量安全。此外，还应该定期检查猪栏自动饮水器，遇到问题及时修理或者更换。

4. 安全 猪场为特殊的生产单位，安全生产为其基本的要求。猪场的安全包括生产安全、生物安全和消防安全。猪场应该制定各个阶段的操作规程，并对工作人员进行系统培训，使其熟记于心，并在实际生产中严格遵守，尤其是一些操作大型设备的工作人员，如饲料加工设备、自动饲喂设备、环控设备和清粪设备等人员。生物安全是猪场的生命线，做好猪场生物安全防控是猪场正常生产的前提条件，猪场应该制定严格的免疫程序、消毒程序、人员和车辆进场隔离净化程序以及引入种猪隔离净化程序等，并严格执行，保证猪场的生物安全。同时，猪场也是消防安全重点单位，尤其是一些老猪场，往往由于线路老化、圈舍中的粉尘等引起火灾。猪场应该制定安全规则并定期与全体饲养技术人员一起学习、讨论，保证全体员工都熟悉防火知识、撤离逃跑路线和程序，确保主要办公区和生产区的适当位置有紧急急救设备。

5. 保险 俗话说："家有万贯，带毛的不算"，这句话充分地折射出养殖业中存在的巨大风险，每次传染病的暴发均对猪场造成重大损失。尤其是种公猪和母猪，由于这些猪饲养周期长，患病死亡的概率就大大增加，所以可以给这些猪购买保险，以降低由于意外死亡而遭受的损失。另外，猪场也要购买防火、防盗、防台风、防洪水等保险。

任务五　猪场行政管理

（一）猪场组织机构

猪场组织机构与岗位定编是依据管理的模式、现代化猪场管理的要求和本场生产规模而制定的。各猪场必须根据具体情况合理地配备各岗位人员，明确其工作职责和管理权限，争取做到各个环节既不留管理真空，又不相互重叠。图2-24是一个自繁自养猪场的组织机构图，仅供参考。

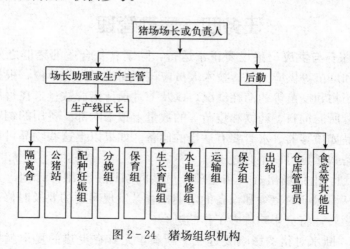

图2-24　猪场组织机构

（二）猪场行政管理

现代化养猪生产是一项系统工程，它除了具备一定的生产条件和采用先进的生产技术外，猪场管理者应该通过有效的管理手段形成一支高效率的专业团队，培育良好的企业文化。一个优秀的猪场管理者，能够让员工在企业的发展中感受到快乐和成就感，并愿意为企业的美好发展前景而不懈努力。

1. 建立健全各项规章制度　无规矩不成方圆，现代化猪场要根据本企业的生产条件和综合情况制定出切实可行的各项规章制度，并且认真的监督执行。从管理人员到普通员工，均应做到在规章制度面前人人平等、奖罚分明、一视同仁，使员工都能保持平稳的心态投入一天的工作。

2. 生产指标的核定与工资分配原则　现代化猪场要根据本企业的生产条件和生产规模核定出各项生产指标，工资分配本着多劳多得的原则和生产指标紧密挂钩。生产指标和定额在核定时要有一个合理的基础点，要通过员工的努力工作才能达到和超额，超额部分以奖金的形式每月兑现发放，表现突出的员工年终给予相应的奖励。员工的劳动报酬和他们切身利益密切相关，因此，不管企业的效益好坏，每月都要按时给员工发放工资，这样才能充分调动员工们的工作积极性，努力地完成各自的本职工作。

3. 搞好业务培训，提高综合素质　有效利用业余时间组织员工们进行业务学习，从饲养管理技术到意志品德方面进行全面教育，使员工感受到自己在各个方面一直不断成长，这样有利于员工队伍综合素质的提高。

4. 创造良好的生活环境，丰富业余文化生活　养猪业是一项特殊的行业，从事这项工作的员工基本没有节假日，猪场实行全封闭式日常管理，工作和生活非常单调和枯燥，尤其是每逢中秋和春节等我国传统的节日，内心常产生思乡之情，个别员工思想情绪波动较大，极易影响工作。所以，平时要丰富职工业余文化生活，增设一些娱乐设施，传统节日尽量改善食堂饭菜花样，组织一些联欢晚会，营造节日气氛。关心职工家中困难，使员工对企业有一种依赖性和归属感，为企业发展献计献策，可有力的提高企业的凝聚力和向心力。

5. 培育企业文化，形成优秀的养殖文化氛围　每个成功的企业都有自己特有的企业文化，这是企业合力的纽带，也是企业核心竞争力的源泉，是企业经营理念、价值观的综合体现。要将企业文化渗透到工作、生活的每个角落，渗透到员工的思想中去。同时，随着猪场的发展，猪场的企业文化要得到不断升华，管理水平得到不断提高，办公、生产及生活条件得到不断改善，最终形成充满凝聚力、向心力、独树一帜、富有特色的优秀企业文化。

（三）员工福利与保险

规模化猪场由于生产的特殊性，一般实行封闭式管理。这种管理模式在保证猪场生物安全的同时，对在其中的工作人员福利的损害却非常明显，往往由于单调枯燥的工作而丧失热情，这也是猪场人员流动大的一个主要原因。而没有稳定的人员队伍，对于猪场生产的正常开展非常不利。所以，猪场应该根据实际情况，尽可能搞好员工的福利，如带薪休假、节假日慰问品（慰问金）和定期免费体检等，使员工对企业有归属感，他们才可能充分发挥工作的积极性，为企业创造更多的利润。另外，猪场工作人员在日常工作中也时刻面临一些危险，如人畜共患病的传染、机械设备操作的危险等。所以，猪场出于对自身利益的保护以及对工作人员的负责，应该给所有工作人员购买保险，如养老、医疗、失业、工伤和生育等，让他们在工作中有安全感。

1. 简述猪群健康观察方法。
2. 影响产仔数、断乳窝重的因素有哪些？
3. 父本猪应该具备哪些条件？
4. 猪场技术资料具体种类有哪些？
5. 猪舍设备有哪些类别？
6. 预防猪病主要措施是什么？
7. 简述猪场生物性安全防疫措施。
8. 简述生长性状在养猪生产中的实际意义。
9. 简述胴体性状在养猪生产中的实际意义。

实训一　繁殖性状性能测定

【目的要求】学会种猪的繁殖性状测定项目和测定方法。

【实训内容】

1. 母猪产仔数的统计。

2. 仔猪初生重、初生窝重的测定。

3. 断乳窝重的测定。

【实训条件】产仔 12 h 以内母猪若干头、即将断乳母猪若干头、电子秤、小塑料栏、记录表格、计算器等。

【实训方法】

1. 产仔数的统计　包括总产仔和活产仔数的统计记录。

2. 初生重的测定　称量初生仔猪的个体重和初生窝重。

3. 断乳窝重的测定　断乳时称量全窝仔猪的总重量（包括寄、并过来的仔猪）。

【实训报告】根据所测定每头母猪的繁殖成绩，比较繁殖性能的高低。

【考核标准】

考核项目	考核要点	等级分值					备注
		A	B	C	D	E	
态度	端正	10～9	8.9～8	7.9～7	6.9～6	<6	考核项目和考核标准可视情况调整
总产仔数	概念正确、测量准确	16～13	12.9～12	11.9～10	9.9～8	<8	
产活仔数	概念正确、测量准确	16～13	12.9～12	11.9～11	10.9～10	<10	
初生重	概念正确、测量准确	16～15	14.9～12	11.9～11	10.9～10	<10	
初生窝重	概念正确、测量准确	16～15	14.9～14	13.9～12	11.9～10	<10	
断乳窝重	概念正确、测量准确	16～15	14.9～14	13.9～12	11.9～10	<10	
实训报告	填写标准、内容翔实、字迹工整、记录正确	10～9	8.9～8	7.9～7	6.9～6	<6	

实训二　生长性状性能测定

【目的要求】了解测定意义，学会猪的生长性能的测定方法。

【实训内容】

1. 测定猪的生长速度。

2. 饲料转化率。

3. 采食量。

【实训条件】计量器具、称猪栏、饲喂器具、饲料、体重 95～100 kg 待测猪若干头、记录本等。

【实训方法】

1. 生长速度测定　常用平均日增重来表示。

2. 饲料转化率　即耗料量与增长活重之比值。

3. 采食量 在不限饲条件下，猪的平均日采食饲料量称为饲料采食能力或随意采食量。

【实训报告】记录测定结果并进行分析。

【考核标准】

考核项目	考核要点	等级分值					备注
		A	B	C	D	E	
态度	端正	10～9	8.9～8	7.9～7	6.9～6	<6	考核项目和考核标准可视情况调整
生长速度	概念正确、测量准确	30～28	27.9～25	24.9～22	21.9～19	<19	
饲料转化率	概念正确、测量准确	25～23	22.9～21	20.9～18	17.9～16	<16	
采食量	正确测量、分析	25～21	20.9～18	17.9～16	15.9～13	<13	
实训报告	填写标准、内容翔实、字迹工整、记录正确	10～9	8.9～8	7.9～7	6.9～6	<6	

实训三 胴体性状的测定方法

【目的要求】了解测定的项目，学会胴体性状的测定方法。

【实训内容】测定育肥猪的屠宰率、胴体瘦肉率、胴体长度、背膘、眼肌面积和腿臀比例。

【实训条件】达到屠宰日龄的育肥猪 1 头、猪活体测膘仪（A 超或 B 超）、求积仪、钢卷尺、游标卡尺、电子秤、桶、剔骨刀 8 把、方盘 8 个、吊钩 1 把、拉钩 3 把、硫酸纸、2B 铅笔、记录表格、保定绳、结扎绳等。

【实训方法】

1. 活体测定背膘 体重达 95～100 kg 时，采用超声波扫描仪（B 超）在胸腰结合处距离背中线 4～6 cm 处测得；国外，在猪的倒数第 3、4 胸椎间距背中线 4～6 cm 处测得活体背膘。

2. 屠宰 待测猪达到规定体重（90～100 kg）后，空腹 24 h(不停水)，宰前进行称重。

（1）宰前体重。经停食后 24 h，称得空腹体重为宰前体重。

（2）放血、烫毛和煺毛。放血方法是在腭后部凹陷处刺入，割断颈动脉放血。不吹气煺毛，屠体在 68～75 ℃热水中浸烫 3～5 min 后煺毛。

（3）开膛。自肛门起沿腹中线至咽喉左右平分剖开体腔，清除内脏（肾和板油保留）。

（4）劈半。沿脊柱切开背部皮肤和脂肪，再用砍刀或锯将脊椎骨分成左右两半，注意保持左半胴体的完整。

（5）去除头、蹄和尾。头在耳后缘和颈部第一自然皱褶处切下。前蹄自腕关节、后蹄自跗关节切下。尾在荐尾关节处切下。

3. 胴体测定

（1）胴体重。猪屠宰后去掉头、蹄、尾、内脏（肾和板油保留），左右两半胴体的重量之和即为胴体重。

（2）屠宰率。胴体重占宰前体重的百分比。

（3）胴体长度。从耻骨联合前缘到第一肋骨与胸骨接合处前缘的长度，称为胴体斜长；从耻骨联合前缘到第一颈椎底部前缘的长度，称为胴体直长。

（4）背膘及皮厚。在第6、7胸椎连接处背部测得皮下脂肪厚度、皮厚。也可用三点测膘法，即在肩部最厚处、胸与腰椎结合处和腰与荐椎结合处测量脂肪厚度，计算平均值。

（5）眼肌面积。指胸、腰椎结合处背最长肌横截面的面积。可用求积仪测出眼肌面积，若无求积仪可用下面公式估算：

$$眼肌面积（cm^2）＝眼肌高（cm）×眼肌宽（cm）×0.7$$

（6）腿臀比例。沿腰椎与荐椎结合处垂直切下的后腿重量占该半胴体重量的百分比称为腿臀比例。

（7）胴体瘦肉率。将左半片胴体的骨、皮、肉和脂肪进行剥离称重，瘦肉重量所占的百分比为胴体瘦肉率。

4. 注意事项

（1）燂毛水温不宜过高，以免影响燂毛效果。

（2）测量前要校正测量用具。

（3）作业损耗控制在2%。

【实训报告】记录测定结果并进行计算和分析。

【考核标准】

考核项目	考核要点	等级分值					备注
		A	B	C	D	E	
态度	端正	10～9	8.9～8	7.9～7	6.9～6	＜6	
活体测定背膘	概念正确、测量准确	10～9	8.9～8	7.9～7	6.9～6	＜6	
屠宰率	概念正确、测量准确	10～9	8.9～8	7.9～7	6.9～6	＜6	
胴体长度	概念正确、测量准确	10～9	8.9～8	7.9～7	6.9～6	＜6	
背膘厚度	概念正确、测量准确	10～9	8.9～8	7.9～7	6.9～6	＜6	考核项目和考核标准可视情况调整
皮厚	概念正确、测量准确	10～9	8.9～8	7.9～7	6.9～6	＜6	
眼肌面积	概念正确、测量准确	10～9	8.9～8	7.9～7	6.9～6	＜6	
腿臀比例	概念正确、测量准确	10～9	8.9～8	7.9～7	6.9～6	＜6	
胴体瘦肉率	概念正确、测量准确	10～9	8.9～8	7.9～7	6.9～6	＜6	
实训报告	填写标准、内容翔实、字迹工整、记录正确	10～9	8.9～8	7.9～7	6.9～6	＜6	

实训四　健康猪群观察

【目的要求】学会猪群健康观察。

【实训内容】健康猪群静态、动态观察。

【实训条件】猪场猪群。

【实训方法】

1. 静态观察 观察猪站立和睡卧的姿势，呼吸和体表状态。健康猪在温度适宜时睡卧（姿势）常取侧卧姿势，四肢伸展；在低温环境中采取四肢蜷于腹下的平卧姿势。站立平稳，呼吸均匀深长，被毛整齐有光泽，无色素沉着的皮肤呈粉红色。

2. 动态观察 观察猪群起立姿势、行走步态、精神状态、饮食排泄情况。健康猪起立敏捷，行动灵活，步态平稳，有生人接近时出现警惕性凝视。采食时节奏轻快，尾巴自由甩动。粪呈圆柱形，落地后变形，颜色受饲料影响，一般呈浅橙色、灰色或黑色。

【实训报告】详细记录观察结果，正常猪的精神状态、运动及躺卧姿势，皮肤颜色以及皮肤有无出血、丘疹、肿胀、结痂、脱毛等。采食情况、粪便颜色性状、尿量及其颜色、呼吸、运动等。

【考核标准】

考核项目	考核要点	等级分值					备注
		A	B	C	D	E	
态度	端正	10～9	8.9～8	7.9～7	6.9～6	<6	考核项目和考核标准可视情况调整
静态观察	叙述猪正常行为	40～36	35.9～32	31.9～28	27.9～24	<24	
动态观察	叙述猪正常行为	40～36	35.9～32	31.9～28	27.9～24	<24	
实训报告	填写标准、内容翔实、字迹工整	10～9	8.9～8	7.9～7	6.9～6	<6	

实训五 猪群周转计划编制

【目的要求】能够编制猪群周转计划。

【实训条件】期初猪群结构状况、计划期末按任务要求达到的存栏头数、猪群配种分娩计划、出售与购入猪头数、淘汰种类、淘汰头数、淘汰时间、由一个猪群转入另一个猪群的头数、猪场工艺参数等。

【实训方法】根据上述材料，填写猪群周转计划表（表实2-1）。

表实2-1 猪群周转计划

项目		上年存栏	月份												年末存栏
			1	2	3	4	5	6	7	8	9	10	11	12	
基础公猪	月初数 淘汰数 转入数														
检定公猪	月初数 淘汰数 转入数 转出数														

（续）

项　目		上年存栏	月　份												年末存栏
			1	2	3	4	5	6	7	8	9	10	11	12	
后备公猪	月初数														
	淘汰数														
	转入数														
	转出数														
基础母猪	月初数														
	淘汰数														
	转入数														
检定母猪	月初数														
	淘汰数														
	转入数														
	转出数														
后备母猪	月初数														
	淘汰数														
	转入数														
	转出数														
哺乳仔猪															
保育猪															
育成猪															
生长猪															
育肥猪															
月末存栏总数															
出售淘汰总数	保育猪														
	后备公猪														
	后备母猪														
	育肥猪														
	淘汰猪														

【实训报告】编制出你校或当地某猪场的猪群周转计划。

【考核标准】

考核项目	考核要点	等级分值					备注
		A	B	C	D	E	
态度	认真、不迟到早退	10～9	8.9～8	7.9～7	6.9～6	<6	考核项目和考核标准可视情况调整
填写猪群周转计划表	数据准确、格式规范	80～72	71.9～64	63.9～56	55.9～48	<48	
实训报告	格式正确、内容充实、分析透彻	10～9	8.9～8	7.9～7	6.9～6	<6	

实训六 饲料供应计划编制

【目的要求】根据已知条件，学会猪场饲料计划的编制。

【实训内容】猪场年度饲料计划编制。

【实训条件】瘦肉型猪日粮定额见表实 2-2、瘦肉型猪平均日增重和料重比见表实 2-3。

表实 2-2 瘦肉型猪日粮定额

类别	体重/kg	风干料量/kg	类别	体重/kg	风干料量/kg
妊娠前期母猪	<90	1.5	泌乳母猪	<90	4.8
	90~120	1.7		90~120	5.0
	120~150	1.9		120~150	5.2
	>150	2.4		>150	6.5
妊娠后期母猪	<90	2.0	种公猪	<90	1.4
	90~120	2.2		90~150	1.9
	120~150	2.4		>150	2.3
	>150	3.3			

表实 2-3 瘦肉型猪平均日增重和料重比

饲养期	阶段结束平均重/kg	平均日增重/g	饲养天数	料重比
哺乳期	6.5	170	28	2.5
保育期	22.5	385	35	2.61
生长期	57.5	575	35	3.30
育肥期	97.5	800	77	3.78
合计			175	

（1）饲料需要量＝猪群头数×日粮定额×饲养天数。如某猪场有杜洛克成年公猪 20 头，体重 150~180 kg，经查瘦肉型猪饲养标准其日粮定额为 2.3 kg，则该猪群在 1 周内的饲料需要量为 20×2.3×7＝322 kg。

（2）饲料需要量＝猪群头数×料肉比×平均日增重×饲养天数。如某工厂化猪场采用四段法饲养瘦肉型肉猪（4、5、5、11 周），现其有 200 头断乳仔猪转入保育舍，则该群仔猪的饲料需要量为 200×2.61×0.385×35＝7 033.95 kg。

（3）饲料供应计划的制订。猪场根据本场饲料需要量计划、饲料基地饲料来源、从社会购入数量等条件就可以编制饲料供应计划。由于一个猪场可能存在多个不同猪群，故需要计算不同类别猪群饲料需要量，累计后得出总饲料需要量。如果需要计算原料需要量，则按其相应饲料配方进行计算后得出。

【实训方法】

第一步，根据公式，饲料需要量＝猪群头数×日粮定额×饲养天数，计算出各类猪群的每天、每周、每季（计 13 周）、每年（计 52 周）的饲料需要量。

第二步，根据计算结果，按饲料损耗率 0.5% 计，安排各种配合饲料的季度供应量计划。

【实训报告】调查当地某猪场的生产统计资料，如各类猪群常年存栏数、饲养天数、饲料转化率、平均日增重、饲料来源和价格等，制订其饲料供应计划。

【考核标准】

考核项目	考核要点	等级分值					备注
		A	B	C	D	E	
态度	端正	10～9	8.9～8	7.9～7	6.9～6	<6	考核项目和考核标准可视情况调整
瘦肉型猪日粮定额	叙述不同类型猪的日粮量	40～36	35.9～32	31.9～28	27.9～24	<24	
饲料供应计划制定	能够根据猪场数据资料编制饲料供应计划	40～36	35.9～32	31.9～28	27.9～24	<24	
实训报告	填写标准、内容翔实、字迹工整	10～9	8.9～8	7.9～7	6.9～6	<6	

实训七　猪场生产计划拟订

【目的要求】掌握猪场配种计划、饲料供应计划和猪群周转计划的制订方法。

【实训内容】猪群猪场配种计划、饲料供应计划和猪群周转计划的拟订。

【实训条件】猪场生产记录数据，常用数据记录表格、纸、笔和计算器等。

【实训方法】

1. 猪场配种计划的制订　根据上一年度母猪配种、产仔、生产可售猪情况计算出一头母猪年生产可售猪的头数（纯种数量、杂种数量分别计算），再根据年度生产计划计算出一年需要配种的母猪头数（母猪配种产仔率、由出生至可出售时存活率等系数均要考虑进去）。

一年需要配种母猪头数＝年生产计划（头数）÷一头母猪年生产可出售猪（头数）

由一年需要配种母猪头数计划出周配种母猪头数。

一周配种母猪头数＝一年需要配种母猪头数÷52

母猪一般产 6～7 胎淘汰，则年淘汰率为 30%～35%，每个月淘汰率为 2.5%～3%。同时，由 40% 的后备母猪来补充。公猪一般使用 3 年，年淘汰率为 35%，同样由 40% 后备公猪来补充。

根据本场各类种猪所处生产生理时期（空怀、妊娠、泌乳、后备发育程度）逐头编排出具体配种周次，并将与配公猪个体的品种耳号注明，便于配种工作的组织和安排。

如果是一年中某一时期计划生产任务，应根据母猪的生产周期及猪场的实际情况提前做好安排。

母猪生产周期＝妊娠期（16.5 周）＋哺乳期（3～5 周）＋断乳后发情配种期（1 周）

2. 猪群周转计划编制　根据期初猪群结构状况，计划期末按任务要达到的存栏头数，猪群配种分娩计划，出售和购入猪头数，淘汰种类、头数和时间，由一个猪群转入另一个猪群的头数，以及猪场工艺参数等技术资料，填写表2-1，即可得到猪群周转计划。

3. 饲料供应计划编制　通过查阅各阶段猪的饲养标准即可获得其每日采食的饲料量，结合该阶段猪群头数及其饲养天数即可获得其饲料需求量，即饲料需求量＝猪群头数×日粮定额×饲养天数。或者根据每阶段猪的料肉比和日增重，也可计算出其饲料需求量，即饲料需求量＝猪群头数×料肉比×平均日增重×饲养天数。再将不同猪群的耗料量累加即可得到全场的饲料需求量。

【实训报告】根据某猪场的相关生产数据，制订其年度配种计划、猪群周转计划和饲料供应计划。

【考核标准】

考核项目	考核要点	等级分值					备注
		A	B	C	D	E	
态度	认真、不迟到早退	10～9	8.9～8	7.9～7	6.9～6	＜6	考核项目和考核标准可视情况调整
配种计划编制	方法和数据准确、格式规范	30～28	27.9～25	24.9～23	22.9～20	＜20	
猪群周转计划编制	数据准确、格式规范	30～28	27.9～25	24.9～23	22.9～20	＜20	
饲料供应计划编制	能够根据猪场数据资料编制饲料供应计划	20～16	15.9～14	13.9～10	9.9～8	＜8	
实训报告	填写标准、内容翔实、字迹工整、记录正确	10～9	8.9～8	7.9～7	6.9～6	＜6	

实训八　参观调查规模化养猪场

【目的要求】了解规模化养猪场生产概况、生产中经常遇到的问题，学会猪场日常管理。

【实训内容】

1. 猪场的布局、猪舍类型。

2. 猪场各生产环节技术要点。

3. 猪场的经营管理。

【实训条件】规模化养猪场、猪场生产管理相关资料、卷尺、皮尺、记录本等。

【实训方法】

1. 准备工作　教师提前到猪场了解情况，制订出参观路线，安排讲解、指导人员。

2. 参观调查　参观调查过程在教师和猪场饲养管理人员指导下进行，具体内容如下：

（1）根据不同品种猪的外貌特征识别所饲养的品种；了解猪场的饲养规模及猪群结构。

（2）了解生产工艺流程及生产工艺的组织。

（3）参观饲料加工调制过程；了解各类猪群的饲喂方式、饲料类型。

（4）调查场区布局和各类猪舍，用卷尺和皮尺测定舍长、舍宽、舍高、过道、门、窗、猪栏、通风与排水设施等。

（5）了解猪场的免疫和驱虫程序；参观消毒设施；了解消毒方法与用药；询问疾病发生与防治情况。

（6）查阅配种、产仔、保育、生长育肥等生产记录；查看配种分娩计划、猪群周转计划、饲料供应计划；了解猪场的管理方式和劳动组织形式。

3. 讨论总结 学生根据调查的结果，讨论分析猪场存在的问题，提出改进意见。教师和猪场指导人员进行点评、总结。

【实训报告】

1. 写一份参观调查报告。

2. 绘制猪场布局平面图。

【考核标准】

考核项目	考核要点	等级分值					备注
		A	B	C	D	E	
态度	端正	10～9	8.9～8	7.9～7	6.9～6	<6	考核项目和考核标准可视情况调整
猪场布局平面图	画面清晰与实际相符、画法正确	40～36	35.9～32	31.9～28	27.9～24	<24	
实训报告	填写标准、内容翔实、字迹工整、记录正确	50～45	44.9～40	39.9～35	34.9～30	<30	

模块三 猪生产

学习要点

1. 了解种猪引入时，公猪、母猪和断乳猪的选择要点。

2. 掌握种公猪、配种前母猪、妊娠母猪、泌乳母猪饲养管理。

3. 掌握配种技术。

4. 了解仔猪常见疾病的防治措施，掌握分娩接产、仔猪护理养育、仔猪开食、仔猪断乳技术。

5. 掌握保育猪饲养管理技术。

6. 了解培育后备猪的意义和要求，掌握后备猪不同时期的选择方法和饲养管理技术。

7. 了解无公害生长育肥猪的概念、无公害生长育肥猪生产前准备工作。掌握无公害生长育肥猪生产技术。

8. 了解有机猪概念和特味猪肉含义以及生产技术。

9. 了解工厂化养猪概念与必备条件、工厂化养猪工艺流程、工厂化养猪环境控制、工厂化养猪污物处理措施。

项目一　种猪引入

任务一　公猪的选择

（一）公猪的数量

1. 本交　在本交配种的情况下，1头公猪一年要负担20～30头母猪的配种任务。

2. 人工授精　实行人工授精技术，1头公猪可以一周采精2次，平均每次采精量300～400 mL，精液进行1倍稀释，按母猪年产仔2.2窝计算，母猪每次发情配种输精2次，每次输精量按30～80 mL计算，则1头公猪1年至少可以完成200头左右母猪的输精任务。

（二）公猪的选择

1. 健康　公猪在引种时首先要考虑健康问题。引种时应注意猪场的防疫制度是否完善、执行是否严格、所在地区是否为疫区、所处的环境位置是否有利于防疫等。有条件的应进行抽血化验，无猪瘟、细小病毒病、伪狂犬病、传染性萎缩性鼻炎和布鲁氏菌病等，决不能从疫区购进种公猪。

2. 数据资料

（1）生长发育情况。生长发育可根据种猪本身的体重、体尺进行选择。体重不仅反映生长发育情况，还可以反映猪的增重速度。体重的测量应在早晨喂料前空腹进行。体尺包括体长、体高、胸围、腿臀围等项目。在目前瘦肉型猪生产中，比较重视体长和腿臀围的选择。

（2）系谱情况。进行系谱选择，必须要有完整的记录档案，根据记录分析各性状逐代传递的趋势。因此，种猪场必须做好种猪档案记录，在选购种猪时，生产场必须向顾客提供完整的系谱档案。

3. 体形外貌　整体结构匀称，头大额宽，上下唇齐，口岔深，鼻孔大，眼明亮有神，耳根硬。体躯长，颈部坚实无过多垂肉，胸宽深，腹部紧缩不下垂，肩、背、腰各部结合良好。背部宽平，大型品种允许稍微弓背。腿臀部肌肉发达，尾根粗，附着点高，四肢结实健壮，肢距开阔，蹄质坚实，无卧系，站立或行走时无内、外"八"字型。阴囊紧而有弹性，不下垂，睾丸发育良好，轮廓明显，左右大小一致，无单睾、隐睾或阴囊疝，包皮积尿不明显。乳头数7对以上或各品种规定的最少乳头数，排列整齐均匀，发育正常。

任务二　母猪的选择

（一）母猪数量

母猪的数量应根据猪场年出栏肉猪数量及 1 头母猪年出栏肉猪数量确定。

1. 确定生产规模　根据养猪场年出栏商品肉猪的生产规模，规模化猪场可分为 3 种基本类型：年出栏 10 000 头以上商品肉猪的为大型规模化猪场；年出栏 3 000～10 000 头商品肉猪的为中型规模化猪场；年出栏 3 000 头以下商品肉猪的为小型规模化猪场。

2. 每头母猪年出栏肉猪数的确定

每头母猪年出栏肉猪数＝母猪年产胎次×窝产活仔数×各阶段猪成活率

3. 年需要母猪总头数的确定

年需要母猪总头数＝年出栏肉猪数量/每头母猪年出栏肉猪数

（二）母猪的选择

1. 健康　母猪选择时应选择生长发育正常，精神活泼，健康无病，并来自无任何遗传疾病的家系。健康的母猪应无疝气、乳头排列不整齐、瞎乳头等遗传疾病性疾病。

2. 数据资料　所挑选的后备母猪体重一般建议在 60 kg 以下，应选择自身和同胞生长发育速度快、饲料转化率高的个体。同时通过查询养殖场系谱档案了解其父母及其直系血亲的生产性能，选择母性好、产仔多、泌乳力强、仔猪生长发育快、断乳体重大、适应性强，且所生产后代饲料报酬高、增重快、肉质好、屠宰率高、第 2～5 胎的母猪的后代。

3. 体形外貌　头颈较轻而清秀，下颌无垂肉，颈长短粗细适中，肩部与背部结合良好，背腰平直，肋骨开张良好，腹大不拖地，臀部平直，肌肉丰满，尾根高，四肢结实有力，系短，无卧系，行动灵活，无内、外"八"字型，后腿间距宽。乳头排列整齐均匀，无瞎乳头、翻乳头或无效乳头，大小适中，乳头数 7～8 对或各品种规定的最少乳头数。外生殖器官发育良好。经产母猪产活仔数多，性情温顺，母性好，护仔性强，断乳窝重大，哺育率高，发情症状明显。

任务三　断乳后猪的选择

（一）断乳后用作种猪的选择

1. 健康　断乳后仔猪用作种猪的挑选，仔猪必须来自母猪产仔数较高的窝中，且符合本品种的外形标准，没有遗传缺陷，母猪没有瞎乳头，公猪睾丸发育良好。

2. 数据资料　根据系谱成绩或同胞资料选择，将不同窝仔猪的系谱资料进行比较，从祖代到双亲尤其是在双亲性能优异的窝中进行选留。要求同窝仔猪表现突出，即在产仔数多、哺乳期成活率高、断乳窝重大、发育整齐、无遗传疾患或畸形的窝中进行选择，同时还要考虑选购的仔猪应达到品种规定月龄时的体重和体尺指标要求。

3. 体形外貌　仔猪断乳时，体形外貌选择的具体要求是：头型、耳型、毛色和体躯结构符合品种特征，头短额宽，腰背与腹线平直，后躯充实；四肢强壮结实；皮薄毛稀，长短适中，无长毛与卷毛，富有光泽；背部宽长，四肢结实有力，生殖器官正常，乳头数为 7～8 对，且排列均匀。后备猪不同时期的选择见模块三项目五。

（二）断乳后用作生长育肥猪的选择

1. 健康　断乳后用作生长育肥猪的挑选，健康仔猪应两眼明亮有神，被毛光滑有光泽，无泪斑。站立平稳，呼吸均匀，反应敏捷，行动灵活，步态平稳，摇头摆尾或尾巴上卷；叫声清亮，鼻镜湿润，粪软尿清，排便姿势正常，主动采食，随群出入；无某些慢性病如猪喘气病和萎缩性鼻炎等。

2. 体形外貌　选购的仔猪应该具备身腰长，体形大，皮薄富有弹性，毛稀而有光泽，头短额宽，眼大有神，口叉深而唇齐，耳郭薄而根硬，前躯平直，尾根粗壮，四肢强健，体质结实。在一般情况下，杂交猪比纯种猪长得快，多品种杂交猪又比两品种杂交猪长得快，目前选择三品种瘦肉型杂交猪，生长快，抗病力强，饲料报酬高，瘦肉多，有较大的杂种优势，可降低育肥成本，提高经济效益。同时选用初生重大、全窝发育整齐的仔猪，仔猪体重大小是发育好坏的一个重要标志，初生重大的个体活力强、断乳体重大、育肥时增重快、耗料少、发病率和死亡率都低。

项目二 种猪生产

任务一 种公猪生产

（一）种公猪的种类与重要性

1. 种公猪的选择 现代养猪生产要选择生长速度快、饲料转化率高、背膘薄的品种或品系作为配种公猪，从而提高后代的生长速度和胴体品质。其外形要求身体结实强壮、四肢端正、腹线平直、睾丸大并且对称、乳头 6 对以上并且排列整齐，无异常乳头。不要选择有运动障碍、站立不稳、直腿、高弓背的公猪，以免影响配种。

2. 种公猪种类 种公猪分为纯种和杂种。在现代养猪生产中，可根据其后代的用途进行合理选择。纯种公猪产生的后代可以用于种用和商品肉猪生产，而杂种公猪产生的后代只能用于商品肉猪生产。过去一般多使用纯种公猪进行种猪生产和商品肉猪生产，而现在一些生产者利用杂种公猪进行商品肉猪生产应用效果也较好。杂种公猪与纯种公猪相比较前者具有适应性强、性欲旺盛（性冲动迅速）等优点，因此日益被养猪生产者所接受。

近几年来，我国养猪生产中常用的纯种公猪有：长白猪、大白猪、杜洛克猪、皮特兰猪等；杂种公猪常用长大、杜汉、皮杜等。在国外，一些养猪生产者采用汉杜的杂种公猪与长大的杂种母猪交配，生产四元杂交商品肉猪。在国内，近几年来，一些养猪生产者为了提高商品肉猪的生长速度和胴体瘦肉率，一般多选用皮杜杂种公猪与长大杂种母猪进行配种生产四元杂交商品肉猪。生产实践证明，利用杂种公猪进行商品肉猪生产，其后代的生长速度和胴体瘦肉率均得到较大的提高。有一点应引起注意，几年来，生产实践中发现含汉普夏血统的商品肉猪，出现了肌肉颜色较浅等问题，影响人们对猪肉的外观选择。

3. 种公猪在养猪生产中的重要性 公猪在整个养猪生产中，虽然饲养的头数比母猪要少，但是公猪在养猪生产中所起的作用却远远超过母猪。这是因为在本交季节性配种的情况下，1 头公猪 1 年要承担 20～30 头母猪的配种任务，按照每头母猪每年产仔 2 窝计算，每窝产仔 10～12 头，则 1 头公猪 1 年可以产生 400～700 头后代；如果实行人工授精，1 头公猪每周采精 2 次，每次射精量 300～400 mL，精液进行 1 倍稀释，母猪年产仔 2.2 窝，母猪每次发情配种输精 2 次，按每次输精 30～50 mL 计算，则 1 头公猪 1 年至少可以完成 200 头左右母猪的输精任务，这样一来，1 头公猪 1 年可以产生 4 000 头左右的后代。而 1 头母猪无论是本交还是人工授精，1 年只能产生 20～30 头的后代。因此，有"母猪好，好一窝，公猪好，好一坡"的说法。与此同时，公猪种质的质量还将直接影响后代的生长速度和胴体品质，使用生长速度快、胴体瘦肉率高的公猪其后代生长速度快、生长周期短，从猪舍折旧、饲养管理人员劳动生产率、猪生产期间维持需要的饲料消耗等诸多方面均降低了养猪生产综合成本；胴体瘦肉率高的猪在市场销售过程中，其价格和受欢迎程度均优于胴体瘦肉率低的猪。胴体瘦肉率高的肉猪每千克的价格一般要高于普通育肥猪 0.4 元左右，这样一来，1 头肉猪可增加收入 35～50 元。基于上述情况，选择种质好的公猪并实施科学饲养管理是提高养猪生产水平和经济效益的重要基础。

（二）种公猪饲养

1. 总体要求　种公猪应该经常保持良好的种用体况，使其身体健康、精力充沛、性欲旺盛、能够产生数量多且品质好的精液。种用体况是指公猪不过肥也不过瘦，七、八成膘。其判定方法是外观上既看不到骨骼轮廓（髋骨、坐骨结节、脊柱、肩胛骨、肋骨等），又不能过于肥胖，用手稍用力触摸其背部，可以触摸到脊柱为宜；也可以在早晨喂饲前空腹时根据其腰角下方、膝褶斜前方凸凹状况来判定，一般七、八成膘的公猪应该是扁平或略凸起，如果凸起太高说明公猪过于肥胖；如果此部位凹陷，说明公猪过于消瘦，过肥过瘦均会影响种公猪使用。

养猪生产中常用猪活体测膘仪测定 P_2 点背膘厚度，一般 P_2 值为 16～20 mm（P_2 值是指最后一根肋骨的前端距离背中线 6.5 cm 处测定值）。有些猪场由于饲养水平过高或者运动强度不够，造成公猪过于肥胖，一则影响睾丸产生精子功能；二则体重偏大行动不灵活，影响本交配种，最后过早淘汰。反之，公猪过于消瘦也会影响公猪精子产生，身体素质降低，最终导致性欲低下，不能参加本交配种，只能淘汰。

2. 种公猪的生产特点　种公猪的产品是精液。种公猪具有射精量大、本交配种时间长的特点。正常情况下每次射精量 300～400 mL，个别高产者可达 500 mL，精子数量 400 亿～800 亿个。每次本交配种时间，一般为 5～10 min，个别长者达 15～20 min。本交配种时间长，公猪体力消耗较大。公猪精液中干物质占 2%～3%，其中蛋白质为 60% 左右，精液中同时还含有矿物质和维生素。因此，应根据公猪生产需要满足其所需要的各种营养物质。

3. 种公猪营养需要　配种公猪营养需要包括维持、配种活动、精液生成和自身生长发育需要。所需主要营养包括能量、蛋白质（实质是氨基酸）、矿物质、维生素和水等。各种营养物质的需要量应根据其品种、类型、体重、生产情况而定。

（1）能量需要。一般瘦肉型品种，成年公猪（体重 150～180 kg）在非配种期的消化能需要量是每头 25.1～31.3MJ/d，配种期消化能需要量是每头 32.4～38.9MJ/d。青年公猪由于自身尚未完成生长发育，还需要一定营养物质供自身继续生长发育，应参照其标准上限值。北方冬季，圈舍温度不到 15～22 ℃ 时，应在原标准基础上增加 10%～20%；南方夏季天气炎热，公猪食欲降低，按正常饲养标准营养浓度进行饲粮配合时，公猪很难全部采食所需营养，可以通过增加各种营养物质浓度的方法使公猪尽量将所需营养摄取到，满足公猪生产生长需要。值得指出的是，能量供给过高或过低对公猪均不利。能量供给过低会使公猪身体消瘦，体质下降，性欲降低，导致配种能力降低，甚至有时根本不能参加配种；能量供给过高，造成公猪过于肥胖，自淫频率增加或者不爱运动，性欲不强，精子活力降低，同样影响配种能力，严重者也不能参加配种。对于后备公猪而言，日粮中能量不足，将会影响睾丸和其他性器官的发育，导致后备公猪体形小、瘦弱、性成熟延缓。从而增加种猪饲养成本，缩短公猪使用年限，并且导致射精量减少、本交配种体力不支、性欲下降、不愿意运动等不良后果；但能量过高同样影响后备公猪性欲和精液产生数量，后备公猪过于肥胖、体质下降，行动懒惰，影响将来配种能力。

（2）蛋白质、氨基酸需要。公猪饲粮中蛋白质数量和质量、氨基酸水平直接影响公猪的性成熟、身体素质和精液品质。对于成年公猪来说，蛋白质水平一般以14％左右为宜，不要过高或过低。过低会影响其精液中精子的密度和品质；过高不仅增加饲料成本，浪费蛋白质资源，而且多余蛋白质会转化成脂肪沉积体内，使得公猪体况肥胖影响配种，同时也增加了肝肾负担。在考虑蛋白质数量同时，还应注重蛋白质质量，换句话说是考虑一些必需氨基酸的平衡，特别是玉米-豆粕型日粮，赖氨酸、蛋氨酸、色氨酸尤为重要。目前国外先进的做法是以计算氨基酸含量来平衡饲料中含氮物营养。美国NRC（2012）建议，配种公猪日粮中赖氨酸水平为0.51％，其他氨基酸可以参照美国NRC（2012）标准酌情添加。

（3）矿物质需要。矿物质对公猪精子产生和体质健康影响较大。长期缺钙会造成精子发育不全，活力降低；长期缺磷会使公猪生殖机能衰退；缺锌造成睾丸发育不良而影响精子生成；缺锰可使公猪精子畸形率增加；缺硒会使精液品质下降，睾丸萎缩退化。现代养猪生产大多数实行封闭饲养，公猪接触不到土壤和青饲料，容易造成一些矿物质缺乏，应注意添加相应的矿物质饲料。美国NRC（2012）建议，公猪日粮中钙为0.75％、总磷0.75％、ATTD磷（磷的全肠道表观消化率）0.31％，其他矿物质可参照美国NRC（2012）标准酌情添加。

（4）维生素需要。维生素营养对于种公猪也十分重要，在封闭饲养条件下更应该注意维生素的添加，否则，容易导致维生素缺乏症。日粮中长期缺乏维生素A，会导致青年公猪性成熟延迟、睾丸变小、睾丸上皮细胞变性和退化，降低精子密度和质量；但维生素A过量时可出现被毛粗糙、鳞状皮肤、过度兴奋、触摸敏感、蹄周围裂纹处出血、血尿、血粪、腿失控不能站立及周期性震颤等中毒症状。日粮中维生素D缺乏会降低公猪对钙磷的吸收，间接影响公猪睾丸产生精子和配种性能。公猪日粮中长期缺乏维生素E会导致成年公猪睾丸退化，永久性丧失生育能力。其他维生素也在一定程度上直接或间接地影响着公猪的健康和种用价值，如B族维生素缺乏，会出现食欲下降，皮肤粗糙，被毛无光泽等不良后果。因此，应根据饲养标准酌情添加。

美国NRC（2012）提供的数据只是一般情况下最低必需量，在实际生产中可酌情增加。一般维生素添加量应是标准的2～5倍。

（5）水的需要。除了上述各种营养物质外，水也是公猪不可缺少的营养物质，如果公猪缺水将会导致食欲下降、体内离子平衡紊乱、其他各种营养物质不能很好地被消化吸收，甚至影响健康发生疾病。因此，必须按照其日粮2～4倍量或者按照其体重的10％左右提供充足、清洁、卫生、爽口的饮水。

4. 饲粮配合　在公猪的饲粮配合过程中，要严格选择饲料的原料，严禁使用劣质饲料原料，如发霉变质、虫蛀、含杂质的玉米、麸子及豆粕。玉米的使用比例一般为60％左右，蛋白质饲料主要有豆粕（饼）、鱼粉、水解羽毛粉等。一般豆粕（饼）在饲粮中的使用比例为15％～20％，鱼粉视其蛋白质含量和品质而定，使用比例为

3%～8%。一般多使用蛋白质含量高、杂质少、应用效果好的进口鱼粉，添加比例为3%～5%。质量较好的水解羽毛粉可以控制在2%～3%。至于血粉、肉骨粉其利用率不十分理想，应当慎用。在配种期间不要给种公猪饲喂生鸡蛋，以免影响种公猪对饲料中生物素的吸收利用，同时也要注意感染沙门氏菌的风险。更不要使用生鱼粉，防止造成种公猪组胺中毒。与此同时，还要了解鱼粉含盐量，一般质量好的鱼粉含盐量为1%～2%，劣质鱼粉可能达到10%～20%，所以，使用劣质鱼粉容易引发种公猪食盐中毒。对于棉籽粕、菜籽粕的使用，一是要在使用前做好去毒和减毒工作；二是要控制使用数量，以免由于棉籽粕、菜籽粕使用不当造成种公猪中毒，或者影响公猪的身体健康和种用性能。

在公猪饲粮配合过程中，可以使用氨基酸添加剂来平衡公猪的日粮，玉米-豆粕型日粮主要注意添加赖氨酸、蛋氨酸、苏氨酸和色氨酸，具体添加量参照美国NRC（2012）标准酌情执行。这样会使公猪对各种氨基酸的利用更加科学合理，减少资源浪费。

钙、磷的添加最好使用磷酸氢钙（钙21%～23%，磷18%左右）和石粉（钙35%～38%），磷酸氢钙不但钙磷利用率高，而且还能防止同源动物传染病发生。而骨粉钙磷往往含量不稳定，并且由于加工不当会造成利用率降低，特别是夏季容易发霉、氧化而产生异味，影响公猪的食欲和健康等。磷酸氢钙在配合饲料中使用比例为1.5%～2%（石粉1%左右），在选购磷酸氢钙时，要选择低氟低铅的，防止氟、铅含量过高造成蓄积性中毒，影响公猪身体健康。一般要求氟磷比小于1/100，铅含量低于50 mg/kg，其他矿物质饲料均应注意有毒有害物质的残留以免影响公猪身体健康和种用性能。另外公猪日粮中食盐的含量应控制在0.3%～0.4%。维生素的补充多使用复合维生素添加剂，但要注意妥善保管，防止过期和降低生物学价值。

5. 饲喂技术 公猪的日粮应根据其年龄、体重、配种任务、舍内温度等灵活掌握喂量。正常情况下，体重150～180 kg的成年公猪，舍内温度15～22 ℃时，配种期间成年公猪的日粮量为每头2.5～3.0 kg；非配种期间日粮量为2 kg左右。为了使种公猪顺利地完成季节配种任务，保证身体不受到损害，生产实践中多在季节配种来临前2～3周提前进入配种期饲养。

对于青年公猪，为了满足自身生长发育需要，可增加日粮供给量10%～20%。种公猪每日应饲喂2～3次，其饲料类型多选用干粉料或生湿料。通过日粮也可以控制体重增长，特别是采用本交配种的猪场更应注意这一点，防止公猪体重过大，母猪支撑困难影响配种，从而造成公猪过早淘汰，增加种公猪更新成本。

种公猪饲养过程中，不要使用过多的青绿多汁饲料，以免降低公猪对能量、蛋白质等营养物质的实际摄入量，并容易形成"大肚子"而影响公猪身体健康和本交配种。稻壳粉和秸秆粉，不但本身不能被消化吸收反而降低其他饲料中营养物质的消化吸收，在公猪日粮中使用时会造成营养缺乏，降低种用价值，应避免使用。

要保证公猪有充足、清洁、卫生和爽口的饮水，爽口的饮水要求冬天不过凉、夏季凉爽。水的味道应该是无异味的，饮水卫生标准要与人相同。每头种公猪每天饮水量为10～12 L，其饮水方式通过饮水槽或自动饮水器供给，最好是选用自动饮水器饮水，鸭嘴式饮水器的高度为55～65 cm(种公猪肩高＋5 cm)，水流量至少为1 000 mL/min；

使用水槽饮水时，要求水槽保持清洁，水槽 24 h 内保持水的深度在 5 cm 以上，便于公猪饮用，每日至少更换 3～4 次。

（三）种公猪管理

1. 环境条件　公猪在 6 月龄左右、体重 100～120 kg 时即可以达到性成熟，这时应进行公、母猪分群饲养，防止乱交滥配，分群后的公猪多数实行单圈栏饲养，单圈栏饲养虽然浪费一定建筑面积，但是可以防止公猪间相互爬跨和争斗咬架，也便于根据实际情况随时调整饲粮和日粮。公猪单圈栏饲养每头所需要面积至少为 7.5 m²，理想的面积是 9 m²，以保证公猪有足够的运动空间；要求栏长 3 m，栏高 1.5 m；地面不要过于光滑，防止肢蹄损伤。公猪栏应设有饲养员逃避公猪攻击的安全柱，这个柱子也可以用于公猪摩擦，安全柱距离拐角足够近，但不能卡住公猪。

公猪所居环境的适宜温度是 15～22 ℃，相对湿度 50%～80%，舍内空气新鲜，栏内清洁卫生。公猪在 35 ℃ 以上的高温环境下精液品质下降，并导致应激期过后 4～6 周较低的繁殖力，甚至终生不育。使用遭受热应激的公猪配种，母猪受胎率较低，产仔数较少。为了减少热应激对公猪带来的不良后果，应采取一些减少热应激措施，具体办法有：避免在烈日下驱赶运动；猪舍和运动场有足够的遮光面积供公猪趴卧；天气炎热时向床面洒水或安装通风设施；注意饲料中矿物质和维生素的添加。

2. 合理使用　公猪虽然达到性成熟，但身体尚未成熟，此时不能参加配种，只有公猪身体基本成熟时才能参加配种，否则将会影响公猪身体健康和配种效果。公猪过早使用会导致未老先衰，并且会影响后代的质量；过晚使用会使公猪有效利用年限减少。瘦肉型品种或含瘦肉型品种血缘的公猪，开始参加配种的年龄为 8～9 月龄、体重 140 kg 左右。有些猪场公猪使用过早或者配种强度过大，导致公猪体质严重下降，出现了消瘦、性欲减退，甚至不能参加本交配种，最后淘汰，增加了种猪更新成本。

公猪的配种能力和使用年限与公猪使用强度关系较大，如果公猪使用强度过大，将导致公猪体质衰退，降低配种成绩，造成公猪过早淘汰；但使用强度过小，公猪种用价值得不到充分利用，实质上是一种浪费。12 月龄以内公猪，每周配种 6～7 次；12 月龄以上的公猪每周配种 10 次。如果进行人工授精，12 月龄以内公猪每周采精 1～2 次；12 月龄以上的每周采精 2～3 次，每次采精 300～400 mL。值得指出的是，避免青年公猪开始配种时与断乳后的发情母猪配种，以免降低公猪将来配种兴趣。种公猪使用年限一般为 3 年左右，国外利用年限平均为 2～2.5 年。

3. 公猪采精训练　实行人工授精的猪场，应在公猪使用前进行采精训练。具体做法是：使用金属或木制的与母猪体形相似、大小相近的台猪，固定在坚实的水泥地上，台猪的猪皮应进行防虫蛀、防腐和防霉处理。最初几次采精训练前，在台猪的后端应涂上发情母猪尿液或阴道黏液，便于引诱公猪爬跨。采精前先将公猪包皮内残留尿液挤排出来，并用 0.1%～0.2% 的高锰酸钾溶液或者 0.1%～0.2% 的过氧乙酸溶液，对包皮周围进行消毒；然后将发情母猪赶到台猪的侧面，让被训练公猪爬跨发情母猪，当公猪达到性欲高潮时，立即将母猪赶离采精室，再引导公猪爬跨台猪。当阴茎勃起伸出后，进行徒手采精或使用假阴道采精；另外，也可以不借助假台猪进行采

猪的采精

精，其方法是：用 0.1%～0.2% 的高锰酸钾溶液或者 0.1%～0.2% 的过氧乙酸溶液将包皮、睾丸及腹部皮肤擦洗消毒，先用一只手用力按摩睾丸 5～10 min，然后再用这只手隔着腹部皮肤握住阴茎稍用力前后撸动 5 min 左右，使阴茎勃起。阴茎勃起伸出后可用另一只手进行徒手或假阴道采精。注意不要损伤公猪阴茎，公猪射精完毕后，顺势将阴茎送回，防止阴茎接触地面造成擦伤或感染。

采精训练成功后应连续训练 5～6 d，以巩固其建立起来的条件反射。训练成功的公猪，一般不要再进行本交配种。训练公猪采精时要有耐心，采精室要求卫生清洁、安静、光线要好、温度 15～22 ℃，要防止噪声和异味干扰。

精液品质检查

4. 定期检查精液和称重　公猪在使用前 2 周左右应进行精液品质检查，防止因精液品质低劣影响母猪受胎率和产仔数。尤其是实行人工授精的养殖场应该作为规定项目来进行，以后每月要进行 1～2 次精液品质检查。对于精子活力 0.7 以下、密度 1 亿个/mL 以下、畸形率 18% 以上的精液不宜进行人工授精，限期调整饲养管理规程，如果调整无效应将种公猪淘汰。

青年公猪应定期进行体重称量，便于掌握其生长发育情况，使公猪在 16～18 月龄体重控制在 150～180 kg。通过定期精液品质检查和体重称量，可以更加灵活地调整公猪营养水平，有利于公猪的科学饲养和使用。

5. 运动　为了控制好公猪膘情、增强体质健康、提高精子活力，公猪应进行一定量的运动。运动形式有驱赶运动、自由运动和放牧运动 3 种。驱赶运动适于工厂化养猪场，在场区内沿场区工作道每天上、下午各运动 1 次，每次运动时间为 1～2 h，每次运动里程 2 km，具体时间要安排在一天内适于人猪出行的最佳时期，遇有雪、雨等恶劣天气应停止运动，还要注意防止冬季感冒和夏季中暑。如果不进行驱赶运动，应安排公猪自由运动，理想的户外运动场至少 7 m×7 m，保证公猪具有一定的运动面积。有放牧条件的可以进行放牧运动，公猪既得到了锻炼又可以采食到一些青绿饲料，从而补充一部分营养物质，对于提高公猪精液品质，增强体质健康十分有益。缺乏运动容易造成公猪肥胖，体质衰退加快，配种性能降低，公猪过早淘汰，无形中增加种猪购入或培育成本。

6. 免疫驱虫和消毒　种公猪还应根据本地某些传染病的流行情况，科学地进行免疫接种，养猪技术发达的国家的做法是定期对种公猪进行血清检测，随时淘汰阳性者。公猪每年至少进行 2 次驱虫，驱除体内外寄生虫，选用药物种类和剂量根据寄生虫种类而定，防止中毒。与此同时，定期带猪消毒，减少传染病的发生。一般选择使用 0.1%～0.2% 高锰酸钾溶液或者 0.1%～0.2% 过氧乙酸溶液擦洗消毒，也可以使用含氯或含碘的消毒药品，特别是周边有疫情时期要增加消毒次数。

7. 其他管理　如果公猪脾气很坏，应每隔 6 个月左右进行 1 次打牙。使用钢锯或建筑上用于剪钢筋的钢钳，在齿龈线处将獠牙剪断，防止公猪咬伤人和猪。公猪每天应进行刷拭猪体，时间 5～10 min，这样既有利于皮肤卫生和血液循环，又有利于"人猪亲和"便于使用和管理。

当公猪间出现咬架现象时，应用木板隔开或用水冲公猪的眼部，然后将公猪驱赶分开。

有些公猪上、下颌持续有节奏地拍打和口吐白沫，这种行为称为闹喉。生产实践发现，发生闹喉的公猪往往性欲较强。公猪开始出现闹喉时采食受到影响，变得"小心翼翼"（身体紧张、肩部发硬）并影响发育。但这种情况并不影响它们的配种能力，与其他公猪或与群体隔离后能使公猪安静下来。把饲料移走，在栏内放 1 头妊娠母猪或阉猪将有助于它重新采食。

8. 种公猪的更新淘汰　公猪一般使用 2～3 年，其更新淘汰率一般为 35％～40％，因此，猪场应该有计划地培育或外购一些生产性能高、体质强健的青年公猪，取代那些配种成绩较低（其配种成绩低是指本年度或某一段时间内与配母猪受胎率低于 50％），配种使用 3 年以上，或患有国家明令禁止的传染病或难以治愈和治疗意义不大的其他疾病的公猪（如口蹄疫、猪繁殖-呼吸障碍综合征、圆环病毒病和伪狂犬等）。现代养猪生产对于公猪所产生后代如果不受市场欢迎，造成销售困难时，也应考虑淘汰公猪，以便获得较大经济效益。通过公猪的淘汰更新，既更新了血缘又能淘汰一些不符合种用要求的公猪。

任务二　母猪配种前生产

（一）母猪配种前的选择与种类

1. 母猪的选择　母猪应该食欲旺盛，能够正常发情，体质结实健康，四肢端正，活动良好，背腰平直或略弓，腹线开张良好。乳头 7～8 对，并且排列整齐，无瞎乳头、内凹乳头、外翻乳头等畸形。外阴大小适中无上翘。

2. 母猪配种前种类　母猪分为纯种和杂种，进行纯种繁殖的猪场，应选择相同品种但无亲缘关系的公母猪相互交配；生产杂种母猪的猪场，应选择经过配合力测定或经过多年生产实践证明，杂交效果较好的品种与公猪进行配套杂交生产；生产商品肉猪的猪场，根据生产需要，选择二元或三元杂种母猪进行生产，目前一般多选择长大杂种母猪。

按照母猪所处的生产时期分为两种，一种是仔猪断乳后至配种的经产母猪，也称空怀母猪；另一种是初情期至初次配种的后备母猪。

（二）母猪配种前饲养

1. 总体要求　母猪在配种前应具有一个良好的繁殖体况。繁殖体况是指母猪不肥不瘦，七、八成膘。具体地讲就是母猪外观看不到骨骼轮廓（髋骨、坐骨结节、脊柱、肩胛骨、肋骨等），但也不能因肥胖出现"夹裆肉"，以用手用力触摸背部可以触到脊柱为宜。而所谓的"夹裆肉"是由于母猪过于肥胖，在两后大腿的内侧、阴门的下方形成两条隆起的皮下脂肪。至于外观能够看到脊柱及髋骨或肩胛骨甚至肋骨的母猪属于偏瘦。对于那些体长与胸围几乎相等，出现"夹裆肉"，手触不到脊柱的母猪应该说是偏肥了。另外一种判断方法是在早晨空腹时，根据母猪腰角下方、膝褶斜前方凸凹状况来判定，一般七、八成膘的母猪，此部位应该是扁平或略凸起。如果凸起太高，说明母猪过于肥胖；如果此部位凹陷，说明母猪过于消瘦。使用超声波测定母猪背膘厚，根据背膘厚来判定母猪饲养效果，判定母猪的膘情是否适宜配种。目前常用的杜、长、大等后备母猪适宜配种的背膘厚 P_2 一般为 16～18 mm；经产母猪适宜配种的背膘厚 P_2 一般为 18～22 mm（P_2 值是指最后一根肋骨的前端距离背中线 6.5 cm 处测定值）。

公猪可以通过检查精液品质来评价饲养效果，母猪发情可以看到，但排卵是观察不到的，只能通过母猪体质膘情来推断饲养效果。母猪过于肥胖（24 mm 以上），由于脂肪浸润卵巢或包埋在卵巢周围，会影响卵巢功能，引起发情排卵异常。但后备母猪偏瘦（14 mm 以下），会使性成熟延迟，减少母猪使用年限；后备母猪过于消瘦（7 mm 以下），会引起繁殖障碍。因此，过肥、过瘦都不利于繁殖，将来均会出现发情排卵和产仔泌乳异常等不良后果。特别是青年母猪第一次配种时的身体状况会显著影响其终生的生产性能，母猪的身体状况越好，终生生产性能也就越佳，见表 3-1。

表 3-1 第一次配种时体重和 P_2 值不同的母猪的生产性能

（WH Close 等，2003. 母猪与公猪的营养）

配种时体重/kg	配种时 P_2/mm	出生仔猪的头数	
		第 1 胎	第 1～5 胎[1]
117	14.6	7.1	51.0
126	15.8	9.8	57.3
136	17.7	10.3	56.9
146	20.0	10.5	59.8
157	22.4	10.5	51.7
166	25.3	9.9	51.3

注：[1] 所有母猪都产 5 胎。

2. 生产特点 母猪配种前的饲养目的是能够及时发情，排出数量多、品质好的卵子，并为以后妊娠、泌乳打下良好的身体基础。实际生产中经产母猪空怀时间很短，一般只有 5～10 d，而后备配种前母猪饲养时间，根据后备母猪开始配种的时期而定，如果在第 2 个发情期配种，其时间为 21 d 左右；如果在第 3 个发情期配种，则时间为 42 d 左右。无论是经产母猪还是后备母猪，其最终目标是通过科学的饲养和管理促使其正常发情、排卵和受孕。

3. 母猪配种前营养需要 母猪空怀时间较短，往往参照妊娠母猪饲养标准进行饲粮配合和饲养。而后备母猪由初情期至初次配种时间一般为 21～42 d，不仅时间长，而且自身尚未发育成熟，如果营养供给把握不好，就会影响将来身体健康和终生繁殖性能。因此，后备母猪应按后备母猪饲养标准进行饲粮配合和饲养。总体原则是，后备母猪饲粮在蛋白质、氨基酸、主要矿物质供给水平上，应略高于经产母猪，以满足其自身体发育和繁殖需要，见表 3-2。其他营养物质需要量，可以参照美国 NRC（2012）标准，酌情执行。

表 3-2　后备母猪经产母猪饲粮中主要营养物质含量

(李立山，2006. 养猪与猪病防治)

类　别	能量/（MJ/kg）	蛋白质/%	钙/%	磷/%	赖氨酸/%
后备母猪	14.21	14～16	0.95	0.80	0.70
经产母猪	14.21	12～13	0.75	0.60	0.50～0.55

(1) 能量需要。能量水平与后备母猪初情期关系密切。一般情况下，能量水平偏高可使后备母猪初情期提前，体重增大；能量水平低，后备母猪生长缓慢，初情期延迟；但能量水平过高，后备母猪体况偏胖，抑制初情期或造成繁殖障碍，不利于发情配种，导致母猪受胎率低，增加母猪淘汰率。对于经产母猪能量水平过高或过低同样影响其发情排卵，能量水平过低，使母猪在仔猪断乳后发情时间间隔变长或者不发情；过高能量水平，母猪同样不发情或排卵少，卵子质量不好，甚至不孕等后果。因此，建议后备母猪日供给消化能 35.52 MJ；经产母猪 28.42 MJ。

(2) 蛋白质、氨基酸需要。后备母猪的蛋白质水平、氨基酸的含量均高于经产母猪。如果后备母猪蛋白质、氨基酸供给不足，会延迟初情期到来，因此建议后备母猪粗蛋白质水平为 14%～16%，赖氨酸 0.7% 左右；经产母猪蛋白质、氨基酸不足，同样影响母猪的发情和排卵，建议经产母猪的粗蛋白质水平为 12%～13%，赖氨酸 0.52%～0.58%。

(3) 矿物质需要。经产母猪泌乳期间会有大量的矿物质损失，此时身体中矿物质出现暂时性亏损，如果不及时补充，将会影响母猪身体健康和继续繁殖使用；后备母猪正在进行营养蓄积，为将来繁殖泌乳打基础，如果供给不科学同样会影响身体健康和终生的生产性能。特别采用封闭式圈舍饲养时，母猪接触不到土壤和青绿饲料，没有任何外源矿物质补充，必须注意矿物质的供给，防止不良后果出现。后备母猪饲粮中的钙为 0.95%，总磷为 0.80%；经产母猪饲粮中钙为 0.75%，总磷为 0.60%。后备母猪钙、磷的含量均应高于经产母猪，如果后备母猪钙、磷摄入不足会对骨骼生长起到一定的限制，会使母猪患肢蹄病的概率增加。母猪缺乏碘、锰时，会出现生殖器官发育受阻、发情异常或不发情。其他矿物质缺乏后也会影响母猪的健康和繁殖生产，因此也应该添加。其供给量可参照美国 NRC（2012）妊娠母猪营养需要标准酌情执行，但要注重各种营养物质之间的平衡。

(4) 维生素需要。维生素是否添加和添加的数量，将直接关系到母猪繁殖和健康，母猪有贮存维生素 A 的能力，它可以维持 3 次妊娠，在此以后如不及时补给，母猪会出现乏情、行动困难、后腿交叉、斜颈、痉挛等，严重时影响胚胎生长发育。母猪缺乏维生素 E 和硒时，造成发情困难。缺乏维生素 B_1、维生素 B_2、泛酸、胆碱时会出现不发情、"假妊娠"、受胎率低等。其他维生素虽然不直接影响母猪发情排卵，但会使母猪健康受到影响，最终影响生产。

(5) 水的需要。由于配种前母猪饲粮中粗纤维含量往往较高，所以需要水较多，一般为日粮的 4～5 倍，即每日每头 12～15 L，饮水不足将会影响母猪健康和生产。因此，要求常备充足、清洁、卫生、爽口的饮水。

4. 饲粮配合　配种前母猪的饲养时间虽然只有 5～42 d，但为了保证母猪能够正常地发情排卵参加配种，首先应根据后备母猪和经产母猪的饲养标准，结合当地饲料资源情况科学地配合饲粮，满足其能量、蛋白质（氨基酸）、矿物质和维生素的需要。在饲粮配合过程中要注意饲料原料的质量，不用或少用那些消化吸收较差的原料，如血粉、羽毛粉、玉米酒糟、玉米面筋等，有条件时可以使用 5%～10% 的苜蓿草粉，有利于母猪繁殖和泌乳，据美国资料介绍，苜蓿对于母猪的终生生产成绩有利。值得指出的是，对于瘦肉型猪种，在饲料配合过程中，不要过多使用传统养猪中常用的营养价值不高甚至没有营养价值的"劣质粗饲料"，否则会降低母猪繁殖性能，甚至造成母猪 2～3 胎以后发情配种困难。例如有些猪场，在封闭式饲养的条件下，配种前母猪饲粮中使用了 30%～50% 的稻壳粉，结果是后备母猪第 1 胎繁殖基本正常，第 2 胎后便表现仔猪初生重小、泌乳力下降、仔猪下痢发生率增加，仔猪断乳后母猪不能在 5～10 d 发情配种，使母猪发情配种困难、母猪产后无乳等不良后果。而在传统粗放饲养中，一则地方猪种耐粗抗逆；二则母猪生产水平较低，所需营养物质相对较少；三则可以接触土壤和青草野菜，获得一定的营养补充，所以采用较多的劣质粗料，也较少出现繁殖问题。

5. 饲喂技术 配种前母猪的日粮，应根据母猪的年龄和膘情灵活掌握给量。经产空怀母猪一般每日每头给混合饲料 2 kg 左右；后备母猪每日每头给混合饲料 2.5 kg 左右。北方冬季圈舍温度达不到 15～22 ℃ 时，可以增加日粮给量 10%～20%。为了增加后备母猪排卵数，尤其是初配母猪排卵数，可以对后备母猪实施短期优饲。具体做法是：在配种前 1～2 周至配种结束，增加日粮给量 2～3 kg，这样不仅可以增加排卵数 1～2 枚，而且可以提高卵子质量。值得指出的是，配种结束立即停止增加日粮给量，防止胚胎早期死亡。

配种前母猪的饲养过程中，必须保证充足、清洁、卫生、爽口的饮水，建议每 4～6 头母猪安装一个饮水器。鸭嘴式饮水器的高度为 55～65 cm，饮水器的水流量至少为 1 000 mL/min。一般多安装在靠近粪尿沟一侧，防止饮水时洒在床面上。使用水槽饮水时，要求水槽保持清洁，水槽 24 h 内保持水的深度在 5 cm 以上，便于母猪饮用，每日至少更换 3～4 次。

（三）母猪配种前管理

1. 环境条件 母猪配种前要求舍内温度 15～22 ℃，相对湿度 50%～80%，舍内空气新鲜，栏内清洁卫生。舍内光线良好，非封闭猪舍的采光系数为 1∶10；封闭式猪舍每天使用日光灯作为光源的照射时间 10 h 为宜，不得少于 4 h，不得超过 16 h，光照度 150～200 lx，或者 16 W/m²，光源高度 2 m，位置在母猪头顶。同时舍内地面不要过于光滑，防止跌倒摔伤和损伤肢蹄，床面如果是实体地面，其床面坡度 3%～5% 为宜，以利于冲刷和消毒，但坡度不要过大，坡度过大时，母猪趴卧疲劳增加体能消耗，或者增加母猪尤其是老龄母猪脱肛和阴道脱出发生的概率。

2. 饲养方式 配种前母猪既可以群养也可以单养。从动物福利及母猪体质等方面考虑主张群养，每头母猪所需要面积至少 2 m²（非漏缝地板）。

群养根据投料条件确定每栏内母猪头数的多少，人工投料小群饲养每栏 4～6 头为宜。采用智能喂饲系统的可根据其喂饲系统的规格确定（目前有 16 头、32 头、48

头和 64 头为一栏的智能喂食器）。母猪群养有利于刺激发情和促进健康，当同一圈栏内有母猪发情时，由于爬跨和外激素刺激，可以诱导其他母猪发情；母猪通过爬跨得到一定的运动，减少肢蹄病发生，但要注意看护，防止争斗咬架和强夺弱食现象。实际生产中，饲槽上安装采食隔离栏，可以防止强夺弱食发生。

近年来，有些猪场采用空怀、妊娠母猪单栏限位饲养。限位面积每头母猪至少 0.65 m×2 m，采取限位栏饲养的养殖场多实行自动给料系统，根据母猪体况确定日粮。这种饲养方式有利于提高圈舍建筑的利用率，便于人工授精操作和根据母猪年龄、体况进行饲粮的配合和日粮定量来调整膘情。采用此种饲养方式时，最好在母猪尾端饲养公猪有利于刺激母猪发情，同时要求饲养员必须认真仔细观察发情，才能确保降低母猪空怀率。但是单栏面积过小，母猪活动受限，只能站立或趴卧，缺少运动，会导致肢蹄病和难产率增加。因此，建议母猪所居的单栏面积为 0.75 m×2.2 m，便于母猪趴卧及前后运动，从而减少肢蹄病的发生。

建议有条件的猪场，舍外设置运动场，增加母猪运动量、呼吸新鲜空气、接受阳光照射等，以利于母猪健康和胚胎生长发育。运动场的面积要求至少 3.5 m×5 m。

3. 母猪初配适龄和体重 母猪性成熟时身体尚未成熟，还需要继续生长发育，因此，此时不宜进行配种。过早配种不仅影响第一胎产仔成绩和泌乳，而且也影响将来的繁殖性能；过晚配种会降低母猪的有效利用年限，相对增加种猪成本。一般适宜配种时间为：引进品种或含引进品种血液较多的猪种（系）主张 220～230 日龄，体重 130～140 kg，在第 2、3 个发情期实施配种；地方品种猪 6 月龄左右，体重 70～80 kg 时开始参加配种。但在实际生产中，个别猪场对养猪生产技术掌握得不好，往往母猪第一次发情就配种，导致产仔数较少，一般只有 7 头左右，并且出现产后少乳或无乳。也有些猪场外购后备母猪由于受运输、环境、饲料、合群等应激影响，到场后 1 周左右出现发情，于是安排配种，结果同样出现了产仔数少、产后无乳等情况，其原因主要是发情排卵不正常、乳腺系统发育欠佳等引起的。最佳做法是在杂种母猪 70 kg、纯种母猪 80 kg 左右时（165 日龄）开始每天 1 次与 1 头或几头公猪接触，使得母猪初情期提前，便于提早安排母猪配种减少母猪饲养成本，同时有利于同期发情控制便于工艺流程安排。

4. 发情观察 配种前母猪管理中，要认真观察发情，特别是后备母猪初次发情，症状不明显，持续时间较短，如不认真仔细观察容易漏配。因此，一定认真观察并做好记录，以便于安排母猪配种。

5. 免疫接种与驱虫

（1）免疫接种。母猪配种前免疫接种，可以减少或避免某些传染病的发生。每个猪场应根据流行病学调查结果（查找以往发病史）、血清学检查结果等适时适量地进行传染病疫苗接种。无传染病威胁的猪场可接种灭活苗或不接种，以免出现疫苗的不良反应影响生产。对于传染病血清学检测阳性养殖场，一是淘汰种猪、消毒污染环境，然后空栏 6～12 个月后，进猪前再消毒一次才能进行生产；另一种做法是对母猪进行弱毒疫苗的免疫接种，防止传染病发生和扩散。

（2）驱虫。母猪每年至少进行两次驱虫，如果环境条件较差或者某些寄生虫多发地区，应酌情增加驱虫次数。驱虫所需药物种类、剂量和用法应根据寄生虫实际发生情况或流行情况来决定，要防止出现中毒。

（3）定期带猪消毒。为了减少一些传染病的发生，母猪配种前应定期带猪消毒，特别是周边有疫情时期要增加消毒次数，消毒所用药物与公猪相同。

6. 母猪繁殖障碍及解决方法

（1）母猪繁殖障碍的原因。繁殖障碍的主要问题是母猪不能正常发情排卵，其原因归纳为以下几个方面：

① 疾病性繁殖障碍。主要是由于卵泡囊肿、黄体囊肿、持久性黄体而引起的。卵泡囊肿会导致排卵功能丧失，但仍能分泌雌激素，使得母猪表现发情持续期延长或间断发情；黄体囊肿多出现在泌乳盛期母猪、近交系母猪、老年母猪中，母猪表现乏情；持久性黄体导致母猪不发情。另外，卵巢炎、脑肿瘤和一些传染病等，如温和型猪瘟和猪繁殖-呼吸障碍综合征等都会造成母猪不能发情排卵。

② 营养性繁殖障碍。母猪由于营养不合理也会造成繁殖障碍，如长期营养水平偏高或偏低，母猪过度肥胖或消瘦，母猪发情和排卵失常；母猪长期缺乏维生素和矿物质，特别是维生素 A、维生素 E、维生素 B_2、硒、碘、锰等，使母猪不能按期发情排卵。其他影响母猪发情的原因见表 3 - 3。

表 3 - 3 影响母猪不发情的原因

（Straw 等，2008. 猪病学）

造成不发情的因素	评 价	
	后备母猪	断乳后母猪
品种	杂种猪比纯种猪早达到初情期。一些品种 6 月龄左右达到初情期的比例：大白 86%，长白 77%，杜洛克 71%，汉普夏 71%	断乳早（如 10 d）不同品系的母猪在 10 d 时或小于 10 d 断乳后，再发情的百分比有很大差异
年龄	初情出现于 6 月龄左右的后备母猪。养在露天的后备母猪比养在舍内的先进入初情期	
解剖学异常	雌雄同体，假雌雄同体，雌雄间体	
与公猪接触	饲养中能与公猪接触的后备母猪达到初情期比隔离饲养的后备母猪早 20～40 d	断乳的母猪进入曾经接触过公猪的地方会较早出现比较强烈的发情表现
光照	每天接受至少 4 h 光照的后备母猪比处于暗环境中的早达到初情期	产仔区每天不少于 14 h 的光照与断乳 5 d 以内的母猪较高的再发情率有关
季节	秋季出生的后备母猪比春季出生的达到初情期的多	北半球，7—9 月份断乳后再发情的母猪的数目减小，初产母猪特别受影响
泌乳期长度		泌乳期 18 d 前断乳的母猪在 7 d 以内进入发情期的比例少
营养	营养不良的母猪表现发情的可能性小	母猪产前体况较瘦或泌乳期失重超过 20 kg 的母猪断乳后 7 d 表现发情的可能性小

（续）

造成不发情的因素	评　价	
	后备母猪	断乳后母猪
管理	许多关于不发情或"安静发情"的抱怨是由于种猪管理人员没有对母猪发情做足够的检查。公、母猪放在同栏便于检查发情。尽管公猪的出现有助于管理人员确定处于发情期的母猪，但不应依赖公猪来确认发情的母猪。发情检查应当在没有诱惑因素（喂饲时）时进行	
妊娠	常与差的记录和不能认定的母猪有关	
假妊娠	可能与早期妊娠消失有关，黄体维持妊娠状态，甚至于子宫内胎儿消失了也一样。玉米赤霉烯酮可引起假妊娠	
卵巢囊肿	猪有卵巢囊肿和黄体囊肿，囊肿性卵巢结构母猪比后备母猪常见	

（2）解决母猪繁殖障碍的方法。母猪出现繁殖障碍，首先要分析查找原因，通常是根据繁殖障碍出现的数量、时间、临床表现等进行综合分析。封闭式饲养管理条件下，先要考虑营养因素，再考虑疾病或卵巢功能问题。如果是营养方面的原因，要及时调整饲粮配方，对于体况偏肥的母猪应减少能量供给，可以通过降低饲粮能量浓度或日粮给量来实现，可同时适当增加运动；体况偏瘦的母猪应增加能量供给，同时保证饲粮中蛋白质的数量和质量，封闭式饲养要特别注意矿物质和维生素的使用，满足繁殖母猪所需要的各种营养物质。如果是疾病原因造成的母猪繁殖障碍，有治疗可能的应该积极治疗，否则应及时淘汰；卵巢功能引起的繁殖障碍，只有持久性黄体较易治愈，一般可使用前列腺素 $F_{2\alpha}$ 或其类似物处理，使黄体溶解后，母猪在第二次发情时即可配种受孕。

后备母猪初次发情配种困难比较常见，为了促进母猪发情排卵，可以通过诱情办法来解决，具体做法是：每天早晨或傍晚喂饲后将体质强壮、性欲旺盛的公猪与不发情母猪放在同一栏内一段时间，每次 30 mim 左右，通过公猪爬跨和外激素刺激可以促进母猪发情，一般经过 1 周左右即可诱导母猪发情。许多猪场为了促进后备母猪发情，在后备母猪 160~180 日龄时，开始使用公猪诱情。如果接触 1~2 周，无母猪发情应更换公猪，最好是成年公猪。此种做法不要过早实行，防止后备母猪对公猪产生"性习惯"而不发情。通过以下几种做法也能刺激母猪发情排卵：

① 母猪运输或转移到一个新猪舍，在应激刺激作用下可使母猪发情排卵；

② 重新组群；

③ 将正在发情时期的母猪与不发情母猪同栏饲养；

④ 封闭式饲养条件下的母猪安排几日户外活动，接触土壤采食青草野菜。

对于目前市场上出售的各种催情药物均属于激素类，在没有搞清楚病因之前不要盲目使用，以免造成母猪内分泌紊乱，或者出现母猪只发情不排卵，即使母猪配了种也不能受孕。

7. 更新淘汰　正常情况下母猪 7~8 胎淘汰。所以，一般年更新率为 30% 左右，初产母猪多因繁殖障碍而使淘汰率提高。因此，猪场应有计划地选留培育或购入一些适应市场需求、生产性能高、外形好的后备母猪去补充母猪群。但遇到下列情形之一者应随时淘汰：

（1）产仔数低于 7 头。

（2）连续两胎少乳或无乳（营养、管理正常情况下）。

（3）断乳后两个情期不能发情配种。

（4）食仔或咬人。

（5）患有国家明令禁止的传染病或难以治愈和治疗意义不大的其他疾病（如口蹄疫、猪繁殖-呼吸综合征、圆环病毒病等）。

（6）肢蹄损伤。

（7）后代有畸形（如疝气、隐睾、脑水肿等）。

（8）母性差。

（9）体形过大，行动不灵活，压、踩仔猪。

（10）后代的生长速度和胴体品质指标均低于猪群平均值。

（11）后备母猪 180 日龄开始诱情，4 周内没有发情的。

任务三　配种生产

（一）母猪发情周期与排卵规律

1. 发情周期　达到性成熟而未妊娠的母猪，在正常情况下每隔一定时间就会出现一次发情，由一次发情开始到下一次发情开始的时间间隔称为发情周期。母猪最初的 2～3 次发情规律性较差。母猪发情周期一般为 19～23 d，平均 21 d。母猪发情周期分为发情前期、发情期、发情后期和间情期四个时期。发情周期是一个逐渐变化的生理过程，四个时期之间并无明确的界限。母猪在发情过程中会产生一系列形态和生理变化。主要归纳为四个方面：

（1）机体精神状态的变化，如兴奋或安静。

（2）母猪对公猪的性欲反应，如交配欲的有无及其表现程度。

（3）卵巢变化情况，如卵泡的发育、排卵和黄体形成等。

（4）母猪生殖道生理变化。

现将各时期的变化情况详述如下：

① 发情前期。卵巢卵泡准备发育时期。卵巢上前一个发情周期所产生的黄体逐渐萎缩，新的卵泡开始生长；子宫腺体略有生长，但形态变化不大，生殖道轻微充血、肿胀，腺体活动逐渐增加，此时期母猪通常越来越躁动不安，食欲小或无，开始寻找公猪，但母猪此时无性欲表现。

② 发情期。母猪具有性欲表现；母猪阴门肿胀程度逐渐增强，到发情盛期达到最高峰；整个子宫充血，肌层收缩加强，腺体分泌活动增加，阴门处有黏液流出；子宫颈变松弛；卵巢卵泡发育加快，此时母猪试图爬跨并嗅闻同栏其他母猪，但本身不接受爬跨，母猪尿中和阴道分泌物中有吸引和激发公猪的外激素。一般在此时期的末期开始排卵。

③ 发情末期。在这个时期，母猪由发情的性欲激动状态逐渐转入静止状态；子

宫颈管道逐渐收缩，腺体分泌活动逐渐减少，黏液分泌量少而黏稠；子宫内膜逐渐变厚，表层上皮较高，子宫腺体逐渐发育；卵泡破裂排卵后形成红体，最后形成黄体。

④ 间情期。此时期又称为休情期。母猪的性欲已完全停止，精神状态也完全恢复正常。间情期的早期，子宫内膜增厚，表层上皮呈高柱状，子宫腺体高度发育、大而弯曲且分支多，腺体活动旺盛；间情期的后期，增厚的子宫内膜回缩，呈矮柱状，分泌黏液量少，黏稠；卵巢黄体已发育完全，因此这个时期为黄体活动时期。

母猪在发情期配种，如果没有受孕，则间情期过一段时间之后，又进入发情前期；如已受孕，母猪不再发情，就不应该称间情期。但是母猪产后发情却不遵循上述规律。母猪产后有 3 次发情，第 1 次发情是产后 1 周左右，此次发情绝大多数母猪不能配种受孕；第 2 次发情是产后 27～32 d，此次既发情又排卵，但只有少数母猪（带仔少或地方猪种）可以配种受孕；第 3 次发情是仔猪断乳后 1 周左右，现在工厂化养猪场绝大多数母猪在此次发情期内完成配种。

2. 排卵规律 母猪发情持续时间为 40～70 h，排卵在后 1/3 时间内，初配母猪要晚 4 h 左右。其排卵的数量因品种、年龄、胎次、营养水平不同而异。一般初次发情母猪排卵数较少，以后逐渐增多。营养水平高可使排卵数增加。现代引进品种母猪在每个发情期内的排卵数一般为 20 枚左右，排卵持续时间为 6 h 左右；地方品种猪每次发情排卵为 25 枚左右，排卵持续时间 10～15 h。

（二）母猪发情鉴定

1. 母猪发情表现 母猪发情时表现为兴奋不安、哼叫、食欲减退。未发情的母猪食后喜欢趴卧睡觉，而发情的母猪却常站立于圈门处或爬跨其他母猪。将公猪赶入圈栏内，发情母猪会主动接近公猪。母猪外阴部表现潮红、水肿，有的有黏液流出。

2. 母猪的发情鉴定 具体方法见实训十：发情鉴定。

母猪发情
鉴定

（三）配种实施

1. 配种时间 精子在母猪生殖道内保持受精能力时间为 10～20 h，卵子保持受精能力时间为 8～12 h。母猪发情持续时间一般为 40～70 h，但因品种、年龄、季节不同而异。瘦肉型品种发情持续时间较短，地方猪种发情持续时间较长，青年母猪比老龄母猪发情持续时间要长，春季比秋冬季节发情持续时间要短。具体的配种时间，应根据发情鉴定结果来决定，一般大多在母猪发情后的第 2～3 天。老龄母猪要适当提前做发情鉴定，防止错过配种的最佳时期；青年母猪可在发情后第 3 天左右做发情鉴定。母猪发情后每天至少进行 2 次发情鉴定，以便及时配种。本交配种应安排在静立反射产生时；而人工授精的第 1 次输精应安排在静立反射（公猪在场）产生后的 12～16 h，第 2 次输精安排在第 1 次输精后 12～14 h。

2. 配种方式

（1）单次配种。母猪在一个发情期内，只配种 1 次。这种方法虽然省工省事但配种时间掌握不好会影响受胎率和产仔数，实际生产中应用较少。

（2）重复配种。母猪在一个发情期内，用 1 头公猪先后配种 2 次以上，其时间间隔为 8～12 h。生产中多安排 2 次配种，具体时间多安排在早晨或傍晚前，夏季早晨尽量早，傍晚尽量晚；冬季早晨尽量晚，傍晚尽量早，有利于猪的配种活动。这种配种方法可使母猪输卵管内活力较强的精子及时与卵子受精，有助于提高受胎率和产仔数，这种配种方式多用于纯种繁殖场。

（3）双重配种。母猪在一个发情期内，用两头公猪分别交配，其时间间隔为5～10 min，此法只适于商品生产场，这样做的目的是可以提高母猪受胎率和产仔数。

3. 配种方法

（1）人工辅助交配。应选择地势平坦、地面坚实而不光滑的地方做配种栏（场），配种场（栏）地面应使用人工草皮、橡胶垫子、水泥砖、木制地板或在水泥地面上放少量沙子、锯屑以利于公、母猪站立。配种栏的规格一般为长4.0 m，宽3.0 m。配种栏（场）周围要安静无噪声、无刺激性异味干扰，防止公、母猪转移注意力。公、母猪交配前，首先将母猪的阴门、尾巴、臀部用0.1%～0.2%高锰酸钾溶液或者0.1%～0.2%过氧乙酸溶液擦洗消毒。将公猪包皮内的尿液挤排干净，使用同样的消毒剂将包皮周围消毒。配种人员带上经过消毒的橡胶手套或一次性塑料手套，准备好配种的辅助工作。当公猪爬跨到母猪背上时，用一只手将母猪尾巴拉向一侧，另一只手托住公猪包皮，将包皮口紧贴在母猪阴门口，这样便于阴茎进入阴道。公猪射精时肛门闪动，阴囊及后躯充血，一般交配时间为10 min左右。当遇到公猪与母猪体重差距较大时，可在配种栏（场）地面临时搭建木制的平台或土台，其高度为10～20 cm。如果公猪体重、体格显著地大于母猪，应将母猪赶到平台上，而将公猪赶到平台下。当公猪爬到母猪背上时，由两人抬起公猪的两前肢，协助母猪支撑公猪完成配种；反过来如果母猪体重、体格显著地大于公猪，应将公猪赶到台上，而将母猪赶到台下进行配种。应该注意的问题：地面不要过于光滑；把握好阴茎方向，防止阴茎插进肛门；配种结束后不要粗暴对待公、母猪。公、母猪休息10～20 min后，将公、母猪各自赶回原圈栏，此时公猪注意避免与其他公猪见面接触，防止争斗咬架，然后填写好配种记录表，一式两份，一份办公室存档，另一份现场留存，用于配种效果检查和生产安排；或将配种资料存入计算机，并打印一份，便于现场生产及配种效果检查。

（2）人工授精。具体方法见实训十一：人工授精。

4. 配种制度 配种制度根据市场需要、养殖场生产条件、生产水平和种猪状况，可将母猪的分娩情况划分为常年分娩和季节分娩两种。配种计划详见实训九。

（1）常年配种。就是一年四季的任何时期都有母猪配种。这样做可以充分利用圈舍及设备，均衡地使用种猪，均衡地向市场提供种猪、仔猪或商品肉猪。但常年配种、均衡生产需要有一定的生产规模，规模过小时，则达不到降低成本的目的。

（2）季节配种。将母猪分娩时间安排在有利于仔猪生长发育的季节里，减少保温防暑投资，但种猪利用不均衡，圈舍设备利用不合理，一般适合在北方生产规模较小的猪场采用。

任务四　妊娠母猪生产

（一）胚胎生长发育规律及影响因素

1. 胚胎生长发育规律 精子与卵子在输卵管上1/3壶腹部完成受精后形成合子。

猪的输精

猪的妊娠诊断

一般情况下，猪胚胎在输卵管内停留 2 d 左右，然后移行到子宫角内，此时猪胚胎已发育到 4 细胞阶段，在子宫角内游离生活 5～6 d，胚胎已达到 16～32 细胞（桑葚胚）。受精后第 10 天，胚胎直径可达 2～6 mm。第 13～14 天胚胎开始与子宫壁疏松附着（着床），第 18 天左右着床完成。着床以前胚胎营养来源是在输卵管内靠卵子本身，在子宫角内靠子宫乳供养。第 4 周左右胚胎具备与母体胎盘进行物质交换的能力，而胚胎在没有利用胎盘与母体建立交换物质的联系之前是很危险的时期，此时胚胎死亡率占受精合子的 30%～40%。胚胎前 40 d 主要是组织器官的形成和发育，生长速度很慢，此时胚胎重量只有初生重的 1% 左右。妊娠 41～90 d，胚胎生长速度比前 40 d 要快一些，90 d 时胚胎重量可达 550 g 左右，91 d 到出生，生长速度达到高峰。仔猪初生重的 60%～70% 在此期间内生长完成。可见妊娠后期是个关键时期，母猪的饲养管理将直接影响仔猪初生重见表 3-4。

胚胎所处的时期不同，其化学成分也有所不同。42 日龄胚胎与 112 日龄胚胎比较，干物质增长 2.1 倍，粗蛋白质 1.6 倍，脂肪 1.8 倍，矿物质 2.8 倍，钙 6.2 倍，磷 3.8 倍，铁 12.9 倍。详细资料见表 3-5。

表 3-4　不同日龄胚胎的生长情况

（李立山，2006. 养猪与猪病防治）

妊娠时期/d	胚胎重量/g	占初生重比例/%	胚胎长度/cm
30	2	0.15	1.5～2
60	110	8	8
90	550	39	15
114	1 300～1 500	100	25

表 3-5　不同日龄胚胎体内化学成分

（李立山，2006. 养猪与猪病防治）

胚胎日龄/d	个体胎重/g	干物质/%	粗蛋白质/%	粗脂肪/%	矿物质/%	钙/%	磷/%	铁/%
42	15.78	8.15	6.38	0.52	1.23	0.153	0.142	0.002 4
77	388.00	10.35	7.38	0.64	2.25	0.540	0.292	0.003 8
112	1 303.00	17.05	10.09	0.95	3.42	0.950	0.545	0.031 0

2. 影响胚胎生长发育因素　母猪每次发情排卵为 20～30 枚，而完成受精形成合子，乃至成为胚胎的仅有 17～18 个，但真正形成胎儿出生的却仅有 10～15 头。造成这种情况的原因，主要是胚胎各时期的死亡。统计资料表明，胚胎死亡在胎盘形成以前占受精合子的 25% 左右，胎盘形成以后胚胎死亡数占受精合子的 12%～15%，见表 3-6。

妊娠 36 d 以内死亡的胚胎被子宫吸收了，因此见不到任何痕迹。而妊娠 36 d 以后死亡的胚胎不能被子宫吸收，形成木乃伊胎或死胎。引起胚胎死亡或者母猪流产的因素有以下几个方面：

（1）遗传因素。公猪或母猪染色体畸形可以引起胚胎死亡，对这种情况应进行实验室遗传学检查，淘汰染色体畸形种猪。研究表明，猪的品种不同其子宫乳成分不同，对合子的滋养效果不同。梅山猪子宫乳中蛋白质、葡萄糖的含量显著高于大白猪，这可能是梅山猪胚胎的存活率较高的原因之一（梅山猪高达 100％，而大白猪仅有 48％）。另外近亲繁殖使得胚胎的生活力降低，从而导致胚胎中途死亡数量增加或者胚胎生存质量下降，弱仔增多，产仔数降低。

表 3 - 6　生殖各阶段典型的胚胎死亡
（加拿大阿尔伯特农业局畜牧处等，1998. 养猪生产）

生殖阶段	数目	生殖阶段	数目
排出卵子	17.0	妊娠 75 d 胚胎	10.4
受精卵子	16.2	妊娠 100 d 胚胎	9.8
妊娠 25 d 胚胎	12.3	分娩的活仔猪	9.4
妊娠 50 d 胚胎	11.2	每窝断乳的仔猪	8.0

（2）营养因素。母猪日粮中维生素 A、维生素 E、维生素 D、维生素 B_1、维生素 B_2、维生素 B_6、维生素 B_{12}、泛酸、叶酸、胆碱、硒、锰、碘、锌等不足会导致胚胎死亡、胚胎畸形、仔猪早产、仔猪出生后出现"劈叉症"、母猪"假妊娠"等。母猪在妊娠前期能量水平过高，母猪过于肥胖，引起子宫壁血液循环受阻，导致胚胎死亡。也有人认为，母猪过于肥胖卵巢分泌黄体酮受到影响，导致胚胎数量减少，从而出现老百姓所说的"母猪过肥化崽子"的现象。

（3）环境因素。母猪妊娠期间所居环境温度，对胚胎发育也有一定的影响。当环境温度超过 32 ℃、通风不畅、湿度较大时，母猪将出现热应激，引起母猪体内促肾上腺素和肾上腺素骤增，从而抑制脑垂体前叶促性腺激素的分泌和释放，母猪卵巢功能紊乱或减退。高温条件下容易导致子宫内环境发生不良变化，造成胚胎附植受阻，胚胎存活率降低，产仔数减少，木乃伊胎、死胎、畸形胎增加。这种现象常发生在每年 7、8、9 这三个月份配种的母猪群中，所以建议猪场：一是在饲料中添加一些抗应激物质如维生素 C、维生素 E、硒、镁等；二是注意母猪所居环境的防暑降温，加强舍内通风换气工作，以便减少繁殖损失。

（4）疾病因素。某些疾病对母猪的繁殖形成障碍，导致死胎、木乃伊胎或流产等。临床上出现母猪"假妊娠"，死胎、木乃伊胎增加，弱仔、产后即死和母猪流产等不良后果，如猪瘟、猪繁殖-呼吸综合征、猪圆环病毒病、流行性乙型脑炎、衣原体病、猪肠病毒感染、猪脑心肌炎感染、猪流感、猪伪狂犬病、猪细小病毒病、口蹄疫、巨细胞病毒感染、布鲁氏菌病、李氏杆菌病、链球菌病、钩端螺旋体病、支原体病（旧称附红细胞体）及弓形虫等。

（5）其他方面。母猪铅、汞、砷、有机磷、霉菌、龙葵素中毒，药物使用不当，疫苗反应，核污染，公猪精液品质不佳或配种时机把握不准等，均会引起胚胎畸形、死亡乃至流产。

（二）妊娠母猪饲养

1. 总体要求　为保证妊娠母猪顺利完成妊娠，能够孕育出数量多、体重大的胎儿，妊娠期间母猪的体重增加控制在 35～50 kg 为宜，其中前期一半，后期一半。青年母猪第 1 个妊娠期增重达 50 kg 左右为宜；第 2 个妊娠期增重 45 kg 左右；第 3 个妊娠期以后，母猪妊娠期间增重 35～40 kg 为宜。妊娠期间背膘厚增加 2～4 mm 为宜，临产时背膘厚 P_2 一般为 20～24 mm，过瘦、过肥均不利。妊娠母猪过肥易出现难产或产后食欲降低影响泌乳的后果。有关试验研究表明，妊娠期采食量提高 1 倍，则哺乳期采食量下降 20%，并且哺乳期失重多。过瘦会造成胚胎过小或产后无乳，甚至还可以影响断乳后的母猪发情配种。鉴于上述情况，妊娠母猪提倡限制饲养，合理控制母猪增重，有利于母猪繁殖生产，母猪妊娠期、采食量与哺乳期、自由采食和增重关系，见表 3-7。

表 3-7 母猪妊娠、采食量与哺乳期、自由采食和增重关系

（宋育，1995. 猪的营养）

妊娠期日采食量/kg	0.9	1.4	1.9	2.4	3.0
妊娠期共增重/kg	5.9	30.3	51.2	62.8	74.4
哺乳期、自由采食量/kg	4.3	4.3	4.4	3.9	3.4
哺乳期体重变化/kg	6.1	0.9	-4.4	-7.6	-8.5

2. 妊娠母猪生产特点　母猪在整个妊娠期间要完成子宫、胎衣、羊水的增长，胚胎的生长发育，乳腺系统的发育，对于身体尚未成熟的青年母猪还要进行自身继续生长发育。子宫、胎衣、羊水的增长在妊娠 12 周以前较为迅速，12 周以后增长变慢。据测定，母猪妊娠末期，子宫重量是空怀时子宫的 10～17 倍，母猪不同妊娠时期子宫、胎衣、羊水增长情况见表 3-8。

表 3-8 妊娠不同时期子宫、胎衣、羊水的增长

（宋育，1995. 猪的营养）

妊娠天数/d	胎衣		胎水		子宫	
	重量/g	47 d 百分比/%	重量/g	47 d 百分比/%	重量/g	47 d 百分比/%
47	800	100	1 350	100	1 300	100
63	2 100	263	5 050	374	2 450	189
81	2 550	319	5 650	419	2 600	200
96	2 500	313	2 250	207	3 441	265
108	2 500	313	1 890	140	3 770	290

胚胎生长主要集中在妊娠期的最后 1/4 时间内。对于青年母猪自身还要继续生长发育，青年母猪在妊娠期间自身体重增长为 5～10 kg，经过 2 次妊娠和泌乳，可以完成其体成熟的生长发育。

3. 妊娠母猪营养需要　妊娠母猪营养需要应根据母猪品种、年龄、体重、胎次有所不同。

（1）能量需要。美国 NRC（2012）推荐的妊娠母猪消化能为 25.56～27.84 MJ/d。母猪消化能需要量降低是基于多方面研究结果而定的，但最主要降能因素是由于经过多年的生产实验发现，妊娠母猪能量供给过多会影响母猪繁殖成绩和将来的泌乳，乃至整个生产。众多研究结果表明，过高的能量水平会降低胚胎的存活。安德森

（Anderson）总结 30 次试验结果指出，高能量日粮［ME 38.08 MJ/(d·头)］增加胚胎死亡。配种后 4～6 周胚胎的存活率为 67%～74%，而低能量日粮［ME 20.90 MJ/(d·头)］存活率 77%～80%。同时多年研究发现，仔猪初生重大小，主要取决于能量水平，特别是妊娠后期能量水平高低对仔猪初生重影响较显著，如果母猪日粮能量 ME20.90 MJ/(d·头)以下，会降低仔猪初生重；但当日粮能量超过 ME 25 MJ/(d·头）时，初生重增加并不明显。

　　一般来说，能量水平对产仔数不会造成直接影响，但高能可使胚胎前期死亡。而能量水平偏低母猪会动用体内脂肪和饲料中蛋白质来维持能量需要。母猪体况偏瘦，影响将来发情和排卵，并且排卵数量和卵子质量降低，最终将间接影响产仔数。

　　妊娠母猪能量水平对将来泌乳影响较大，妊娠期间能量水平过高，母猪体重增加过多，母猪泌乳期间体重就会损失过多，不但浪费饲料增加饲养成本，而且还会出现泌乳母猪产后食欲不旺，泌乳性能下降，母猪过度消瘦，并且断乳后发情配种也将受到影响。鉴于上述情况，合理掌握妊娠母猪营养水平，控制母猪妊娠期间增重比较重要，从而以最经济饲养水平科学饲养妊娠母猪，得到最佳的生产效果，见表 3-9。

表 3-9　妊娠母猪不同饲养水平对体重的影响

（宋育，1995. 猪的营养）　　　　　　　　　　　　　　　　单位：kg

营养水平 （100 kg 体重）	配种体重	产后体重	妊娠期增重	断乳时体重	哺乳期失重	总净增重
高 1.8 kg/d	230.2	284.1	53.9	235.8	48.3	+5.6
低 0.87 kg/d	229.7	249.8	20.1	242.2	7.4	+12.7

　　（2）蛋白质、氨基酸需要。蛋白质和氨基酸对母猪的产仔数、仔猪初生重和仔猪将来的生长发育影响不大，但蛋白质水平过低时将会影响母猪产仔数和仔猪初生重，妊娠母猪可以利用蛋白质和氨基酸储备来满足胚胎生长和发育。试验证明，在整个妊娠期间饲喂几乎无蛋白质饲粮，则仔猪初生重下降 20%～30%；当蛋白质水平降到 2 g/d 时，仔猪初生重降低 0.22 kg。母猪长期缺乏蛋白质、氨基酸，母猪繁殖力下降，卵巢功能失常，不发情或发情不规律，排卵数量减少或不排卵；母猪产后泌乳量下降，仔猪容易腹泻；仔猪断乳后母猪不能及时发情配种等不良后果，这种现象在 3 胎以后母猪中比较常见，因为头 2 胎母猪动用了体内蛋白质和氨基酸贮备，来满足妊娠和泌乳需要。为了使母猪正常进行繁殖泌乳，并且身体不受损，保证正常产仔 7～8 胎，美国 NRC(2012) 建议，妊娠母猪粗蛋白质水平为 12%～12.9%。对于玉米-豆粕型日粮，赖氨酸是第一限制性氨基酸，在配制日粮时不容忽视，不要片面强调蛋白质水平，导致母猪各种氨基酸真正摄取量很少，不能满足妊娠生产的需要。美国 NRC(2012) 推荐赖氨酸水平为 0.39%～0.80%，其他氨基酸的需要，可以参照美国 NRC(2012) 标准酌情执行。

　　（3）矿物质需要。矿物质对妊娠母猪的身体健康和胚胎生长发育影响较大。前面已提到过无论是常量元素还是微量元素，缺乏的后果是母猪繁殖障碍，具体表现：发情排卵异常、母猪流产、畸形和死胎增加。现代养猪生产，母猪生产水平较高，窝产仔 10～12 头，初生重 1.2～1.7 kg，年产仔 2～2.5 窝。封闭式猪舍，应该特别注意矿物质饲料的使用。美国 NRC(2012) 标准推荐钙 0.43%～0.83%，总磷 0.38%～0.62%，ATTD 磷 0.16%～0.31%，氯化钠 0.35% 左右。在考虑数量的同时还要考虑质量，配合日粮时要选择容易被吸收、重金属等杂质含量低的矿物质原料。因为母猪将繁殖 7～8 胎才能淘汰，存活时间 4 年左右，容易导致重金属蓄积性中毒，影响母猪繁殖生产。另外，其他矿物质元素可参照美国 NRC(2012) 妊娠母猪矿物质需要标准酌情添加。

(4) 维生素需要。妊娠母猪对维生素的需要有 13 种，日粮中缺乏将会出现母猪繁殖障碍乃至终生不育，可以根据美国 NRC(2012) 妊娠母猪维生素需要量，配合饲粮时可酌情添加。

(5) 水的需要。妊娠母猪日粮量虽较少，但为了防止其饥饿，增加饱腹感，粗纤维含量相对较高，一般为 8%～12%，所以对水的需要量较多，一般每头妊娠母猪日需要饮水 12～15 L。供水不足往往导致母猪便秘，老龄母猪会引发脱肛等不良后果。

4. 饲粮配合 根据胚胎生长发育规律和妊娠母猪本身营养特点，依据饲养标准，结合当地饲料资源情况科学配合饲粮，注意各种饲料的合理搭配，保证胚胎正常生长发育。但是，有些养殖场为了节省精料，使用 30%～50% 的稻壳粉即"稻糠"，饲喂妊娠母猪，导致母猪产后无乳、死胎增加或者断乳后不能按时发情配种，应引起注意。现代养猪生产，一则猪的生产水平较高；二则猪处于封闭饲养或半封闭饲养，接触不到土壤、青草和野菜。因此，所有营养只能靠人为添加供给，否则将影响生产水平的发挥，甚至不能繁殖生产。国外主张使用 5%～10% 的苜蓿草粉，苜蓿草粉中既有一定的蛋白质含量，又能饱腹，对母猪一生繁殖生产有益。近几年，国内外有些猪场在母猪产前 2～4 周至仔猪断乳，向母猪饲粮中添加 3%～7% 动物脂肪，有利于提高仔猪初生重和育成率，有利于泌乳。

5. 饲喂技术 整个妊娠期本着"低妊娠、高泌乳"的原则，即削减妊娠期间的饲料给量，但要保证矿物质和维生素的供给。妊娠前 1 个月，由于胚胎比较脆弱易夭折，应加强饲养，特别是一些经产母猪，由于泌乳期间过度泌乳，导致其体况较瘦，应酌情提高饲养水平使其尽快恢复体况，保证胚胎正常生长发育。妊娠中期（40～90 d）胎盘已经形成，胚胎对不良因素有一定的抵御能力。但也不能忽视此时期的饲养，若稍有大意也会造成胚胎生长发育受阻。妊娠后期（91 d 以后）胚胎处于迅速生长阶段。此时营养水平偏低，会影响仔猪的初生重，最终影响将来的仔猪育成。因此也应加强饲养，保证母猪多怀多产。

整个妊娠期间，严禁饲喂发霉变质饲料和过冷的饲料，并且控制粗饲料喂量。

鉴于上述情况，妊娠母猪的日粮量应根据母猪年龄、胎次体况体重灵活掌握。一般体重 175～180 kg 的经产妊娠母猪背膘厚 P_2 一般为 20～24 mm 时（包括皮厚），其三阶段的日粮为：前期 2 kg 左右，中期 2.1～2.3 kg，后期 3～3.5 kg。现在有些国内、外猪场实行妊娠后期饲喂泌乳期饲粮。对于青年母猪，可相应增加日粮量 10%～20%，以确保自身继续生长发育的需要；据测定妊娠母猪所居环境最佳温度是 21～22 ℃，下限温度每降低 1 ℃，母猪将增加日粮 250 g，因此，圈舍寒冷可增加日粮 10%～30%。英国人惠特莫尔（Whittemore）1995 年，将妊娠期母猪 P_2 值（mm）的变化与采食量简单地联系起来，$P_2 = 4.14F_i - 9.3$（F_i：kg/d）。这样便于饲养者根据妊娠母猪背膘厚调整日粮，控制妊娠母猪体重的增长（本公式适用的环境温度是20 ℃，环境温度每降低1 ℃，F_i增加3.5%）。

生产实践证明妊娠母猪限制饲养归纳出以下几方面益处：①可以增加胚胎存活，特别是妊娠初期20～30 d采取限制饲养，显著地提高了胚胎存活率和窝产仔数，见表3－10；②减少母猪难产；③减少母猪压死出生仔猪可能性；④减少母猪哺乳期失重；⑤有利于母猪泌乳期食欲旺盛；⑥降低养猪饲料成本；⑦减少乳腺炎发病率；⑧减少肢蹄病发生率；⑨延长母猪使用寿命。

表3－10 妊娠早期的采食量对青年母猪胚胎存活率的影响
（WH Close 等，2003. 母猪与公猪的营养）

饲养水平/(kg/d)		排卵数/个	胚胎总数/个	胚胎存活率/%
1～3 d	3～15 d			
1.9	1.9	14.5	12.4	86
2.5	1.9	14.9	11.5	77
2.6	2.6	14.9	10.2	67

妊娠母猪限制饲喂方法有：

（1）单栏饲养法。利用单栏饲养栏单独饲喂，最大限度地控制母猪饲料摄入，节省一定的饲料成本，同时避免了母猪之间因抢食发生的咬架，减少机械性流产和仔猪出生前的死亡。但有些人反映由于限位栏面积过小，母猪无法趴下，长期站立，肢蹄病发生率增加，使母猪计划外淘汰率增加。

（2）隔日饲喂法。此饲养方法适于群养母猪，也就是将一群母猪一周的日粮集中3 d喂饲，使用前应设计一个饲喂计划表，允许母猪在一周的3 d中每日自由采食8 h，剩余4 d不再投料，但要保证充足的饮水，见表3－11。

表3－11 饲喂计划表实例
（加拿大阿尔伯特农业局畜牧处等，1998. 养猪生产）

周一	周三	周五
8 h自由采食	8 h自由采食	8 h自由采食
5.5～6.3 kg	5.5～6.3 kg	5.5～6.3 kg

每周合计喂料16.5～18.9 kg，平均每头母猪日粮为2.3～2.7 kg，此方法也能防止胆小体弱母猪吃不饱，造成一栏母猪体况不均或者影响胚胎生长发育。隔日饲喂法要求必须有一个宽阔的投料面积，使每头母猪都会有采食位置，以免咬架，另外饲喂时间不要过短，保证每头母猪一次采食吃饱。此种方法受到西方动物福利人士的批评。

（3）日粮稀释法。在饲粮配合时使用一些高纤维饲料，如苜蓿草粉、干燥的酒糟、麦麸等，降低饲粮的能量浓度。稀释后的日粮具有较好的饱腹感，防止母猪饥饿躁动，影响其他母猪休息，同时也降低了饲料成本。

（4）母猪智能饲喂系统。猪只佩戴电子耳标，由耳标读取设备读取的数据来判断猪的身份，传输给计算机，同时有称重传感器传输给计算机该猪的体重，系统根据数据运算出该猪当天需要的进食量，然后把这个进食量分时间的传输给饲喂设备为该猪下料。

在妊娠母猪饲养过程中，必须供给充足、清洁、卫生和爽口的饮水。可以使用饮水器或饮水槽供给饮水，饮水器的高度一般为 55～65 cm。水流量至少 1 000 mL/min；使用水槽饮水时，要求水槽保持清洁，水槽 24 h 内保持水的深度在 5 cm 以上，便于妊娠母猪饮用，每日至少更换 3～4 次。

6. 妊娠母猪产前饲养 母猪于产前 1 周进入产房后应饲喂泌乳期饲粮，并根据膘情和体况决定增减料，正常情况下大多数母猪此时膘情较好（P_2 值 20～24 mm），应在产前 3 d 进行逐渐减料，每天减料 0.5 kg 左右，临产前 1 d 其日粮量为 1.2～1.5 kg。如果因各种原因导致母猪体况不好（P_2 值 20 mm 以下）应酌情增加饲料给量。产仔当天停止饲喂，但要保证饮水。有研究认为，母猪在妊娠最后 30 d 应饲喂泌乳期饲粮，并且在产前 1 周不减料，有利于提高仔猪初生重。但要求母猪不应过于肥胖，以免造成分娩困难乃至影响泌乳。对于由于其他原因造成妊娠母猪体况偏瘦的，不但不应减少日粮给量，还应增加一些富含蛋白质、矿物质、维生素的饲料，确保母猪安全分娩和将来泌乳。

（三）妊娠母猪管理

1. 环境条件 妊娠舍要求卫生、清洁，地面不过于光滑，要有一定的坡度便于冲刷，其坡度为 3%～5%，有利于母猪行走，但不要过大或过小，坡度过大妊娠母猪趴卧不舒服，坡度过小冲刷不方便。圈门设计宽度要适宜，一般宽度为 0.6～0.7 m，防止出入挤撞。舍内温度控制在 15～22 ℃，群养母猪温度控制 17 ℃，如果有垫草温度控制 15 ℃ 就可以。相对湿度 50%～80% 注意舍内通风换气。简易猪舍要注意防寒防暑，妊娠母猪环境温度超过 32 ℃ 时，会导致胚胎死亡或中暑流产。妊娠猪舍要求安静，防止强声刺激引起母猪流产。

2. 饲养方式 妊娠母猪既可以群养也可以单养。其优缺点、所需面积、注意问题已在母猪配种前内容表述，这里不再重述。不过，我国非集约化猪场妊娠母猪多采取小群饲养方式，一般每栏饲养 4～6 头。尽量安排配种日期相近的母猪在一起饲养，便于调整日粮。妊娠母猪所需要的使用面积一般为每头 2 m² 左右（非漏缝地板）。与此同时，一定要有充足的饲槽，保证同栏内所有妊娠母猪同时就食（饲槽长度应大于全栏母猪肩宽之和），防止有些母猪胆小吃不到或因争抢饲料造成不必要的伤害和饲料损失。

值得指出的是，有条件的猪场，舍外应该设置运动场，增加母猪运动量、呼吸新鲜空气、接受阳光照射等，以利于母猪健康和胚胎生长发育。运动场的面积要求至少 3.5 m×5 m。

3. 运动 在每个圈栏南墙可留一个供妊娠母猪出入的小门，其宽度为 0.60～0.70 m，高度 1 m 左右。便于妊娠母猪出入舍外运动栏。有条件的猪场可以进行放牧运动，即有利于母猪健康和胚胎发育，也有利于将来的分娩。

4. 防止流产

（1）流产原因

① 营养性流产。妊娠母猪日粮中长期严重缺乏蛋白质会导致流产。长期缺乏维生素 A、维生素 E、维生素 B_1、维生素 B_2、泛酸、维生素 B_6、维生素 B_{12}、胆碱、锰、碘、锌等将引起妊娠母猪流产、胚胎吸收、产弱仔和畸形胎。硒添加过量时也会导致死

胎或弱仔增加。母猪采食发霉变质饲料、有毒有害物质、冰冷饲料等也能引起流产。

② 疾病性流产。当妊娠母猪患有卵巢炎、子宫炎、阴道炎、感冒发热时可能会引起母猪流产。有些传染病和寄生虫病将引起母猪终止妊娠或影响妊娠母猪正常产仔。如猪繁殖-呼吸综合征、圆环病毒病、细小病毒病、流行性乙型脑炎、伪狂犬病、肠病毒感染、猪脑心肌病毒感染、巨细胞病毒感染、猪瘟、狂犬病、布鲁氏菌病、李氏杆菌病、丹毒杆菌病、钩端螺旋体病、支原体病、弓形虫病等。

③ 管理不当造成流产。夏季高温天气中暑可以诱发母猪流产。妊娠母猪舍地面过于光滑，行走跌倒，出入圈门挤撞，饲养员拳打脚踢或不正确的驱赶、突发性惊吓刺激等都将会造成母猪流产或影响正常产仔。

④ 其他方面。不合理用药、免疫接种不良反应，如口蹄疫疫苗接种后有 3%～7% 的母猪流产。

（2）防止流产措施。针对上述流产原因，首先在妊娠母猪饲粮配合上，根据其饲养标准结合当地饲料资源情况科学地进行配合。应该注意矿物质和维生素的合理添加，防止出现缺乏症和中毒反应。妥善调制、保管饲料，防止母猪食入发霉变质和有毒有害物质。根据本地区传染病流行情况，及时接种疫苗进行预防，并注意猪群的淘汰和隔离消毒。对患有某些传染病的种猪应进行严格淘汰，防止其影响本场及周围地区猪群健康。加强猪场内部管理，减少饲养员饲养操作带来的应激。禁止母猪在光滑的水泥地面上或冰雪道上行走或运动，控制突发噪声等。

5. 母猪产前管理 母猪于产前 1 周使用 35～38 ℃ 的 0.1%～0.2% 高锰酸钾溶液（配制后立即使用，以免在空气中氧化降低使用效果）或 0.1%～0.2% 氯己定溶液或 0.1%～0.2% 过氧乙酸溶液药进行全身淋浴消毒，猪身体干燥后，将其迁入分娩舍待产，便于其熟悉环境，有利分娩。但不要转入过早，防止污染环境。非集约化猪场产前 1～2 周停止放牧运动。如果母猪有体外寄生虫，应进行体外驱虫，防止其传播给仔猪。目前国内外有些猪场通过向母猪饲粮中添加 3%～7% 的动物脂肪，可以显著提高仔猪育成率和母猪泌乳力。值得指出的是，母猪产前患病必须及时诊治，以免影响分娩、泌乳和引发仔猪黄痢等病。

母猪产前
准备

6. 其他方面 初配母猪妊娠后期应进行乳房按摩，有利于乳腺系统发育，有利于泌乳。猪场根据本地区传染病流行情况，在妊娠期间进行疫苗的免疫接种工作，但加拿大主张妊娠期间严禁使用活疫苗，防止胚胎感染。如果妊娠母猪感染了寄生虫，应该进行体内外寄生虫的驱除工作。掌握好用药剂量和用药时间，谨防中毒。猪场可根据疾病的流行情况、环境卫生状况和妊娠母猪体质状态决定是否实施保健处理。如果周边有疫情或者环境卫生条件较差或者母猪体质较弱，在产前 1 周可以向母猪饲粮中添加泰乐菌素、阿莫西林、金霉素或强霉素等，这样做也可以减少仔猪下痢的发生，添加剂量为：泰乐菌素或支原净（泰妙菌素）100 mg/kg、强霉素 100 mg/kg。

任务五　泌乳母猪生产

（一）母乳

1. 母乳的成分和作用

（1）母乳成分。猪乳成分与其他家畜乳比较，干物质含量多，蛋白质、矿物质含量高，见表 3-12。

表 3-12　各种家畜乳成分

(李立山，2006. 养猪与猪病防治)　　　　　　　　单位:%

畜别	水分	干物质	干物质中			
			蛋白质	脂肪	乳糖	矿物质
奶牛	86.30	13.70	4.00	4.03	5.00	0.70
水牛	82.20	17.80	4.70	7.80	4.50	0.80
马	89.50	10.50	2.30	1.70	6.10	0.40
绵羊	83.44	16.56	5.15	6.14	4.17	1.10
山羊	86.88	13.12	3.76	4.07	4.44	0.85
猪	80.95	19.05	6.25	6.50	5.20	1.10

（2）母乳的作用。母乳是仔猪生后1周内唯一的营养来源，并且初乳可以为初生仔猪提供特异性免疫抗体，初乳是迄今为止任何代乳品所不能替代的一种特殊乳品。仔猪生后2周内生长发育所需的各种营养物质主要来源于母乳，所以说母乳是仔猪生后第2、3周主要的营养来源。由此可见，养好泌乳母猪对于仔猪成活和生长发育十分重要。

2. 母猪泌乳机制和影响因素

（1）泌乳机制。

①乳房的构造。母猪的乳房构造比较特殊，每个乳房均没有贮备乳汁的乳池，而是由1～3个乳腺体组成的。每个乳腺体是由许许多多的乳腺泡汇集成一些乳腺管，这些乳腺管最后又汇集成乳头管开口于乳头。其结构不同于其他家畜，泌乳机制也有区别。除产后最初的1～3 d外，其余时期如果仔猪不拱揉刺激是吃不到乳的。猪的所有乳房中乳腺数量并不是相等的，其中前边乳房的乳腺数多于中部，中部又多于后部。乳腺的数量直接影响着每个乳房的泌乳量，乳腺数量多，泌乳量就多。因此，前边乳房的泌乳量高于中、后部的乳房。

②泌乳机制。母猪的泌乳是受神经和内分泌双重调节的，每一次放乳均是由于仔猪用嘴拱揉乳房产生神经刺激，经神经传到大脑神经中枢，在神经系统的干预下，促使脑下垂体释放排乳激素进入血液中。在排乳激素作用下，乳腺泡开始收缩产生乳汁流淌到乳腺管内，由乳腺管又流淌到乳头管。由于无乳池结构，此时仔猪便吃到了乳。排乳激素的活性在血液中很快被破坏，导致母猪排乳时间较短，一般只有15～30 s。每次排乳过程是个别仔猪一边带头拱揉母猪乳房，一边饥饿鸣叫。母猪在仔猪的鸣叫下，做出"哼哼"召唤仔猪反应，使得其他仔猪同时来拱揉乳房，母猪这时应声侧卧，经过一窝仔猪一段时间（1～2 min）的拱揉下，母猪发出急迫的"哼哼"叫声，说明此时已排乳，可以看到仔猪的吞咽动作。母猪排乳后，仔猪往往不肯离去，继续拱揉，但无济于事。因为此时母猪整个泌乳系统会产生生理上的不应期，必须经一段时间（40～60 min）的生理调整方可再度恢复泌乳。母猪产后1～3 d由于母猪体内催产素水平相对较高，导致无须拱揉刺激即可随时排乳。

（2）影响泌乳因素。

① 品种。不同的品种或品系其泌乳量不同，一般瘦肉型品种（系）的泌乳量高于肉脂兼用型或脂肪型，见表 3-13。

表 3-13 不同品种不同阶段泌乳量

（李立山，2006. 养猪与猪病防治） 单位：kg

品种	产后天数						平均	全期
	10	20	30	40	50	60		
金华猪	5.17	6.50	6.70	5.56	4.80	3.50	5.47	328.20
民猪	5.18	6.65	7.74	6.31	4.54	2.72	5.65	339.00
哈白猪	5.79	7.76	7.65	6.19	4.10	2.98	5.74	344.40
枫泾猪	9.29	10.31	10.43	9.52	8.94	6.87	9.23	553.80
大白猪	11.20	11.40	14.30	8.10	5.30	4.10	9.27	557.40
长白猪	9.60	13.33	14.55	12.34	6.55	4.56	10.31	618.60
平均	7.81	9.33	10.23	8.00	6.21	4.12	7.60	456.90

② 年龄（胎次）。正常情况下，第 1 胎的泌乳量较低，第 2 胎开始上升，第 3、4、5、6 胎维持在一定水平上，第 7、8 胎开始下降。因此，现在工厂化养猪主张母猪 7～8 胎淘汰。

③ 哺乳仔猪头数。母猪带仔头数的多少将影响着泌乳量，带仔头数多，则母猪泌乳量就高，但每头仔猪日获得的乳量却减少了，见表 3-14。

④ 营养。营养水平高低直接影响着母猪的泌乳量，特别是能量、蛋白质、矿物质、维生素、饮水等对母猪泌乳性能均有影响。为了提高母猪泌乳量，提高仔猪生长速度，应充分满足母猪所需要的各种营养物质。

⑤ 乳头位置。乳头位置不同，泌乳量不同。原因是乳房内的乳腺体数不同。一般前 3 对乳头泌乳量高于中、后部乳头，见表 3-15。

表 3-14 母猪哺乳头数对泌乳量的影响

（李立山，2006. 养猪与猪病防治）

哺乳仔猪头数	母猪的日泌乳量/kg	每头仔猪日获得乳量/kg
6	5～6	1.0
8	6～7	0.9
10	7～8	0.8
12	8～9	0.7

表 3-15 不同乳头位置的泌乳量比例

（李立山，2006. 养猪与猪病防治）

乳头位置	1	2	3	4	5	6	7
所占泌乳量比例/%	23	24	20	11	9	9	4

由表 3-15 可见，前 6 对乳头泌乳量可以满足仔猪的哺乳需要，第 7 对乳头泌乳量较少。

⑥ 环境。温、湿度适宜，安静舒适有利于泌乳，反之，高温、高湿、低温、噪

声干扰等环境将使母猪泌乳量降低。

（二）泌乳母猪饲养

1. 总体要求 泌乳母猪既要哺育好仔猪也要保证自身体质不受损，以利于将来继续繁殖生产。因此，要求保证 10～12 头仔猪正常生长发育，4 周龄体重达 8～10 kg；泌乳母猪在 3～5 周的泌乳期内体重损失控制在 7.5％以下，背膘厚减少 2 mm 以下；保证仔猪断乳后 1 周左右，母猪发情配种。

2. 生产特点 泌乳母猪每天泌乳 8～10 kg，消耗体内大量的营养储备。与此同时，还要准备以后的繁殖生产所需各种营养物质。因此，如果泌乳期间营养供给不足不仅影响此次泌乳、仔猪健康生长发育，也会影响以后乃至终生繁殖生产。

3. 泌乳母猪营养需要 母猪在整个泌乳期分泌大量乳汁，现代瘦肉型猪种产后 3～5 周内平均每昼夜泌乳 8～10 kg。由于泌乳排出大量的营养物质，如果不及时供给将会影响母猪泌乳和健康，因此，应根据饲养标准，满足泌乳母猪所需要的各种营养物质。

（1）能量需要。泌乳母猪能量需要取决于很多因素：

① 妊娠期间营养水平决定了母猪开始泌乳时的体能储备和泌乳期间的采食量和体重变化，从而影响母猪的能量需要。

② 泌乳期间体重损失及整个繁殖周期的体重变化也有重要影响。母猪的体能很容易被动员，使泌乳的实际能量需要量降低。体重损失成分不同，损失体重的能值就有差异。使得泌乳的能量需要量降低程度不同。繁殖母猪在一生中，不仅体重变化较大，而且身体成分也发生了很大变化。除了母猪正常生长发育导致的差异外，能量供给水平是导致其差异的主要因素，当泌乳母猪能量摄入不足时，母猪就会动用体内脂肪和蛋白质，使其表现消瘦。

③ 母猪食欲影响采食量，进而影响能量摄入量。母猪食欲取决于妊娠期间体况、环境温度。母猪妊娠期间过于肥胖、环境温度偏高导致母猪食欲不佳，见表 3-16。同时饲料的类型、适口性和饲养方式等也会影响母猪采食量，最终影响能量摄入量。

表 3-16 环境温度对母猪采食量、体重损失和仔猪体重影响

（宋育，1995. 猪的营养）

项目	试验 1		试验 2	
环境温度/℃	27	21	27	16
母猪头数/头	20	20	16	16
母猪日采食量/kg	4.6	5.2	4.2	5.6
母猪体重损失/kg	21	13.5	22	13
仔猪 28 日龄体重/kg	6.2	7.0	6.4	7.3

④ 产仔数、仔猪体重、生活力等均能影响能量需要。母猪产仔数多、仔猪窝重大、仔猪生活力强等将会使母猪能量需要增加。

⑤ 哺乳期长短既影响母猪的总泌乳量，又影响母猪的哺乳期体重损失。表 3-17 显示的是泌乳期不同阶段母猪的能量需要量计算值，说明泌乳前 2 周泌乳量少，饲料

需要量就少；3～4周泌乳量增加，饲料需要量就多。泌乳期越短，泌乳对饲料能量的需要量就越低。与此同时，缩短哺乳期可以减少母猪的体重损失，容易保持母猪整个繁殖周期内能量的正平衡。能量平衡状况影响着饲料能的转化率，当母猪保持能量正平衡时，饲料能转化为乳能的效率为32%；而负平衡时为48%。

表 3-17 泌乳期不同阶段的能量需要量计算值

（宋育，1995. 猪的营养）

项目	泌乳周数	
	第1、2周	第3、4周
泌乳量/(kg/d)	5.8	7.15
乳能含量/(MJ/d)[1]	26.22	32.22
饲料需要量/(kg/d)[2]	6.6	8.15

注：[1]假定含能4.52 MJ/kg；[2]假定含消化能12.55 MJ/kg。

泌乳母猪的能量需要可用析因法来分析，估计其能值时应考虑到维持需要、泌乳需要和泌乳期间体重损失所需的能量等。

对于泌乳母猪的维持需要量，美国NRC(2012)建议泌乳母猪每天维持能量需要量为443 kJ ME/kg BW$^{0.75}$（代谢体重）或460 kJ DE/kg BW$^{0.75}$。

泌乳的能量需要取决于泌乳量、乳能含量和饲料转化率。产乳量则因品种、带仔头数、泌乳阶段、营养水平、环境条件的不同而异。乳的能量含量一般为5.2～5.3 MJ/kg。母猪在泌乳期间（3～5周）的体重损失为9～15 kg，体重损失的主要成分为脂肪，而脂肪的能量含量为39.4 MJ/kg。由此可以计算出整个泌乳期间的体重损失所需总能量。利用上述析因法确定不同泌乳母猪能量需要的数值列入表3-18，作为泌乳母猪能量需要量的析因估计。

表 3-18 泌乳母猪能量需要量的析因估计

（宋育，1995. 猪的营养）

哺乳阶段/周	体重/kg	MEm (MJ/d)	泌乳量 (kg/d)	泌乳需要 (MJME/d)	失重 (kg/d)	失重能值 (MJME/d)	总ME需要 (MJ/d)
1	159.1	19.7	5.1	40.8	0.13	6.2	54.3
2	157.8	19.5	6.5	52.0	0.18	8.3	63.2
3	156.4	19.4	7.1	56.8	0.20	9.5	66.7
4	154.9	19.3	7.2	57.6	0.21	9.5	67.4
5	153.5	19.1	7.0	56.0	0.21	9.5	65.6
6	152.2	19.0	6.6	52.8	0.18	8.3	63.5
7	151.0	18.9	5.7	45.6	0.18	8.3	56.2
8	150.0	18.8	4.9	39.2	0.14	6.6	51.4

美国NRC(2012)提供的青年泌乳母猪和成年泌乳母猪每天能量和饲料需要量见表3-19。

表 3-19 青年泌乳母猪和成年泌乳母猪每天能量和饲料需要量

(李立山，2006. 养猪与猪病防治)

采食和生产水平	分娩后泌乳母猪体重/kg		
	145	165	185
产奶量/kg	5.0	6.25	7.5
能量需要量（MJ DE/kg 饲粮）			
维持①	18.8	20.9	23.0
产奶②	41.8	52.3	62.8
总数	60.6	73.2	85.8
饲料需要量/(kg/d)③	4.4	5.3	6.1

注：①每天维持需要量是 460 kJ DE/kg $BW^{0.75}$；②产奶需要 8.4 MJ DE/kg 奶；③每天饲料需要量依据含能 13.97 MJ DE/kg。

综合考虑妊娠期和泌乳期母猪的能量供给，应采取"低妊娠、高泌乳"的原则，可以使母猪得到最佳的饲喂效果。妊娠期间营养水平过高会导致母猪体重增加过大、泌乳期间食欲下降、泌乳量降低等不良后果。泌乳期间特别是产后 2～4 周能量供给不足，母猪的泌乳量下降，泌乳期体重损失过大，对母猪泌乳和自身健康不利，还会造成仔猪断乳后母猪发情配种时间延长，母猪淘汰率增加等。

（2）蛋白质、氨基酸的需要。泌乳母猪的蛋白质、氨基酸需要量同样分为维持需要和泌乳需要两个部分。对泌乳母猪蛋白质维持需要量的研究较少，多借鉴妊娠母猪数据，一般为 86～90 g/d 可消化粗蛋白质。美国 NRC(2012) 推荐泌乳母猪每日真回肠可消化赖氨酸量为每千克代谢体重 36 mg。泌乳蛋白质需要量，应根据母猪日平均泌乳量和乳中蛋白质含量来计算。例如，母猪日平均泌乳 9 kg，乳中蛋白质含量为 5.7%，则泌乳母猪每日由乳排出的蛋白质 513 g，可消化粗蛋白质用于合成乳蛋白质的效率为 70%，则泌乳蛋白质需要量为 733 g 可消化粗蛋白质。如果母猪自身蛋白质每日增长 50 g，需可消化粗蛋白质 70 g，则蛋白质的总需要量为 803 g 可消化粗蛋白质。日粮粗蛋白质消化率为 80%，则日粮提供蛋白质为 1 006 g。据报道，母猪日食入蛋白质低于 650 g 会降低泌乳量，增加体蛋白质分解速度。美国 NRC(2012) 推荐泌乳母猪产后体重 210 kg，带仔 11.5 头，预计日采食量 6.61 kg。仔猪预期日增重 270 g，母猪 3 周泌乳失重 15.9 kg 情况下，饲粮中总赖氨酸水平为 0.96%。如果日粮中赖氨酸供给不足（玉米-豆粕型日粮），母猪将会分解自身组织用于泌乳，造成泌乳母猪失重过大，延长其断乳后发情配种时间，减少母猪年产仔窝数。据研究表明，日粮中赖氨酸水平为 0.60%（35 g/d）与日粮中含 0.75%～0.90% 赖氨酸相比（45～55 g/d），哺乳仔猪多的高赖氨酸泌乳母猪不仅泌乳量大（由仔猪断乳体重增加反映）而且失重少。断乳后 1 周左右发情配种率较高。其他氨基酸的需要量可参照美国 NRC(2012) 标准酌情执行。

（3）矿物质需要。猪乳中含有 1% 左右的矿物质，其中钙 0.21%，磷 0.15%，钙磷比为 1.4∶1。日粮中钙、磷不足或比例不当，一则母猪泌乳量下降，影响仔猪生长发育；二则影响母猪的身体健康，出现瘫痪、骨折等不良后果。美国 NRC(2012) 推荐的钙、磷供给量为钙 $0.60\%\sim0.80\%$、总磷 $0.54\%\sim0.67\%$、ATTD 磷 $0.26\%\sim0.35\%$，同时要求泌乳母猪日粮至少为 $4\sim5$ kg，如果日粮低于这个数字，应酌情增加日粮中钙、磷的浓度，使母猪日采食钙至少 40 g，磷至少 31 g，从而保证母猪既能正常发挥泌乳潜力，哺乳好仔猪，又不会使自身健康受到影响，减少母猪计划外淘汰率，提高养猪生产经济效益。

其他矿物质如铁、铜、锌、硒、碘、锰等也应根据美国 NRC(2012) 推荐标准酌情执行。据报道，泌乳母猪日粮中添加高铜可使仔猪断乳体重增加。母猪日粮中硒缺乏，会导致哺乳仔猪出现白肌病、营养性肝坏死和桑葚心等，降低仔猪育成率。

泌乳母猪日粮中食盐的含量应为 0.5%，夏季气候炎热，舍内无降温设施，母猪食欲减低时，可添加到 0.6% 左右。增加盐的前提条件，必须保证清洁、卫生、爽口的饮水。

（4）维生素需要。猪乳中维生素的含量取决于日粮中维生素的水平，因此，应根据饲养标准添加各种维生素。但是饲养标准中推荐的维生素需要，只是最低数值，实际生产中的添加量往往是饲养标准的 $2\sim5$ 倍。特别是维生素 A、维生素 D、维生素 E、生物素、维生素 B_1、维生素 B_2、维生素 B_6、叶酸，对于高生产水平和处于封闭饲养的泌乳母猪格外重要。

（5）水的需要。泌乳母猪除了能量、蛋白质和氨基酸、矿物质和维生素满足供给外，还应特别注意水的供给，猪乳中含有 80% 左右的水，饮水不足会使母猪泌乳量下降，甚至影响母猪身体健康。泌乳母猪每日饮水量为其日粮量的 $4\sim5$ 倍，同时要保证饮水的质量。

4. 饲粮配合 在饲粮时，其消化能的浓度为 14.21 MJ/kg；粗蛋白质水平一般应控制在 $16.3\%\sim19.2\%$ 较为适宜。生产实践中发现，当母猪日粮中蛋白质水平低于 12% 时，母猪泌乳量显著降低，仔猪也容易腹泻，仔猪断乳后，母猪体重损失过多，最终影响仔猪断乳后母猪再次发情配种等。在考虑蛋白质数量的同时，还要注意蛋白质的质量。蛋白质质量实质是氨基酸组成及含量问题，在玉米-豆粕-麦麸型日粮中，赖氨酸作为第一限制性氨基酸，如果供给不足将会出现母猪泌乳量下降，母猪失重过多等后果，因此应充分保证泌乳母猪对必需氨基酸的需要。特别是限制性氨基酸更应给予满足。实际生产中，多用含必需氨基酸较丰富的动物性蛋白质饲料，来提高饲粮中蛋白质质量，也可以使用氨基酸添加剂达到需要量。最后日粮中赖氨酸水平应在 0.75% 左右。动物性蛋白质饲料多选用进口鱼粉，一般使用比例为 5% 左右，植物性蛋白质饲料首选豆粕，其次是其他杂粕。值得指出的是，棉粕、菜粕去毒、减毒不彻底的情况下不能使用，以免造成母猪蓄积性中毒，影响以后的繁殖利用。如果蛋白质数量较低、质量较差、赖氨酸水平偏低，将会降低泌乳量或造成母猪过度消瘦，甚至影响将来的再利用，使之过早淘汰，增加种猪成本。

日粮中矿物质和维生素含量不仅影响母猪泌乳量，而且也影响母猪和仔猪的健康。在矿物质中，如果钙磷缺乏或钙磷比例不当，会使母猪的泌乳量降低。有些高产母猪也会由于过度泌乳，日粮中又没有及时供给钙磷的情况下，动用了体内骨骼中的钙和磷，而引起瘫痪或骨折，造成高产母猪利用年限降低。泌乳母猪日粮中的钙一般为 0.75% 左右，总磷 0.60% 左右，有效磷 0.35% 左右，食盐 $0.4\%\sim0.5\%$。钙磷一般常使用磷酸氢钙、石粉等来满足需要。现代养猪生产，母猪生产水平较高，并且处于封闭饲养条件下，其他矿物质和维生素也应该添加，反之将来影响母猪泌乳性能和仔猪身体的健康。

有资料报道，母猪的妊娠后期或泌乳期，日粮中添加 7%～15% 的脂肪可提高产乳量 8%～30%，初乳和常乳的脂肪含量提高 1.8% 和 1%，从初生到断乳（3 周）的存活率增加 2.6%，窝产仔数增加 0.3 头。仔猪存活数量增加的原因是添加脂肪的母猪所产仔猪初生重增加，体内糖原和体脂肪贮存增加，增强了仔猪出生后对外界环境的适应能力。另外一个重要原因是产乳量增加和乳中脂肪含量增加，提高了新生仔猪对能量的摄食量。与此同时，通过添加脂肪可以减少泌乳母猪的失重，缩短断乳到配种的时间。值得指出的是，目前认为添加饱和脂肪酸含量高的好于饱和脂肪酸含量低的，如可可油或牛油好于豆油。但日粮中添加的脂肪量不要超过 10%，以免影响适口性和造成饲料酸败。日粮中添加脂肪适用于高温或低温的环境条件，便于母猪采食一定的能量，有利于母猪生产。

哺乳仔猪生长发育所需要的各种维生素均来源于母乳，而母乳中的维生素又来源于饲料，因此日粮中维生素将影响仔猪对维生素的需求。饲养标准中的维生素推荐量只是最低需要量，现在封闭式饲养，泌乳母猪的生产水平又较高，基础日粮中的维生素含量已不能满足泌乳母猪的需要，必须靠添加来满足其需要。并且实际生产中的添加剂量往往高于饲养标准。特别是维生素 A、维生素 D、维生素 E、维生素 B_2、维生素 B_5、维生素 B_6、泛酸、维生素 B_{12} 等应是标准的几倍。一些维生素缺乏症，有时不一定在泌乳期得以表现，而是影响以后的繁殖性能，为了使母猪继续使用，在泌乳期间必须给予充分满足。

5. 饲喂技术　本着"低妊娠、高泌乳"原则。体重 175 kg 左右的母猪，带仔猪 10～12 头的情况下，饲粮中消化能的浓度为 14.12 MJ/kg，日粮量为 5.5～6.5 kg，可保证食入消化能总量为 78～92 MJ。如果泌乳母猪定时饲喂，每日应该饲喂 4 次左右，以生湿料喂饲效果较好。如果夏季气候炎热，舍内没有降温设施，会使母猪食欲下降，为了保证母猪食入所需要的能量，可以在其日粮中添加 3%～7% 的动物脂肪或植物油；冬季舍内温度达不到 15～22 ℃ 时，母猪体能损失过多，影响了母猪泌乳，建议增加日粮给量，或是向日粮中添加 3%～5% 的脂肪，以保证泌乳母猪所需要的能量，充分发挥母猪的泌乳潜力。如果母猪日粮能量浓度低或泌乳母猪吃不饱，母猪表现不安，容易踩压仔猪。因此，建议母猪产仔后第 4 天起自由采食，有利于泌乳和身体健康。同时母猪日粮给量过少，导致泌乳期间体重损失过多，身体过度消瘦，造成断乳后母猪不能正常发情配种。英国人惠特莫尔（Whittemore）1995 年，将泌乳期母猪 P_2 值（mm）的变化与采食量简单地联系起来，$P_2=0.049F_i-0.396(F_i：kg/d)$。这样便于饲养者根据泌乳母猪背膘厚调整日粮，控制泌乳母猪体重的损失。

猪乳中水分含量 80% 左右，泌乳母猪饮水不足，将会使其采食量减少和泌乳量下降，严重时会出现体内氮、钠、钾等元素紊乱，诱发其他疾病。一头泌乳母猪每日需饮水为日粮重量的 4～5 倍，一般为 20～30 L。在保证数量的同时还要注意饮水的质量，必须保证饮水充足、卫生、清洁、无任何杂质、爽口，尤其是夏季应保证饮水清凉爽口。冬季不要过凉，防止饮入体内后不舒服。饮水方式最好使用自动饮水器，鸭嘴式饮水器其高度为母猪肩高加 5 cm（一般为 55～65 cm）既保证经常有水可饮，又节水卫生，饮水器水流量至少 1 000 mL/min；使用水槽饮水时，要求水槽保持清洁，水槽 24 h 内保持水的深度在 5 cm 以上，便于泌乳母猪猪饮用，每日至少更换 4 次。

6. 母猪产后饲养　母猪产后由于腹内在短时间内排出的内容物容积较大，造成母猪饥饿感增强，但此时不要立即饲喂大量饲料。因为此时胃肠消化功能尚未完全恢复，一次性食入大量饲料会造成消化不良。另外，母猪分娩消耗大量体能很疲劳应休息 2～3 h。所以，产后第 1 次饲喂时间是在产后 2～3 h，并且严格掌握喂量，一般只给 0.5 kg 左右。以后日粮量逐渐增加，产后第 1 天，2 kg 左右；第 2 天，2.5 kg 左右；第 3 天，3 kg 左右；产后第 4 天，美国 NRC（2012）推荐的体重 175 kg 带仔 11 头的经产母猪可以给日粮 5.9～6.6 kg。要求饲料营养丰富，容易消化，适口性好，同时保证充足的饮水。

（三）泌乳母猪管理

1. 环境条件　泌乳母猪应饲养在一个温湿度适宜、卫生清洁、无杂乱噪声的猪舍环境内。冬季要有保温取暖设施，夏季要注意防暑降温和通风换气，雨季要注意防潮，床面应无潮湿现象，粪便要及时清除以免产生有害气体。泌乳母猪舍的温度一般为 15～22 ℃，相对湿度 50%～80%。据试验测定，理想的温度为 21～22 ℃，上限温度每增加 1 ℃，每头母猪每日饲料摄取将减少 100 g。不要在泥土地上养猪，以免增加寄生虫感染机会。经常观察母猪的采食、排泄、体温、皮肤黏膜颜色，注意乳腺炎的发生及乳头的损伤。发现异常现象应及时采取措施，防止其影响泌乳引发仔猪黄痢或白痢等疾病。

2. 母猪产后管理　母猪产后身体很疲惫需要休息，在安排好仔猪吃足初乳的前提下，应让母猪尽量多休息，以便迅速恢复体况。母猪产后应将胎衣及被污染垫料清理掉，严禁母猪生吃胎衣和嚼吃垫草，以免母猪养成食仔恶癖和造成消化不良。母猪产后 3～5 d，注意观察母猪的体温、呼吸、心跳、皮肤黏膜颜色、产道分泌物（产道分泌物一般产后 72 h 内排干净，个别子宫收缩乏力或身体虚弱的母猪需要 96 h 内排干净，96 h 以上没有排干净的应该使用催产素人工干预）、乳房、采食、粪尿等，一旦发现异常应及时诊治，防止病情加重影响正常的泌乳和引发仔猪下痢等病。生产中常出现乳腺炎、产后生殖道感染、产后无乳等病例，应引起充分注意，以免影响整个生产。

3. 其他管理　根据某些传染病流行情况进行猪瘟和其他传染病的免疫接种工作，或者妊娠期间没有进行免疫的活疫苗可以在泌乳期间进行免疫接种。泌乳母猪在产后 1～2 周可实行保健饲养法，减少疾病有利泌乳。具体做法是：泌乳母猪日粮中添加泰乐菌素和阿莫西林或多西环素，添加量为 100～150 mg/kg。

小规模猪场，有条件的情况下可以在母猪产后 2 周左右，由母猪带仔猪进行放牧运动。这样有益母仔的健康，但时间要掌握好，以保证母猪饲喂、饮水时间，放牧距离也不要过远，免得母仔疲劳。如果环境较差或母猪体况不佳，不要安排放牧运动。

4. 防止母猪少乳、无乳措施

（1）原因。

① 营养方面。母猪在妊娠期间能量水平过高或过低，使得母猪偏肥或偏瘦，造成母猪产后无乳或泌乳性能不佳，泌乳母猪蛋白质水平偏低或蛋白质品质不好，日粮中严重缺钙、缺磷，或钙磷比例不当，饮水不足等都会出现无乳或乳量不足。

② 疾病方面。母猪患有乳腺炎、链球菌病、感冒发热、肿瘤、消化不良、传染性胃肠炎和流行性腹泻等疾病将出现无乳或乳量不足。

③ 其他方面。高温、低温、高湿、环境应激，母猪年龄过小、过大等，都会出现无乳或乳量不足。

（2）防止母猪无乳或乳量不足的措施。根据饲养标准科学配合日粮，满足母猪所需要的各种营养物质，特别是封闭式饲养的母猪，更应格外注意各种营养物质的合理供给，在确认无病、无管理过失、加强母猪饲养管理的情况下，可以选择使用下列方法之一进行催乳。

① 将胎衣洗净煮沸 20～30 min，去掉血腥味，然后切碎，连同汤汁一起拌在饲料中分 2～3 次饲喂给无乳或乳量不足的母猪。严禁生吃胎衣，以免出现消化不良或养成食仔恶癖。

② 产后 2～3 d 无乳或乳量不足，可给母猪肌内注射催产素，剂量为 100 kg 体重10 U。

③ 用淡水鱼或猪内脏、猪蹄、白条鸡等煎汤拌在饲料中进行喂饲。

④ 泌乳母猪适当喂一些青绿多汁饲料，可以增加母猪的乳量，但要控制量，防止饲喂过多的青绿饲料而影响混合精料的采食，造成能量、蛋白质、矿物质相对不足，造成母猪过度消瘦，甚至瘫痪、骨折。

⑤ 中药催乳法。王不留行 36 g、漏芦 25 g、天花粉 36 g、僵蚕 18 g、猪蹄 2 对，水煎分两次拌在饲料中喂饲。

（四）仔猪断乳后母猪饲养管理

仔猪断乳当天，对于七成膘的母猪（P_2 值 20 mm），其日粮量为 2 kg 左右，日喂两次。停喂青绿多汁饲料。在下网床或驱赶时要正确驱赶，以免肢蹄损伤。迁回母猪舍后 1～2 d，群养的母猪要注意看护，防止咬架致伤致残。断乳后 3 d 内，注意观察母猪乳房的颜色、温度和状态，发现乳腺炎应及时诊治。断乳后 1 周左右，注意观察母猪发情，及时安排配种。对于泌乳期间失重较大的母猪，应给予特殊饲养，使其体况迅速恢复，适应发情配种需要。

项目三 仔猪生产

任务一 分娩接产

（一）分娩前准备工作

1. 分娩舍的准备和消毒　现代养猪生产要求准备标准的分娩舍，并且要求经常保持清洁、卫生、干燥，舍内温度为 15～22 ℃，相对湿度 50%～80%。在使用前 1 周，用 2%氢氧化钠溶液或其他消毒液进行彻底的消毒，6～10 h 后用清水冲洗，通风干燥后备用。其分娩栏所需要的数量根据工厂化猪场（全年配种分娩）和分批分娩产仔两种情况分别进行计算。工厂化猪场（全年配种分娩）所需分娩栏（床）数量＝周分娩窝数×（使用周数＋2），其中，2＝1［分娩栏（床）消毒准备周数］＋1（母猪待产周数）。例如：某一猪场每周分娩 35 窝，仔猪 3 周龄断乳，则该猪场应准备分娩栏（床）为 35×（3＋2）＝175（个）；分批分娩产仔猪场分娩栏（床）所需数量等于每批分娩窝数。首先，根据全年计划配种母猪头数和仔猪断乳时间，计算出理论上母猪年产仔窝数。理论上母猪年产仔窝数乘以母猪配种分娩率（一般为 85%），计算出全年猪场产仔窝数。其次，根据猪场计划批次，计算出每一批分娩产仔窝数。最后，计算出每一批需要分娩栏数。

分娩栏床

例如：某一猪场有基础母猪 500 头，全年计划配种母猪头数为 500 头，仔猪实行 4 周龄断乳，母猪在分娩栏（床）待产 1 周，分娩栏（床）消毒准备时间 1 周。则该场全年产仔窝数为 500×365÷（114＋28＋7）×85%＝1 040 窝。该猪场考虑全进全出，计划每两个月分娩一批，则每批分娩窝数为 173.3 窝，每批应至少准备 174 个分娩栏（床）。

2. 备品准备　根据需要准备高床网上产仔栏、仔猪箱、擦布、剪刀、耳号钳或耳标器和耳标、剪牙器或偏嘴钳、断尾器、记录表格、5%碘酊、0.1%～0.2%高锰酸钾溶液（配制后立即使用，以免在空气中氧化降低使用效果）或 0.1%～0.2%氯己定溶液或 0.1%～0.2%过氧乙酸溶液、注射器、3%～5%来苏儿、医用纱布、催产素、肥皂、毛巾、面盆、应急灯具、活动隔栏、计量器具（秤）、液体石蜡等。北方寒冷季节舍内温度达不到 15～22 ℃时应准备垫料、250 W 红外线灯或电热板等。

（二）分娩接产

1. 母猪产仔前征兆　母猪产前 4～5 d 乳房开始膨胀，初产母猪更是如此，两侧乳头外张，乳房红晕丰满。阴门松弛变软变大，由于骨盆开张，尾根两侧下凹。有的母猪产前 2～3 d 可以挤出清乳，多数母猪在产前 12～24 h 可以很容易挤出浓稠的乳汁，泌乳性能较好的母猪乳汁外溢，但个别母猪产后才有乳汁分泌。母猪产仔前6～10 h出现叼草做窝现象，即使没有垫草其前肢也会做出拾草动作。与此同时，母猪行动不安，一会趴卧下，一会站起来行走，当有人在旁边时，母猪出现哼哼声。产前2～5 h频频排泄粪尿，产前0.5～1 h母猪卧下，出现阵缩（子宫在垂体分泌的催产素作用下不自主而有规律的收缩），阴门流出淡红色或淡褐色黏液即羊水流出。这时接产人员应将所有接产应用之物准备好，做好接产准备。

2. 仔猪接产 当母猪安稳地侧卧后，发现母猪阴道内有羊水流出，母猪阵缩频率加快且持续时间变长，并伴有努责时（腹肌和膈肌的收缩），接产人员应进入分娩栏内。若在高床网上分娩应打开后门，接产人员应蹲在或站立在母猪后侧，将母猪外阴、乳房和后躯用0.1%～0.2%的高锰酸钾溶液或0.1%～0.2%氯己定溶液擦洗消毒，然后准备接产，具体接产方法见实训十四：仔猪接产。

接产技术

3. 母猪难产处理

（1）正常分娩过程。母猪从产第一头仔猪产出到胎衣排出，整个分娩过程持续时间为2～4 h，多数母猪2～3 h。产仔间隔时间一般为10～15 min。

（2）难产。由于各种原因致使分娩进程受阻称为难产。难产率一般为3%左右。难产多数情况下是由于母猪产道狭窄、患病、身体虚弱、分娩无力，母猪初配年龄过早或体重过小，母猪年龄过大，母猪偏肥、偏瘦造成的，或者因为胎位不正、胎儿过大造成、母猪妊娠期间活动受限（如限位栏饲养）等。难产可以分为起始难产和分娩过程中难产。起始难产是指羊水流出时间超过30 min，母猪出现躁动或疲劳，精神不振，这时应立即实施难产处理；分娩过程中难产多数是由于胎位不正或胎儿过大造成的，母猪表现产仔间隔时间变长并且多次努责，激烈阵缩，仍然产不出仔猪。母猪呼吸急促、心跳加快、烦躁紧张、可视黏膜发绀等均为难产症状，应立即进行难产处理。

难产处理

（3）难产处理。母猪发生难产时，对于产道正常、胎儿不过大、胎位正常的处理方案是进行母猪乳房按摩，用双手按摩前边3对乳房5～8 min，可以促进催产素的分泌，有利于分娩。按摩乳房不奏效可实施肌内注射催产素，剂量为：每50 kg体重10 U，注射部位为臀部肌肉。注射后20～30 min，可能有仔猪产出。如果注射催产素助产失败或者产道异常、胎儿过大、胎位不正，应实施手掏术。术者首先要认真剪磨指甲，用3%的来苏儿消毒手臂，并涂上液体石蜡或肥皂，蹲在高床网上产仔栏后面或侧卧在母猪臀后（平面产仔）。手成锥状于母猪努责间隙，慢慢地伸入母猪产道（先向斜上后直入），使用食指和中指挂住胎儿耳后，将胎儿慢慢拉出。如果胎儿是臀位时，可直接抓住胎儿后肢将其拉出，不要拉得过快以免损伤产道。掏出一头仔猪后，可能转为正常分娩，不要再掏了。如果实属母猪分娩子宫收缩乏力，可全部掏出。注意：凡是进行过手掏术的母猪，均应抗炎预防治疗5～7 d，以免产后感染影响将来的发情、配种和妊娠。至于剖宫产，除非品种稀少或种猪成本昂贵，否则不予提倡，因为剖宫产使用药品较多，且母猪术后护理较困难。

假死处理

4. 假死仔猪急救 假死仔猪是指出生时没有呼吸或呼吸微弱，但心脏仍在跳动的仔猪。遇到这种情况应立即抢救。具体方法见实训十五：假死仔猪急救。

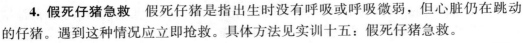

任务二 初生仔猪护理养育

（一）初生仔猪生理特点

1. 无先天免疫力，容易患病 由于母猪的胎盘结构比较特殊，在胚胎期间母体内的免疫物质（免疫球蛋白）不能通过血液循环进入胎儿体内。因而仔猪出生时无先天免疫力，自身又不能产生抗体，只有靠吃初乳获得免疫力，因此，仔猪 1～2 周龄前，几乎全靠母乳获得抗体，并且随时间的增长，母乳中抗体含量逐渐下降。仔猪在 10 日龄以后自身才开始产生抗体，并随年龄的增长而逐渐增加，但直到 4～5 周龄时数量还很少，6 周龄以后主要靠自身合成抗体。由此可见，2～6 周龄是母体抗体与自身抗体衔接时期，并且 3 周龄前胃内又缺乏游离盐酸，对由饲料、饮水和其他环境中接触到的病原微生物无抑杀作用，仔猪易得消化道等疾病。

2. 调节体温能力差，怕冷 仔猪出生时大脑皮层发育不健全，不能通过神经系统调节体温。同时仔猪体内用于氧化供热的物质较少，只能利用乳糖、葡萄糖、乳脂、糖原氧化供热，并且单位体重用于维持体温的能量是成年猪的 3 倍，仔猪的正常体温比成年猪高 1 ℃左右，加之初生仔猪皮薄毛稀、皮下脂肪较少。因此，隔热能力较差，从而形成了产热少、需热多、失热多的情况，最终导致初生仔猪怕冷。在冷的环境中，仔猪行动迟缓，反应迟钝易被压死或踩死，即使不被压死或踩死也有可能被冻晕、冻僵，甚至冻死。1 周龄以后体内甲状腺素、肾上腺素的分泌水平逐渐提高，使物质代谢能力增强，并且消化道对一些脂肪、糖的氧化能力逐渐增强，增加了产热能力。到 3 周龄左右调节体温能力接近完善。据报道，初生仔猪的临界温度为 35 ℃，当处在 13～24 ℃环境时，第 1 小时体温下降了 1.7～7 ℃。特别是最初 20 min，下降更快，0.5～1 h 后开始回升。全面恢复到正常体温需要约 48 h，初生仔猪裸露在 1 ℃环境中 2 h 可冻僵、冻晕，甚至冻死。

3. 消化道不发达，消化机能不完善 初生仔猪的消化器官虽然在胚胎期就已经形成，但并不发达，机能也不完善。仔猪出生时，胃重仅有 5～8 g，容积也只有 25～40 mL。20 日龄时胃重达 35 g 左右，容积扩大了 2～3 倍。60 日龄时胃重 150 g 左右，体重达 50 kg 后其胃达成年猪重量。小肠生长比较迅速，30 日龄时是出生时的 10 倍左右。大肠在哺乳期容积只有每千克体重 30～40 mL，断乳后迅速增加到每千克体重 90～100 mL。

初生仔猪的消化器官不仅不发达，而且其结构和机能也不完善。仔猪出生时胃蛋白酶很少，初生时其活性仅为成年猪的 25%～33%，8 周龄后其数量和活性急剧上升。胰蛋白酶的分泌量在 3～4 周龄时迅速增加，10 周龄时胰蛋白酶活性为初生时的 33.8 倍。初生时的胃蛋白酶起凝乳作用。由于胃底腺不发达，缺乏游离盐酸，一般 3 周龄左右胃内才产生少量游离盐酸，以后逐渐增加。仔猪在 8～12 周龄时盐酸分泌水平接近成猪水平。没有游离盐酸状态下，胃蛋白酶原不能被激活，胃内不能消化蛋白质，此时的蛋白质在小肠内消化。由于胃内酸性低，导致胃内抑菌、杀菌能力较差，并且也影响胃肠的活动，限制了一些物质的消化吸收。小肠分泌的乳糖酶活性逐渐增加，其活性在生后第 2～3 周最高，以后开始下降，4～5 周龄降到低限，第 7 周达成年水平，乳糖利用率很低。蔗糖酶一直不多，胰淀粉酶到 3 周龄时逐渐达高峰。麦芽糖酶缓慢上升。脂肪分解酶初生时其活性就比较高，并且同时胆汁分泌也较旺盛，在 3～4 周龄脂肪酶和胆汁分泌迅速增加，一直保持到 6～7 周龄，因此可以很好地消化母乳中乳化状态的脂肪。另外，仔猪胃肠运动机能微弱，但胃排空速度较快。初生仔猪胃运动微弱，并且无静止期，随日龄增长胃运动逐渐呈现运动和静止节律性变化，8～12 周龄时接近成年猪。仔猪胃排空速度随年龄增长而减慢。2 周龄前，胃排空时间为 1.5 h，4 周龄时为 3～5 h，8 周龄时为 16～19 h。饲料种类和形态影响食物在消化道通过速度，如 4 周龄仔猪饲喂人工乳残渣，排空时间为 12 h，喂大豆蛋白时为 24 h，喂颗粒料时为 25.3 h，而粉料则为 47.8 h。鉴于以上生理特性，葡萄糖无须消化直接吸收，适于任何日龄仔猪；乳糖只适于 5 周龄前；麦芽糖适于任何日龄，但不及葡萄糖；蔗糖极不宜于幼猪，9 周龄后逐渐适宜；果糖不适于初生仔猪；木聚糖不适于 2 周龄前；淀粉适于 2 周龄以后并且最好进行熟化处理。

4. 生长发育快，代谢旺盛 仔猪初生重较小，不到成年体重的 1%，但生后生长发育较快，一般初生重为 1.5～1.7 kg，30 日龄体重可达初生重的 5～6 倍，60 日龄达初生重的 10～13 倍，见表 3 - 20。

表 3 - 20　哺乳仔猪生长发育
（李立山，2006. 养猪与猪病防治）

指标	日龄						
	出生	10	20	30	40	50	60
体重平均（kg/头）	1.50	3.24	5.72	7.25	10.56	14.54	18.65
范围/kg	0.9～2.2	2.0～4.8	3.1～7.8	4.2～10.8	5.4～15.3	8.9～22.4	11.0～27.2
增长倍数	1.00	2.16	3.81	4.83	7.04	9.71	12.43

绝对增长随年龄增长而增加，但相对生长速度却逐渐降低。从仔猪体重增长的成分上看，3 周龄内脂肪增长或沉积迅速，初生时为 1%，而 5 kg 时脂肪成分占 12%。以后蛋白质增长速度迅速上升。灰分的增长比较稳定。总之体内蛋白质、脂肪、灰分的总量随年龄和体重的增长而增加，见表 3 - 21。

表 3 - 21　仔猪初生到 20 kg 的生长速度和养分沉积量
（宋育，1995. 猪的营养）

体重/kg	水分/%	粗脂肪/%	粗蛋白质/%	粗灰分/%	预期日龄	增重（g/d）
初生（1.25 kg）[①]	81	1.0	11	4	—	—
5	68	12	13	3	22	240
10	66	15	14	3	39	320
15	64	18	15	3	53	380
20	63	18	15	3	65	500

注：①初生仔猪体成分除上述外，还含有 2.5% 的糖原。

仔猪生长较快，使仔猪物质代谢旺盛，因此所需要的营养物质较多。特别是能量、蛋白质（氨基酸）、维生素、矿物质（钙磷）等比成年猪需要相对要多，只有满足了仔猪对各种营养物质的需要，才能保证仔猪快速的生长。

任务三 仔猪开食补料

（一）哺乳仔猪营养需要

哺乳仔猪生长速度较快，所需要的各种营养物质相对较多，这就要求仔猪日粮中所提供的各种营养物质要多。

1. 能量需要 哺乳仔猪所需能量有两个方面来源，一个是母乳；另一个是仔猪料，这就给日粮能量需要的数据带来了难题，每头母猪泌乳量及乳质不同，每日提供的能量就不同，在这种情况下，人们只好按仔猪生长速度来考虑其能量供给问题。但仔猪营养需要方面将哺乳仔猪能量需要单独罗列起来还很少，大多是借鉴生长猪 3～10 kg 阶段的能量需要数据，而 3～10 kg 阶段生长猪的能量需要只是最低需要量，和实际生产中仔猪生长的速度相比，还存在很大差距，因此该数据只是人们在饲粮配合时的一个参考依据，这些数据最初也是根据仔猪维持营养需要和生长需要计算出来的。当日粮中提供的能量水平高出维持需要时，剩余的那部分能量将用于生长，所以说在蛋白质、氨基酸、矿物质、维生素和水充足的情况下，能量水平决定仔猪的生长速度。实际生产中，根据体重和预期的增重值考虑能量供给，美国 NRC（2012）标准是：5～7 kg 阶段生长猪日粮中有效消化能含量为 14.82 MJ/kg，日采食量 280 g，摄取有效消化能 4.15 MJ，预期日增重为 210 g 左右；7～11 kg 阶段要求日粮中有效消化能含量仍为 14.82 MJ/kg，日采食量 493 g，日摄取有效消化能 7.30 MJ，期望日增重 335 g 左右。但现在实际生产中，仔猪生长速度比美国 NRC（2012）资料介绍的要快一些，加上哺乳仔猪所居环境温度是否处在 25～28 ℃，环境温度不适将导致哺乳仔猪对能量需求发生变化：温度偏低由于体热散失过多，用于生长能量减少，为了保证其生长速度，要增加能量供给数量；温度偏高仔猪食欲降低，影响日摄取能量总量，同时高温环境也会增加机体热能损失，结果同样使维持能量增加，生长能量减少，要想使仔猪日采食较多的能量，可以通过增加日粮中能量含量的方法来满足哺乳仔猪对能量的需要。具体做法是向哺乳仔猪饲粮中添加动物脂肪 3%～7%，动物脂肪与植物脂肪相比，动物脂肪饱和脂肪酸含量高，易于被仔猪消化吸收，同时也能减少腹泻。鉴于上述原因，应根据不同的品种、年龄、体重，不同生产水平要求，不同的环境条件，不同的健康状况灵活控制哺乳仔猪能量供给，以期达到理想的生长要求。

2. 蛋白质、氨基酸的需要 要想使哺乳仔猪健康迅速地生长发育，一要保证能量需求，二要保障蛋白质、氨基酸的供给，不同的品种、年龄、体重阶段，不同的生产水平对蛋白质氨基酸需求有差异，美国 NRC（2012）标准为 5～7 kg 阶段粗蛋白质为 26%，赖氨酸 1.7%；7～11 kg 阶段，粗蛋白质为 23.7%，赖氨酸 1.53%，其他氨基酸的需要量见美国 NRC（2012）标准。哺乳仔猪除由日粮中摄取的蛋白质和氨基酸外，母乳还可以提供一定数量的蛋白质和氨基酸，以每头哺乳仔猪每日吮乳 500 g 计算，每日由母乳提供的蛋白质 30 g 左右。在能量供给充足的情况下，再供给充足的蛋白质和氨基酸等营养物质，即可保证哺乳仔猪迅速生长。反之，能量供给不充足，蛋白质水平再高，氨基酸平衡再好，哺乳仔猪照样将蛋白质和氨基酸经脱氨基作用氧化产热，加重肝肾负担，浪费蛋白质资源，增加饲料成本。

哺乳仔猪及其他猪，之所以将能量需要作为生长的第一需要，是由于猪是恒温动物，始终以能量需要作为第一要素，这一生理特性在营养供给上应引起充分重视，以便于科学利用营养资源。

哺乳仔猪日粮中蛋白质水平不足以全面评价其质量的优劣，应以日粮中仔猪所需的必需氨基酸，特别是一些限制性氨基酸在日粮中的含量作为评价哺乳仔猪饲粮的重要依据。赖氨酸是一种限制性氨基酸，赖氨酸不足，一则生长速度受限，二则会增加哺乳仔猪腹泻发病率。所以说单纯看仔猪日粮蛋白质水平高低是不全面的，有时日粮中过多使用植物性蛋白质，往往会出现哺乳仔猪消化道免疫反应损伤而引起腹泻。如果把日粮中蛋白质水平降低 2%～3%，增加 0.1%～0.3% 的赖氨酸，会大大降低哺乳仔猪腹泻的发生。

以上所提及的蛋白质、氨基酸在饲粮配合过程中要特别注意作为哺乳仔猪日粮的饲料原料品质，应根据哺乳仔猪蛋白质、氨基酸需要特点，选择必需氨基酸含量高，特别是限制性氨基酸含量高的饲料原料，如进口鱼粉等。但鱼粉资源世界范围内日益锐减，并且价格较高，所以有些生产场已改用氨基酸平衡法来配合哺乳仔猪日粮，既科学又经济。最后指出的是氨基酸水平不是水平越高越好，关键是各种氨基酸间平衡，所以应根据美国 NRC(2012) 标准中各种氨基酸推荐数量酌情添加，进行日粮配合，以优良的氨基酸组合保证哺乳仔猪快速生长，反之会使哺乳仔猪生长速度变慢，饲料转化率降低，有时还会引发哺乳仔猪健康问题。

3. 矿物质需要　哺乳仔猪骨骼肌肉生长较快，对矿物质营养需要量较大，过去非封闭式饲养情况下人们只注意钙、磷的补给，而忽视了其他矿物质营养的供给，导致哺乳仔猪生产水平较低，这些做法的初衷是由于骨骼中主要成分是钙、磷所致，当哺乳仔猪日粮中缺乏钙、磷时，首先暴露问题的是生长速度变慢、身体变形等不良后果。美国 NRC(2012) 标准是：5～7 kg 阶段钙 0.85%，总磷 0.70%，ATTD 磷 0.41%；7～11 kg 阶段钙 0.80%，总磷 0.65%，ATTD 磷 0.36%。以上数据是使用玉米-豆粕型日粮时，保证最大增重速度和饲料转化率的最低需要量，而实际配合日粮时要高于这个数字，特别是钙超出饲养标准更多，究其原因，第一是预混料中所用的稀释剂或载体多选用含钙高的石粉或石膏；第二是由于高钙高磷日粮有利于封闭状态下采光系数较低的舍内猪对钙、磷的需求；第三是根据哺乳仔猪将来用途而设计，将来用于种用的哺乳仔猪日粮中高钙、高磷，可以增加其骨骼密度，防止骨质疏松，增强抗碎强度，研究证明，母猪在幼龄阶段高钙高磷可以延长繁殖寿命，鉴于此种情况，在配合哺乳仔猪日粮时应高出标准 0.1%；第四是哺乳仔猪日粮中主要原料来源于植物谷类，植物谷实普遍存在钙含量少，而有些饲料磷的含量较高，但 60% 左右是以植酸磷形式存在，猪对植酸磷在无外源酶情况下利用率很低。综合近年来研究结果，猪对植物磷的利用率只有 30% 左右。掌握这一点便于对哺乳仔猪日粮配合时作以重要参照。仔猪对植物磷的利用率因其饲料种类不同而异，见表 3-22。

掌握了钙、磷需要量的同时，还应注意钙、磷比例，便于提高日粮中钙、磷吸收利用效果。研究表明，3～5 kg 阶段猪，钙与有效磷最佳比例为 1.6：1；5～10 kg 阶段猪，钙与有效磷最佳比例为 2：1。高于以上比例，对仔猪有害而无益，表现出采食量、增重速度、饲料转化率和骨骼质量下降等不良后果。为了提高钙、磷利用效果，实际配合日粮时多选用石粉作为钙源，磷酸氢钙作为磷源。

在矿物质营养中还应注意钾、钠、氯的需要与供给问题，植物饲料中钠不足而钾过量。在这种情况重点考虑钠、氯需要量，根据标准，向哺乳仔猪饲粮中添加0.3%的食盐，即可以满足哺乳仔猪对钠和氯的需要，防止钾、钠、氯缺乏，出现电解质不平衡，影响仔猪生长发育和饲料转化率，严重时出现食欲减退、被毛粗糙、消瘦、行动懒惰、运动失调等不良后果。但也要注意钾、钠、氯在日粮中含量过高所引起的中毒，特别是饮水设施不完善的情况下，应引起充分重视。据报道，如果饮水充足情况下，哺乳仔猪可以耐受日粮中高水平的食盐和钾；当饮水受限时，过量食盐会使仔猪出现神经过敏、虚弱、蹒跚、癫痫、瘫痪和死亡等中毒症状。钾中毒主要表现心电图失常。

表3-22 仔猪常用饲料中磷的相对生物利用率

(宋育，1995. 猪的营养)

饲料	利用率/%	饲料	利用率/%	饲料	利用率/%
玉米	14	小麦次粉	45	鱼粉	100
买罗高粱	19	米糠	25	血粉	92
大麦	31	苜蓿粉	100	干乳清	76
燕麦	30	豆饼（去壳）	25	磷酸氢钙	100
小麦	50	豆饼（含粗蛋白质44%）	35	脱氟磷矿石	87
黑小麦	50	大豆壳	78	肉骨粉	76
玉米麸	14	花生饼	12	蒸骨粉	82
玉米面筋饲料	59	双低菜籽饼	21	柿子饼	15
酒糟（带可溶物）	71	红花油饼	3		
小麦麸	35	棕榈仁饼	11		

硫和镁对于哺乳仔猪虽然完全可以从含硫氨基酸和母乳中得以满足，一般无须另外添加。但对于生长速度快、瘦肉率高的猪种，添加一定量的镁可以减少应激过敏。

至于其他微量元素如铁、铜、锌、硒是近几年来人们普遍关注的问题，美国NRC（2012）标准要求铁为100 mg/kg。但实际应用中，哺乳仔猪开食料中其添加量为100～160 mg/kg，究其原因是其他微量元素超标准添加，铁必须首先超标准添加，从而缓解中毒。

铜是近十年内添加量和添加效果研究的热点。美国NRC（2012）标准，5～11 kg阶段为6 mg/kg。这个数值完全可以保证仔猪正常生长发育的最低需要。但实际饲料生产中，人们在哺乳仔猪饲粮中添加150～300 mg/kg，高剂量添加铜，基于两个方面，一是稍高剂量铜可以促进仔猪生长；二是满足过去有些人的所谓黑粪要求，实际上是不科学的。一些欧美国家从环保角度和资源合理利用角度，其饲粮中铜的含量要求控制在125 mg/kg以下。仔猪缺铜，可能出现缺铜性贫血。母猪乳中铜的含量较低，但是可以通过给妊娠母猪饲喂高铜，增加初生仔猪体内铜的贮量。

锌的需要量受饲粮中钙、磷、铜含量，干饲与湿饲，阳光直射曝晒的时间和强度，猪的毛色等影响较大。美国NRC（2012）标准推荐5～11 kg阶段仔猪锌为

100 mg/kg，但是饲粮中钙、磷、铜超标，干饲，阳光暴晒，无色猪将增加对锌的需要量，以防出现相对缺锌引发皮肤不全角化症。添加量一般为 150～180 mg/kg。

硒的需要量受地区、敏感猪群两方面影响，我国北方大部分地区过去属缺硒地区。但随着含硒饲料、含硒肥料的广泛使用，这种情况已有所改变。生长速度快、瘦肉率高的猪种对缺硒敏感。幼龄猪缺硒主要发生在生长速度快、体质健壮的仔猪，轻者应激反应过敏，重者患白肌病、营养性肝坏死，使仔猪死亡率增加，给仔猪培育带来一定的损失。美国 NRC(2012) 标准，5～11 kg 阶段硒为 0.3 mg/kg。由于添加的原料多为 Na_2SeO_3，其毒性较大，无须超标准添加。缺硒地区一方面在母猪妊娠期间注重日粮中硒的添加；另一方面仔猪出生后第 1 天肌内注射亚硒酸钠 0.5 mg。仔猪饲粮中添加硒时一定要搅拌均匀，谨防中毒。

锰作为多种与糖、脂类和蛋白质代谢有关酶的组成成分发挥作用，同时锰是骨有机质黏多糖组成成分。锰在美国 NRC(2012) 标准推荐量为 4 mg/kg，锰很容易穿过胎盘，所以妊娠猪缺锰会导致初生仔猪缺锰，将影响仔猪骨骼生长发育，而哺乳仔猪的锰可以由母乳和饲粮中获得。一些国家仔猪矿物质需要量见表 3-23。

表 3-23　几个国家仔猪矿物质需要量（风干饲粮中含量）

（李立山，2006. 养猪与猪病防治）

国别	体重/kg	钙/%	磷/%		铁/(mg/kg)	铜/(mg/kg)	锌/(mg/kg)	锰/(mg/kg)	硒/(mg/kg)	碘/(mg/kg)
			总磷	有效磷						
美国	1～5	0.90	0.70	0.55	100	6	100	4	0.3	0.14
	5～10	0.80	0.65	0.40	100	6	100	4	0.3	0.14
	10～20	0.70	0.60	0.32	80	5	80	3	0.25	0.14
英国	1～5	1.10	0.70		66.7	4.4	55.6	6.7～13.3	0.18	0.18
	5～10	1.10	0.70		66.7	4.4	55.6	6.7～13.3	0.18	0.18
	10～20	1.10	0.70		66.7	4.4	55.6	6.7～13.3	0.18	0.18
法国	1～5				100	10	40	40	0.30	0.60
	5～10	1.30	0.90		100	10	40	40	0.30	0.60
	10～20	1.05	0.75		100	10	40	40	0.30	0.60
俄罗斯	1～5				100	15	75	40	—	0.2～0.3
	5～10	0.90	0.70		100	15	75	40	—	0.2～0.3
	10～20	0.90	0.70		100	15	75	40	—	0.2～0.3
日本	1～5	0.90	0.70		150	6	100	4	0.15	0.14
	5～10	0.80	0.60		140	6	100	4	0.17	0.14
	10～20	0.65	0.55		80	5	80	3	0.25	0.14

4. 维生素需要　哺乳仔猪所需要的维生素量应根据仔猪日粮类型、日粮营养水平、饲料加工方法、饲料贮存环境和时间、维生素预前处理、哺乳仔猪饲养方式、仔猪生长速度、饲料原料组成、仔猪健康状况、药物使用、体内维生素贮存状况等因素综合考虑。美国 NRC(2012) 标准中各种维生素的需要量只是最低需要量。实际配合

饲粮时，维生素水平至少是饲养标准需要量的 2～8 倍，才能保证最大生产成绩。哺乳仔猪所需维生素来源于母乳和日粮，根据玉米-豆粕-乳清粉型日粮特点，考虑添加维生素 A、维生素 D、维生素 E、维生素 K、维生素 B_1、维生素 B_2、泛酸、烟酸、维生素 B_{12}、胆碱、维生素 B_6、生物素、叶酸。

仔猪维生素 A 缺乏，往往是母猪饲粮缺乏造成的，导致初生仔猪免疫力下降，生长发育受阻。维生素 D 缺乏会影响钙、磷的吸收，使仔猪出现佝偻病影响生长。维生素 E 是哺乳仔猪最容易缺乏的，有四个方面原因：一是饲料中维生素 E 含量少；二是维生素 E 极易被空气氧化破坏；三是仔猪日粮中添加脂肪，特别是一些不饱和脂肪酸易使维生素 E 氧化；四是仔猪生长速度快，特别是瘦肉率高的仔猪对维生素 E 量敏感。基于上述原因，应向哺乳仔猪日粮中添加维生素 E 40～100 mg/kg。而美国 NRC（2012）标准中维生素 E 推荐量为 10 mg/kg。根据报道，高水平添加维生素 E（150～300 mg/kg）可以增强仔猪的免疫力，有利健康。另有报道，初生仔猪缺乏维生素 E 或硒，可以导致仔猪肌内注射铁质后 10～12 h 部分或全部死亡。

维生素 K 对于哺乳仔猪是必需的，因为哺乳仔猪肠道内微生物少，不能合成自身所需要的维生素 K 量。因此在其饲粮中应添加 2 mg/kg。

维生素 A、维生素 D 过量添加时毒性较大。一般维生素 A 添加量不要超过 20 000 IU/kg，维生素 D 不应超过 2 000 IU/kg。

哺乳仔猪日粮中由于其植物饲料中含有较丰富的水溶性维生素，故应按美国 NRC（2012）标准，至少 2 倍左右添加，防止出现缺乏症。一些国家维生素营养需要量见表 3-24。

表 3-24 几个国家仔猪维生素需要量

（宋育，1995. 猪的营养）

体重/kg	国别	维生素/IU A	D	维生素/(mg/kg) E	K	维生素/(mg/kg) B_1	B_2	B_6	烟酸/(mg/kg)	泛酸/(mg/kg)	胆碱/(mg/kg)	生物素/(mg/kg)	叶酸/(mg/kg)	维生素 B_{12}/(μg/kg)
1～5	美国	2 200	220	16.0	0.5	1.5	4.0	2.0	20.0	12	600	0.08	0.3	20.0
	英国	—	—	14.0	0.3	1.67	2.78	2.78	22.2	11.1	878	—		20.0
	法国													
	俄罗斯	6 000	600	40.0	—	3.0	8.0		20.0	—	1 500			30.0
	日本	2 200	220	11.0	2.0	1.3	3.0	1.5	22.0	13	1 100			22.0
5～10	美国	2 200	220	16.0	0.5	1.0	3.5	1.5	15.0	10	500	0.05	0.3	17.5
	英国	—	—	14.0	0.3	1.67	2.78	2.78	22.2	11.1	878	—		20.0
	法国													
	俄罗斯	6 000	600	40.0	—	3.0	8.0		20.0	—	1 500			30.0
	日本	2 200	220	11.0	2.0	1.3	3.0	1.5	22.0	13	1 100			22.0
10～20	美国	1 750	200	11.0	0.5	1.0	3.0	1.5	12.5	9	400	0.05	0.3	15.0
	英国	2 000	140	8.5	0.3	2.0	3.0	2.5	15.0	10	1 000	0.20		10.0
	法国	10 000	—	21.0	—	1.0	4.0		15.0	—	500	0.10	0.5	30.0
	俄罗斯	5 000	500	40.0	—	2.5	5.0		20.0	—	1 300			25.0
	日本	1 750	200	11.0	2.0	1.1	3.0	1.5	18.0	11	900	—		15.0

值得指出的是胆碱对维生素 A、维生素 D_3、维生素 K 和泛酸等易起破坏作用。因此，多种维生素预混剂中不含有胆碱，待配合饲粮时加入。其他维生素要想增加保存时间，均应进行抗氧化包埋处理。健康状况不佳的仔猪，应酌情增加维生素添加量。饲料加工过程中有加温工艺的应增加维生素给量，因为在高温作用下对维生素具有破坏作用。生长速度快的猪应增加维生素添加量。

5. 水的需要 仔猪生后 1～3 d 就需要供给饮水。其所需数量受仔猪体重、健康状况、饲粮组成、环境温度和湿度等因素影响。哺乳仔猪对水质要求较高，要求符合饮水卫生标准，同时要有完善的饮水设施。

现代养猪生产多选用饮水器或饮水碗，一般认为哺乳仔猪习惯使用饮水碗。但要保证饮水碗的清洁卫生。鸭嘴式饮水器的高度，一般为 15～25 cm，水流量至少 250 mL/min。据报道，水中含有硝酸盐或硫酸盐易引起仔猪腹泻。生产实践中，发现水中氟含量过高，会出现关节肿大，锰含量偏高，仔猪出现后肢站立不持久，出现节律性抬腿动作。

（二）仔猪提早开食适时补料

仔猪提早开食适时补料是为了锻炼仔猪消化器官消化饲料的能力，为适时补料做准备，与此同时，也会补充其生长发育所需要的一部分营养，如果单一依赖母乳已不能满足仔猪迅速生长发育。因此，在 7 日龄左右应对仔猪进行开食。具体方法见实训十七：仔猪开食补料。

任务四　仔猪常见疾病的防治

（一）仔猪预防接种

为了保证仔猪健康地生长发育，防止仔猪感染传染病，应根据本地区传染病的流行情况和本场血清学检测结果，适时接种一些疫苗，增强机体的免疫力。值得注意的是，使用猪肺疫、猪丹毒、仔猪副伤寒疫苗的前 3～5 d 和后 1 周内不要使用抗菌药物；口服疫苗时，先用少量冷水稀释疫苗，然后拌在少量饲料内攥成团，均匀地投给每一个仔猪，或用无针头的注射器经口腔直接投给，口服疫苗后 0.5～1 h，方可正式喂饲；各种疫苗间免疫间隔 5～7 d，防止上一次接种产生应激影响下一次免疫接种效果；病态、营养不良、断乳时、去势时、转群时、长途运输后等应激状态不宜免疫接种，以免影响接种效果。

母猪配种前已经进行过猪瘟疫苗免疫的养殖场，仔猪猪瘟疫苗首免日龄不得迟于 20 日龄，以免仔猪产生的自身抗体与母源抗体衔接不上。

（二）仔猪消化系统疾病防治措施

仔猪消化系统疾病主要症状是腹泻。仔猪腹泻是指仔猪排粪次数明显增多（正常情况下，猪每日排粪 3～8 次），粪便稀薄如糊状或水样，有时混有黏液、血液和脓汁（正常仔猪粪便成圆柱状，落地后粪便略微变形，横截面成椭圆形，表面光亮无任何附着物）。

仔猪腹泻是仔猪阶段常见、多发性疾病，轻者影响生长发育，重者诱发其他疾病或死亡，给养猪生产带来严重损失，应引起高度重视。

腹泻按照其致病原因分为病原性腹泻和非病原性腹泻，非病原性腹泻是由于断乳应激肠道损伤，使消化道酶水平和吸收能力降低，造成食物以腹泻形式排出。仔猪消化道与外界相连，很容易受外来物质侵袭。肠道的健康依赖于肠道局部免疫系统。该系统能够广泛识别抗原并与其发生特异性反应。肠道免疫抗体对以前未曾接触过的一切外来抗原均会发生免疫反应，用以消除抗原的危害，结果造成肠细胞损伤，成熟细胞减少，消化酶水平下降，小肠绒毛萎缩，肠腺窝增生，导致仔猪腹泻。仔猪日粮中含有大量抗原（主要是蛋白质），肠道免疫系统不能经常发生免疫反应，而是表现出免疫耐受。当肠道中的食物抗原成分达到一定数量和作用时间后，仔猪受免疫耐受作用，对后来的同类抗原不再反应。当仔猪断乳时对高抗原日粮未能适应或者肠道没有产生免疫耐受时，这种日粮将引发仔猪大量腹泻。此种情况多发生在早期断乳最初几天或饲粮更改后几天内，如大豆粉过敏。此时腹泻症状如果不加以控制，可导致大肠杆菌的大量侵入繁殖，使腹泻症状加剧。而病原性腹泻是由于病原性微生物侵入动物体内而引起的，如大肠杆菌、冠状病毒、球虫等。为了方便非动物医学专业人员对腹泻疾病的诊断和治疗从而控制仔猪腹泻，现将仔猪 5 周龄前引起腹泻的疾病的发病年龄、发病率、死亡率、发病季节、腹泻外观、其他猪的症状、发病经过和相关因素列入表 3 - 25 供参考。

仔猪腹泻防治措施如下：

1. 加强环境控制 控制仔猪腹泻最重要的预防措施是保证仔猪具有一个最佳的环境，首先要提供仔猪良好的环境温度，生产实践证明，寒冷潮湿的环境仔猪患腹泻疾病的概率增加，并且出现仔猪年龄越小对环境温度越敏感，发病率也就越高，治愈率就越低的结果。因此，适宜的分娩温度应为 15~22 ℃，最好是 21~22 ℃，有利于母猪的食欲和仔猪哺乳及行走。仔猪所居环境（仔猪箱）第 1 周温度为 32~34 ℃，以后每周降温幅度控制在 2 ℃以内。降温幅度过大会诱发仔猪腹泻。与此同时，要求仔猪所居床面应该是无过堂风和隔热性较好的地板，特别是对体重偏小的仔猪尤为重要，因为它们单位体重皮肤表面积相对较大进而散热快。另外，分娩舍和分娩栏床在设计和使用上要便于粪便的及时清除，最好使用漏缝地板，有利于母猪、仔猪粪便随时落到粪尿沟内，减少粪便与仔猪的接触机会，这样会明显减少仔猪大肠杆菌发生率。如果无漏缝地板，可在地面放置 10 cm 左右的厚的垫草，最好是选用 5~10 cm 长的小麦秸，防止母仔嚼吃。这样既能防止仔猪腹泻又可以相当于提高仔猪所居环境有效温度 4 ℃左右。

干燥温暖的环境会降低相对湿度，从而降低大肠杆菌等病原微生物存活率。为了达到这一环境效果，应从以下几方面着手：①分娩舍内尽量控制水的使用；②加强通风换气，但风速不要过大以免降低有效环境温度，一般控制在 0.2 m/s 以下；③分娩舍墙壁和棚顶要具有保温隔热能力，防止寒冷季节舍内热空气遇到冷的墙或棚顶形成水凝现象。环境控制的最后一点是分娩舍要实行全进全出制度，分娩舍内分娩栏床在使用前要进行彻底的清洗消毒，使用过程中也应定期消毒，减少大肠杆菌在环境中的繁殖。

表 3 - 25 引起仔猪 5 周龄前腹泻的疾病

(Barbara E. Straw 等，2008. 猪病学)

疾病	出现症状的年龄	发病率	死亡率	季节	仔猪其他症状	腹泻外观	其他猪的症状	发病及经过	有关因素
大肠杆菌感染	任何时间，但感染高峰在 1~4 日龄和 3 周龄	不一，常为中等，通常全窝感染，但邻窝可正常	不一、中等	任何季节，但冬季受凉的仔猪，夏季无雨多发	脱水、腹膜苍白、尾可能环死	黄白色，水样有气泡，恶臭，pH 7.0~8.0	母猪不感染，初产母猪产的仔比经产母猪的严重	渐进发作、慢慢播散遍及全舍，后产的几窝猪严重	常与管理差、环境脏及最适环境温度有关
流行性传染性胃肠炎	1 日龄以上任何年龄，常并且各种年龄同时发生	近 100%	1 周龄以下的近 100%，4 周龄以上的近于 0	寒冷月份，11 月~翌年 4 月	呕吐、脱水	黄白色（可能浅绿色），水样，有特征性气味，pH 6.0~7.0	母猪厌食、可能呕吐、粪便稀、无乳，迅速传播到其他猪	暴发性、所有窝同时感染	
地方性传染性胃肠炎	6 日龄或更大	中等，10%~50%	低，0%~20%	无	呕吐、脱水	黄白色（可能浅绿色），水样，有特征性气味，pH 6.0~7.0	母猪通常不发病、哺乳猪可能腹泻	成窝散发感染、慢性、少量发生	经常引入猪和连续产仔、大的猪场
球虫病	小于 5 日龄的猪不发病，常发于 6~15 日龄（特别是 7 日龄）	不一，可达 75%	通常低	高峰期在 8 月和 9 月	消瘦、被毛粗、断乳时体重较轻	糊状至大量、黄灰色、恶臭、pH 7.0~8.0，有些猪腹泻，其他的可能排"绵羊屎粒"便	母猪正常	播散缓慢、逐渐增加	硬地板
轮状病毒肠炎	1~5 周龄	不一、可达 75%	低，5%~20%	无	偶见呕吐、消瘦、被毛粗	水样、糊状混有黄色凝乳样物，pH 6.0~7.0	母猪很少发病	流行性：突然发生，快速传播。地方性：与传染性胃肠炎一样	

（续）

疾病	出现症状的年龄	发病率	死亡率	季节	仔猪其他症状	腹泻外观	其他猪的症状	发病及经过	有关因素
产气荚膜梭状芽孢杆菌C型或A型感染（PA：最急性；A：急性；SA：亚急性；C：慢性）	通常1～7日龄。PA：1日龄；A：3日龄；SA：5～7日龄；C：10～14日龄	每窝中1～4头猪表现症状。通常是最大最健康的猪感染	急性感染猪几乎100%死亡。慢性的存活率较高	无	PA：划动、虚脱、偶尔呕吐、SA、C：消瘦、被毛粗	PA：水样、黄色血样；A：淡红棕色液状粪便；SA：无血、水样黄灰色；C：黄灰黏液样	母猪正常	缓慢性传播及产房、四型可能同时见于不同窝内	第一次暴发常见于加入新猪后
类圆线虫病	4～10日龄		达50%		呼吸困难、中枢神经系统症状		母猪正常		
猪痢疾	7日龄或更大，特别是2周龄	成窝散发	低	夏末和秋季	无脱水	水样带血和黏液、黄灰色	母猪正常、较大猪可能腹泻		第一次暴发常见于加入新猪后
沙门氏菌病	3周龄	全窝散发	中度至高度		败血症	黏液出血性			
猪丹毒	通常1周龄以上								
伪狂犬病	任何年龄。青年仔猪较重	高达100%	高，50%～100%	冬季	呆滞、流涎、呕吐、呼吸困难、共济失调、中枢神经系统症状		中枢神经系统症状、流产	在以前未感染的群中暴发	母猪没有接种疫苗
低血糖（无乳症）	产后无乳，1～3d；腹线不好，2～3周	不一、窝数的5%～15%	在发病窝高		虚弱、无活力、体温低、中枢神经系统症状	水样	母猪无乳、食欲差、乳腺炎、乳头内翻		地滑、板条箱设计或调节不当、未除去大齿
弓形虫病	任何年龄	不一	不一		呼吸困难、中枢神经系统病状	水样	母猪正常		
猪流行性腹泻	任何年龄	不一，但通常高	中度到高度		呕吐、脱水	水样	较大的猪可能症状较严重	暴发、病程快	

2. 注意母猪饲养管理 加强妊娠、泌乳母猪饲养管理。生产实践证明，妊娠、泌乳母猪饲养不好，容易诱发仔猪腹泻，特别是妊娠、泌乳母猪日粮不全价，造成母猪体况偏肥偏瘦时、母猪饲料中毒或者母猪患病时仔猪容易患腹泻病。因此，必须按照饲养标准科学地配合饲粮，根据膘情和生产情况确定日粮量，加强母猪管理，严禁母猪食入有毒有害物质，发现母猪有病应及时诊治。

3. 仔猪方面

（1）提早开食、大量补料。仔猪最初采食饲粮的蛋白质水平和品质，将影响其断乳后饲粮蛋白质水平和品质。因此，哺乳期提早开食，食入大量的饲料，促使肠道免疫系统产生免疫耐受力，免得断乳后对日粮蛋白质发生过度敏感反应。如果开食晚补料少，就会造成免疫系统损伤，仔猪断乳后这种反应更加严重。断乳前如果不补饲，其效果介于两者之间，这一发现具有重要的实践意义，对于 4～5 周龄以后断乳，进行高质量补饲，对保证仔猪断乳后健康和正常生长发育具有明显的效果。对 8 周龄后断乳的仔猪，补饲效果不明显。研究发现，3 周龄或更早断乳的仔猪，断乳前至少累积补料 600 g，才能使消化系统产生耐受反应，从而减少断乳后仔猪腹泻。鉴于这种情况，对 3 周龄以前准备断乳的仔猪，可以在 7 日龄进行强制开食，并且要求开食料适口性好、易于消化吸收，使仔猪在断乳前采食尽可能多的饲料，使肠道免疫系统产生免疫耐受力。

（2）降低开食料蛋白质水平，添加氨基酸。日粮中蛋白质是主要抗原物质，降低饲粮蛋白质水平可减轻肠道免疫反应，缓解和减轻仔猪断乳后的腹泻。试验证明，酪蛋白不经酶法水解，具有活性，直接作为蛋白源存在饲料中，会导致仔猪发生腹泻，但经酶法水解后，仔猪无腹泻现象。试验表明，即使没有大肠杆菌繁殖，未经酶法水解的酪蛋白同样会导致仔猪腹泻。这一点证明，肠道损伤是免疫反应的结果而不是病原微生物作用的结果。仔猪开食料蛋白质水平高，可导致肠腺窝细胞增生，蔗糖酶活性下降，而饲喂低蛋白质水平饲粮上述情况可以减轻。仔猪饲粮中添加氨基酸，尤其是添加赖氨酸 0.1%～0.2% 后，可以降低 2%～3% 的蛋白质水平，从而达到降低抗原的目的，并且对增重和饲料转化率均有提高的效果。实践证明，6～15 kg 仔猪蛋白质水平由 23% 降至 20%、赖氨酸 1.25% 时，仔猪腹泻明显减少。

（3）使用抗生素和益生素。仔猪饲粮中添加抗生素，可以抑制和杀灭一些病原微生物，同时加速肠道免疫耐受过程，使进入肠道的抗原致敏剂量变成耐受剂量，减轻肠道损伤。添加益生素可以使肠道菌群平衡，抑制有害菌的生长繁殖，同样达到减轻腹泻的效果。

（4）增加仔猪饲粮中粗纤维含量。这种做法可以降低断乳应激和避免仔猪在断乳时出现生产性能停滞期。试验证明，仔猪饲粮中添加 20% 的燕麦对仔猪生长率无明显影响，但可以改善粪便外观效果。控制仔猪腹泻，还要注意饲料的防腐防霉，保证饮水清洁卫生和环境卫生。大群腹泻时应及时诊治，以免拖延治疗机会或引发其他疾病。

4. 预防和治疗

（1）预防。目前从动物医学的角度，其主要预防措施是给妊娠母猪注射预防大肠杆菌病疫苗，一般在产前 3 周左右，注射 K88（K99）疫苗，可以收到一定的预防效果。另一种预防性措施是向仔猪日粮中添加一定的抗生素或其他药物，也可以起到一定的预防作用，如添加土霉素等。

（2）治疗及其他措施。一旦发现一窝中个别仔猪腹泻，应及时投药治疗，要掌握好所用药的种类和剂量，并对全窝仔猪进行投药预防，同时对环境认真消毒，特别是患病仔猪排出的粪便要及时清除并进行消毒。不交叉使用饲喂和扫除工具，饲养员鞋底要用0.1%氯己定溶液或0.1%～0.2%过氧乙酸溶液喷雾消毒，并加强母猪和仔猪饲养管理，促使仔猪早日康复。仔猪腹泻停止后要巩固治疗1～2 d，将腹泻控制一定范围内，减少损失。

总之，控制仔猪腹泻应从饲粮配合、饲喂技术、环境控制等方面着手，不要单一依赖药物控制仔猪腹泻。这种做法既增加成本，又不能十分把握地控制仔猪腹泻，同时也会对猪场造成病原污染，不利猪群健康。

（三）仔猪呼吸系统疾病防治措施

仔猪呼吸系统疾病主要探讨呼吸困难，呼吸困难是一种复杂的病理性呼吸障碍，表现为呼吸深度、呼吸频率、呼吸节律、呼吸肌作用等的改变（健康猪呼吸频率20～30次/min）。高度呼吸困难称为气喘。呼吸困难是呼吸系统疾病的一个主要症状，其他系统出现疾病也可以表现出呼吸困难。任何年龄的猪出现呼吸困难均将危及健康和生命，特别是一些因某种原因造成的最急性或急性呼吸困难，往往会迅速导致猪死亡，对养猪生产造成一定的经济损失，必须引起高度的重视。相关的常见疾病、发病年龄、临床症状和剖检变化见表3-26。

表3-26 仔猪呼吸系统常见疾病（呼吸困难）

（Barbara E. Straw等，2008. 猪病学）

疾病	发病年龄	症状	剖检所见
缺铁性贫血	1.5～2周或更大	皮肤黏膜苍白，体温正常，活动后疲劳，呼吸频率快，被毛粗乱	心扩张，大量心包积液，肺水肿，脾肿大
猪繁殖-呼吸综合征	所有年龄	呼吸困难，张嘴呼吸，发热，眼睑水肿，衰弱仔猪综合征	斑状，褐色，多灶性至弥漫性肺炎，胸部淋巴结水肿增大
支气管败血波氏杆菌肺炎	3日龄或更大	咳嗽，衰弱，呼吸快，发病猪死亡率高	全肺分布有斑状肺炎病变
细菌性肺炎	1周龄或更大	呼吸困难，咳嗽	副猪嗜血杆菌、多杀性巴氏杆菌、胸膜肺炎放线杆菌、肺炎支原体等引起的症状不同
伪狂犬病	所有年龄	呼吸困难，发热，流涎，呕吐，腹泻，神经症状，高死亡率	肺炎，肠溃疡，肝肿大，各器官有白色坏死灶

（续）

疾病	发病年龄	症状	剖检所见
弓形虫病	所有年龄	呼吸困难，发热，腹泻，神经症状	肺炎，肠溃疡，肝肿大，各器官有白色坏死灶
链球菌病	1周龄或更大	呼吸困难，咳嗽	纤维素性肺炎

仔猪呼吸系统疾病防治措施如下：

1. 清除猪群中病原　美国、丹麦和瑞典生产无菌猪（SPF 猪）已经多年，成功地控制了地方流行性肺炎、胸膜肺炎和萎缩性鼻炎。清除猪群中病原的其他方法包括早期断乳、不同日龄猪严格隔离、淘汰特定年龄的猪、淘汰血清阳性猪以及准确使用药物治疗。

2. 感染及维持猪群的防御机制　对呼吸系统疾病采取的短期措施包括改善不当的管理因素，如用药程度、免疫、对发病猪的立即治疗和隔离情况。不断提高猪群呼吸系统的健康状况需要对生产管理体系进行根本性的改善。对猪群长期起作用的重要因素如下：猪群密度；引入的猪和猪群的内部流动；非种猪群中不同年龄组间的隔离情况；猪舍状况；隔热情况；通风情况以及大的猪舍之间的隔离情况。

3. 管理　管理在呼吸系统疾病控制中占据中心地位。对猪舍或猪的行为进行持久有效的管理，可以保证在出现问题时立即采取适当的措施。呼吸系统疾病大多数情况下呈现亚临床型或者仅有轻微症状。

4. 遗传物质的引入　实行人工授精、胚胎移植或剖宫产来获得遗传物质，一般可以避免引猪带来的疾病风险。种猪引入之前必须隔离检疫 6～12 周做血液检验，同时进行必要的疫苗免疫。

5. 饲养密度　减少饲养密度是解决严重呼吸系统疾病的最有效措施之一。应用全进全出生产制度的猪场，每个猪舍中猪群数量控制在 200～300 头。

6. 不同日龄猪群的隔离　微生物不断地从老龄猪传递给幼龄猪，从而引起病原不断地增殖。同一猪舍中不同日龄的猪对气候条件的要求不同，这可能是一个重要的不利因素。为了限制病原繁殖，在较大的猪群中对不同日龄猪进行隔离以及分批次转运猪是非常重要的。理想的条件是不同批次断乳猪之间的日龄差异不超过 2 周。

7. 减少空气污染物　饲养密度增加 1 倍，要想保持同等程度的空气，通风换气率必须增加 10 倍。要有效地控制灰尘的产生，必须采用大型的空气洁净装置，同时提高空气的新鲜度，减少氨气。

8. 良好的气候　没有人工供热设备的猪舍较冷、较潮湿，易发生呼吸系统疾病。凉爽、洁净、干燥的空气远比湿热的污染空气好。猪趴卧区放置垫草或覆盖物，减少过堂风。

9. 准确用药　暴发呼吸系统疾病时，对其快速的控制能力取决于立即对患病猪及其同舍内的猪进行药物治疗。投药途径注射（皮下注射、肌内注射、静脉注射）好于口服，因为此时病猪饮水和采食饲料能力下降，持续投药时间一般 2～3 d 比较合适。对于与病猪有过接触的猪群可以通过饮水或饲料投药 4～7 d 进行预防性治疗。

10. 免疫接种 针对萎缩性鼻炎、放线杆菌胸膜肺炎、支原体肺炎、PRRS 和伪狂犬病可以使用疫苗进行控制，在一定程度上减少发病率和死亡率。

任务五 仔猪断乳技术

（一）断乳条件和时间

仔猪自然断乳时间为 8～12 周龄，此时母猪乳腺接近干乳，无乳汁分泌，以前养猪生产实行 8 周龄断乳，以后逐渐缩短到现在的断乳时间。确定仔猪的断乳时间，主要根据仔猪消化系统成熟程度（吃料量、吃料效果）、仔猪免疫系统的成熟程度（发病情况）、保育舍环境条件、保育舍饲养员饲养保育猪技术熟练程度、保育猪饲料的质量等来确定。鉴于我国的猪舍环境条件、生猪价格、早期保育猪料价格等实际情况，适宜的断乳时间为 3～4 周龄，仔猪培育技术不成熟或环境条件较差的养殖场不得早于 4 周龄，但不能迟于 5 周龄。我国的代乳品价格较高、猪舍环境条件不能满足仔猪生长发育要求、现场仔猪管理水平较低、养猪的经济效益不高等因素导致过早断乳会增加饲养、环境控制等成本，同时仔猪育成率也无法保证。但过晚断乳会使母猪的年产仔窝数减少，相对增加母猪的饲养成本，降低养猪生产的整体效益，如表 3-27 所示。

表 3-27 仔猪不同断乳日龄的经济效益

（陈清明，1997. 现代养猪生产）

断乳日龄	哺乳期母猪饲料消耗/kg	56 日龄每头仔猪的饲料消耗/kg	每头仔猪负担母猪的饲料消耗量/kg	56 日龄内仔猪增重/kg	56 日龄内仔猪饲料转化率
28	125	16.80	11.36	13.34	2.11
35	164	14.90	14.91	12.85	2.32
50	239	11.70	21.73	12.98	2.58

（二）断乳方法

1. 一次断乳法 指到了既定断乳日期，一次性地将母猪与仔猪分开，不再对仔猪进行哺乳。此方法适于工厂化猪场和规模化猪场，便于工艺流程实现全进全出，省工省事。但个别体质体况差的仔猪应激反应较大，可能影响其生长发育和育成。

2. 分批分期断乳法 根据一窝中仔猪生长发育情况，进行不同批次断乳。一般将体重大、体质好、采食饲料能力较强的仔猪相对提前一周断乳；而体重小、体质弱、吃料有一定困难的仔猪相对延缓 1 周左右断乳，但在此期间内应加紧训练仔猪采食饲料能力，以免造成哺乳期过长，影响母猪的年产仔窝数。此方法适于分娩舍设施利用节律性不强的小规模猪场。

3. 逐渐断乳法 在预定断乳时间前 1 周左右，逐渐减少日哺乳次数，到了预定断乳时间将母仔分开，实行断乳。此法适应于规模小、饲养员劳动强度不大的养殖场，饲养人员可以有充足时间来控制母猪哺乳。

4. 仔猪早期隔离断乳技术 20世纪90年代初，北美地区实施仔猪早期隔离断乳及相关技术，改变了当时的生产状况，这些技术通过控制断乳日龄及保育猪的饲养管理，从而提高猪群健康。母仔隔离减少了仔猪疾病发生，提高了生产性能，同时也增加了母猪年产仔窝数。

仔猪早期隔离断乳有益仔猪健康，首先是对养猪生产环境卫生及生物安全的普遍重视；其次是实行全进全出制度。目前仔猪早期隔离断乳正在推广"不同日龄分开饲养"方法，也就是说在一个猪场饲养的仔猪日龄相差不足1周。保育舍与母猪舍及其他生产舍分开隔离，隔离距离250 m到10 km不等。

（1）仔猪早期隔离断乳的主要特点。

① 根据本地区一段时期内，一些传染病的流行情况，对妊娠母猪进行免疫，使之对某些特定的传染病产生抗体。这些抗体通过胎盘垂直传播给胎儿，使得仔猪出生前获得某些特定疾病的免疫。

② 必须安排初生仔猪早吃初乳，便于仔猪获得较多的抗体。

③ 根据传染病流行情况，对仔猪进行免疫，形成自身抗体。

④ 仔猪在特定疾病的抗体消失前，而自身抗体即将形成前（3周龄前）实行断乳，并将保育猪转群到卫生、干净、温湿度适宜，并且有良好隔离条件的保育舍进行养育。美国、加拿大等国，保育舍的使用周期只有4～5周，即9周龄时离开保育舍，我国一般在保育舍内饲养到10周龄，实行全进全出彻底消毒制度。

⑤ 根据保育猪消化生理特点，配制早期保育猪饲粮，该饲粮必须注意三个方面：一适口性要好；二容易消化；三营养全面。

⑥ 仔猪断乳后，认真观察母猪发情及时配种妊娠。

⑦ 由于仔猪健康无病，保育舍条件舒适、卫生，仔猪断乳后应激反应小等因素，使得保育猪生长速度较快。10周龄体重可达35 kg左右，比非早期隔离断乳法饲养仔猪体重增加10 kg左右。

（2）早期隔离断乳法的依据。

① 由于对仔猪消化生理研究的不断进展，使得对仔猪代乳料的研究开发日趋完美。仔猪2周龄左右所需营养完全由仔猪料中供给已成为可能，保证了仔猪快速生长发育。

② 母猪妊娠期间对某些特定传染病进行了免疫，便于仔猪出生前获得了一定的抗体。出生后通过吃初乳又获得了一些不能垂直传递的一些抗体，从而更加增强了仔猪的免疫力。仔猪在母源抗体消失前（3周龄）已将其转群到条件较好、卫生安全的保育舍养育，减少疾病感染概率。

③ 早期隔离断乳的仔猪应激反应小，持续时间短，减少了生长停滞期，缩短了猪的生长期，提高了圈舍及设施利用率，降低了固定资产成本，与此同时加快了生长速度。

（3）早期隔离保育猪的饲养管理。

① 断乳日龄的确定。根据所要防制的疾病、生产条件、技术水平而定，一般为14～21日龄较好（有利于以周为单位流程生产），但是14日龄断乳，母猪很难在断乳后1周左右发情配种。

② 饲粮配合原则。用于早期隔离断乳法的仔猪饲粮要求较高。应根据保育猪的消化生理特点和生长发育规律进行配制。一般可分为三阶段饲粮，第一阶段用于开食和断乳后 1 周，第二阶段用于断乳后 2～3 周，第三阶段用于断乳后 4～6 周。第一阶段饲粮粗蛋白质 20%～22%，赖氨酸 1.38%，消化能 15.40 MJ/kg；第二阶段饲粮粗蛋白质 20%，赖氨酸 1.35%，消化能 15.02 MJ/kg；第三阶段饲粮粗蛋白质 20%，赖氨酸 1.15%，消化能 14.56 MJ/kg。三个阶段饲粮的主要蛋白质原料不同，美国研究者建议，第一阶段饲粮必须使用血清粉、血浆粉和乳清粉，第二阶段不需要血清粉，第三阶段只需要少量乳清粉，具体情况见表 3-28。

表 3-28 阶段饲养日粮推荐组成

（Barbara E. Straw 等，2000. 猪病学）

项目	早期断乳日粮	过渡日粮	第一阶段	第二阶段	第三阶段
玉米（或更经济的谷物）	玉米基础型（或更经济的谷物）	玉米-豆粕基础型（或更经济的谷物）	玉米基础型（或更经济的谷物）	玉米-豆粕基础型	玉米-豆粕基础型
赖氨酸/%	1.7～1.8	1.5～1.6	1.5～1.6	1.3～1.4	1.15～1.30
脂肪添加量/%	6	3～5	5	3～5	3～5
蛋氨酸/%	0.48～0.50	0.38～0.43	0.38～0.43	0.36～0.38	0.32～0.36
乳糖当量/%	18～25	15～20	15～25	6～8	—
豆粕/%	10～15	—	—	—	—
喷雾干燥猪血浆蛋白/%	6～8	2～3	6～8	—	—
喷雾干燥血粉和精选鲱鱼粉%	1～2 喷雾干燥血粉和 3～6 精选的鲱鱼粉	2～3 喷雾干燥血粉和/或精选的鲱鱼粉	0～3 喷雾干燥血粉和/或精选的鲱鱼粉	2～3 喷雾干燥血粉或 3～5 精选的鲱鱼粉	
氧化锌（mg/kg）	3 000	3 000	3 000	2 000	
硫酸铜（mg/kg）	—	—	—	—	125～250
饲料形式	粒状	粒状或粉状	粒状	粉状	

③ 饲养管理原则。仔猪采用全进全出彻底消毒制度，保育舍使用周期为 4～6 周。每个保育栏养育仔猪 10 头左右，每个保育舍有保育栏 10 个，温、湿度适宜，空气新鲜。隔离设施完备，防疫消毒制度化，转群过程中，隔离环境条件较好，在断乳后 30～60 h，必须想尽办法让保育猪采食饲料；只要每头仔猪采食 30 g 饲料，其能量就可以使仔猪不感到饥饿，为了便于仔猪采食和消化吸收，所使用的饲料以颗粒料为好。为适应保育猪一起采食的习性，必须有足够的采食空间，至少每 4 头有一个采食空间，其宽度为 15 cm。从而增进仔猪食欲，带动所有的仔猪采食。断乳采食固体饲料时，必须保障供应充足、清洁、卫生、爽口的饮水，根据日龄、体重掌握好日喂量，见表 3-29。

表 3－29　根据断乳重，分阶段饲养程序不同日粮每天的饲料供给量

（Barbara E. Straw 等，2000. 猪病学）　　　　　　　　单位：kg

	断乳重								
	3.6	4.1	4.6	5.1	5.6	6.1	6.6	7.1	7.6
早期断乳日粮	1.4	0.9	0.7	0.5	0.25	0.25	0	0	0
过渡期日粮	2.3	2.3	2.3	2.3	1.4	1.4	0.9	0.9	0.9
第二阶段	6.8	6.8	6.8	6.8	6.8	6.8	6.8	6.8	6.8
第三阶段	23.0	23.0	23.0	23.0	23.0	23.0	23.0	23.0	23.0

仔猪早期隔离断乳提高了生产性能，据报道，早期隔离保育猪 10 日龄断乳，其同窝仔猪 27 日龄断乳，均接受同一水平的药物投放，并给予相同的四阶段日粮至 18 kg 体重。在此期间，早期隔离断乳猪的生长速度比非早期隔离断乳提高了 23%，见表 3－30。

表 3－30　早期隔离断乳与非早期隔离断乳生产性能对比

（李立山，2006. 养猪与猪病防治）

		传统法	早期隔离断乳法
保育舍仔猪体重/kg	初生重	1.54	1.52
	10 日龄	3.17	3.10
	4 周龄	7.45	8.08
	5 周龄	8.89	10.90
	6 周龄	11.67	13.50
	7 周龄	14.76	17.79
平均日增重/g		272	336
结果：105 kg 体重日龄		160.35	155.10

实行仔猪早期隔离断乳技术，要求具有一定水平的猪舍和设施，同时要有高质量的代乳品，并加强管理才能做好，中国目前利用此项技术的时机尚不成熟，有待将来开发利用。

项目四　保育猪生产

任务一　保育猪饲养

1. 总体要求　保育猪在保育期间平均日增重要求 500~600 g，9 周龄体重达 20~30 kg，保育期间死亡率在 1%~3%；控制保育猪的腹泻等其他疾病；减少断乳后的应激时间。

保育猪转群

2. 生产特点　与仔猪相比，保育猪在营养摄取、所居环境、群体关系等均发生了根本性的变化。在营养摄取上由母乳＋饲料转变成单一饲料；所居环境同窝同栏转变成不同窝同栏；群体关系由母子同栏到母子分离与其他窝仔猪混群，这些变化会使仔猪产生一定的生理和心理应激，影响保育猪生长发育和健康。因此，必须加强保育猪的饲养管理，减少应激，促进保育猪生长发育和健康。

3. 保育猪营养需要　保育猪所有营养均来源于日粮，如何配合好保育猪日粮，满足其健康生长发育所需要的各种营养物质至关重要。从多年试验研究的结果看，影响仔猪生长速度的营养要素依次是能量、蛋白质（氨基酸）、维生素、矿物质和水。如果能量供给不足，过高的蛋白质水平会把多余的部分转变成能量，造成蛋白质浪费，增加肝肾负担和污染环境，同时过高的植物蛋白质会导致幼龄猪的腹泻。因此，应在充分满足能量需要的前提下，考虑蛋白质（氨基酸）、维生素和矿物质的供给量，从而有利于仔猪的生长发育。现将美国 NRC(2012) 标准中仔猪营养需要推荐如下（摘要），见表 3-31。

表 3-31　生长猪自由采食情况下主要营养物质需要量

（李立山，2006. 养猪与猪病防治）

	体重/kg		
	5~10	10~20	20~50
该范围的平均体重	7.5	15	35
消化能浓度/(MJ/kg)	14.21	14.21	14.21
摄入消化能估计值/(MJ/d)	7.11	14.21	26.34
采食量估计/(g/d)	500	1 000	1 855
粗蛋白质/%	23.7	20.1	18.0
赖氨酸/%	1.19	1.01	0.83
钙/%	0.80	0.70	0.60
总磷/%	0.65	0.60	0.50
有效磷/%	0.40	0.32	0.23

（1）能量需要。保育猪的能量需要是根据仔猪断乳时间和体重来制订的。由于每个猪场的生产条件、生产技术水平、猪的品种不同，导致仔猪断乳时间和断乳体重的不同。目前国内外一般多实行 3～4 周龄断乳，其断乳体重为 6～10 kg。根据美国 NRC（2012）饲养标准，其日粮消化能的最低供给量应该是 7.11 MJ。保育猪在保育舍内饲养到 9 周龄，体重达 20 kg 左右，此阶段的日粮消化能最低供给量应是 14.21 MJ。如前所述，日粮中能量水平是决定保育猪生长速度的第一要素，根据这一生长代谢特点，人们为了提高保育猪的生长速度，使仔猪尽可能摄取较多的能量。

（2）蛋白质、氨基酸需要。保育猪饲粮粗蛋白质水平的高低对保育猪会产生两种不同的效果，饲粮粗蛋白质过低会使仔猪生长变慢，粗蛋白质水平偏高往往会导致仔猪腹泻发生率增加。鉴于这种情况，人们开始利用氨基酸来平衡日粮，从而提高生长速度，减少腹泻发生率。这一举措意义较大，既提高了含氮化合物的利用率，又节约了有限的蛋白质资源。仔猪 3～4 周龄断乳，在其断乳以前，平均日增重 300 g 以上，猪在 60 kg 以前其主要增重内容是肌肉组织，而肌肉组织主要成分是蛋白质。断乳后1～2 周，生长速度视其断乳应激大小而有差异。断乳时间晚，断乳体重大，仔猪开食早，仔猪采食固体饲料多，环境条件较适宜的情况下，仔猪应激持续时间较短。断乳后生长速度上升较快，生长速度加快对蛋白质氨基酸的需求量增加。在良好的饲养条件下，仔猪断乳后至 9 周龄平均日增重一般为 500～600 g。根据这个生长速度，美国 NRC（2012）饲养标准要求，11～25 kg 阶段，粗蛋白质 20.9%，赖氨酸 1.40%。

现代养猪生产上，保育猪日粮除了重点考虑赖氨酸外，还应考虑蛋氨酸、色氨酸和苏氨酸等其他氨基酸的添加。生产实践证明，添加赖氨酸可以节省 2% 的粗蛋白质，并且可以提高生长速度、改善肉质和增强机体免疫力；添加蛋氨酸既能节省蛋白质饲料又能缓解胆碱缺乏症；添加色氨酸可以防止烟酸缺乏症，同时能够减少或防止保育猪咬尾症的发生，同时也能增进机体免疫力，从而提高保育猪的生长速度。研究结果表明，保育猪蛋氨酸水平为 0.29%、苏氨酸水平为 0.68% 时，生长速度和饲料转化率为最佳。美国 NRC（2012）推荐保育猪蛋氨酸水平为 0.40%，苏氨酸 0.84%，色氨酸 0.23%。随着对保育猪营养研究的不断进展，将来会使氨基酸在饲粮中添加种类和水平日趋科学合理。

（3）矿物质需要。猪在 60 kg 以前，骨骼生长强度较大，同时也是猪生长增重的主要内容之一。因此，此阶段猪所需矿物质营养应该增加，特别是钙、磷作为骨骼主要成分必须首先给予考虑。美国 NRC（2012）饲养标准推荐钙 0.66%～0.70%，总磷 0.56%～0.60%、ATTD 磷 0.26%～0.29%。

其他矿物质元素对保育猪生长发育也十分重要，特别是铁、铜、锌、硒，不仅影响生长速度，而且会影响保育猪健康。美国 NRC（2012）饲养标准推荐量为铁 60～100 mg/kg，铜 4～5 mg/kg，锌 60～80 mg/kg，硒 0.20～0.25 mg/kg。以上推荐量只是防止出现缺乏症的最低量，现在为了促进保育猪更加迅速地生长，以上四种元素往往几倍甚至几十倍量添加，实际生产中有的添加过多，从环境保护和资源合理使用角度是不合适的。其他矿物质元素，美国 NRC（2012）饲养标准推荐量分别为氯

$0.08\sim0.32$ mg/kg，钠 $0.10\sim0.28$ mg/kg，镁 0.04 mg/kg，钾 $0.23\sim0.26$ mg/kg，碘 0.14 mg/kg，锰 $2.00\sim3.00$ mg/kg。

（4）维生素需要。仔猪断乳后 $1\sim2$ 周应激反应较大，加之以后其生长速度较快，所以导致保育猪对维生素的需求量增加。美国 NRC(2012) 饲养标准推荐量只是防止出现缺乏症最低需要量。实际配合饲粮过程中，基于生长、加工损耗、抗应激、自然环境破坏等因素的需要，其添加量往往是其推荐量的 $2\sim8$ 倍。综合起来，维生素 A、维生素 E 有增强仔猪免疫力的功能，水溶维生素可以增进食欲，防止被毛粗糙。保育猪饲粮中添加脂肪，应增加维生素 E 的添加量；制作颗粒饲料，应增加 B 族维生素的添加量；夏季所有维生素均应增加其添加量。

（5）水的需要。保育猪由断乳前的流体乳和固体饲料混合采食，突然转变成单一采食固体饲料的情况下，水是必不可缺少的重要物质。水质和饮水设施对保育猪饮水影响较大，特别是水的味道、温度对其饮水量构成首要因素，所以，要求饮水无异味，水温要求冬季不过凉、夏季要凉爽。与此同时要求饮水符合人饮用水卫生标准，保证保育猪的健康。正常情况下，猪的饮水量为其采食风干料重的 $2\sim4$ 倍，夏、春、秋三个季节饮水量高于冬季。

4. 饲粮配合 根据保育猪的消化生理特点和营养需要，合理配合饲粮是保证其健康生长发育的首要条件。保育猪饲粮应是容易消化吸收，营养平衡，适口性好。从容易消化吸收角度出发，可以喂一些熟化或基本熟化的饲料，并添加一定的有机酸或益生素等。在营养平衡方面要保证饲粮有一定的能量浓度，一般为 14.21 MJ/kg 饲粮，如果能量浓度较低将使其生长速度降低。为提高能量浓度，可以向饲粮中添加 $5\%\sim8\%$ 的脂肪，改进生长速度和饲料转化率。这样一来，使得保育猪摄取到较多的能量，使保育猪 9 周龄体重达 30 kg 左右。值得指出的是，所选择的脂肪种类以动物脂肪利用效果最佳，动物脂肪较植物脂肪更容易消化吸收。植物脂肪往往会引发仔猪腹泻，长期使用植物脂肪也会使将来猪的胴体品质下降，导致脂肪变软、变黄等现象。在夏季气温较高、湿度较大、猪食欲下降情况下，增加饲粮中各营养物质浓度是保证保育猪正常生长的重要措施，冬季猪舍温度达不到 $25\sim22$ ℃时也可以这样做。与此同时，注意蛋白质、氨基酸、矿物质和维生素的平衡。为改善适口性，可以添加一定数量的诱食香味剂，如化十香、柠檬香、大蒜素、鱼腥香等。但也有人研究证明，调味剂、香味剂对仔猪采食和增重没有持续效果，而饲料加工调制和饲料类型，对保育猪采食量和消化吸收有一定的影响。饲料类型最好是颗粒饲料，其次是生湿料或干粉料。

在选择保育猪饲粮所用蛋白质原料上，各国家间有一定的差异。美国盛产大豆，通常保育猪日粮中使用膨化大豆粉或膨化豆粕作为蛋白质来源，而欧洲通常将鱼粉和乳粉作为主要蛋白质来源，尤其是脱脂乳粉和乳清粉，已得到广泛应用。近年来，市场上出现了新型饲料原料，世界上许多国家开始使用血浆蛋白作为蛋白质来源。受疯牛病影响，欧洲一些国家已禁止使用肉骨粉。至于乳制品作为保育猪蛋白质资源有两点好处，一是乳制品可提高仔猪生长所需乳糖，这一点在生产实践上已被证明，而使用豆类或鱼粉取代脱脂乳的蛋白成分进行保育猪饲粮配合，其生产性能明显下降；二是乳制品中含有仔猪生长发育所需有益因子，如免疫球蛋白、生长因子、乳铁传递蛋白和乳过氧化物酶。20 世纪 90 年代初美国开始使用喷雾干燥猪血浆，其主要成分是血清蛋白和血球蛋白，粗蛋白质含量为 68％，赖氨酸含量 6.1％。使用喷雾干燥猪血浆后，其采食量和生长速度均有明显提高。近年来，有人使用乳清蛋白浓缩料效果也较好，乳清蛋白浓缩料是无脂肪、低热量的高蛋白乳清制品，其粗蛋白质含量为 40％～80％，与传统低蛋白乳清干制品不同，它含有许多生物活性蛋白，如免疫球蛋白、乳铁传递蛋白和乳过氧化物酶。据推测，此种产品将逐渐取代喷雾干燥猪血浆。至于鸡蛋蛋白虽然粗蛋白质为 45％～80％，并且含有抗体，可以帮助幼龄猪抵抗日粮中的病原体，增强幼龄猪的免疫力，提高生长性能，但对断乳后 2 周仔猪增重效果不够理想，如果与血浆蛋白混合使用效果会好一些。

为了提高钙、磷利用率，首先要选择好钙、磷饲料原料，一般石灰石粉（钙 35％左右）、磷酸氢钙（钙 21％、磷 16％左右），猪吸收利用效果较好，但要注意氟等有害物质的含量，以免影响保育猪的身体健康；其次注意钙、磷的添加数量和比例，钙、磷添加数量不足或比例不当，不仅会影响钙、磷吸收，而且也会影响铜、锌等营养物质的吸收；最后就是保育猪饲粮中必须有一定数量的维生素 D，如果没有维生素 D，钙、磷的利用率将会降低。

5. 饲喂技术　在保育猪饲养过程中要掌握好日喂次数和喂量，保育猪生长速度较快，所需营养物质较多，但其消化道容积有限，所以必须少喂勤喂，既保证生长发育所需营养物质，又不会因喂量过多胃肠排空加快而造成饲料浪费。这个实际问题，对于一个没有实践经验的饲养员很难把握。生产中，在 20 kg 以前日喂 6 次为宜，20～35 kg 日喂 4～5 次效果较好。日粮占体重 6％左右，如果环境温度低可在原日粮基础上增加 10％给量。每次投料量以全部仔猪采食完毕，料槽四个角要有少量饲料剩余为合适，剩料过多认为投料太多，如果饲槽舔光，说明喂量不足。喂量过多会造成消化不良，出现腹泻。要利用仔猪一起采食饲料的习性，从而保证保育猪有一个旺盛食欲。断乳后的第 1 周应保证每一头仔猪有一个饲槽位置，两周后 2～4 头仔猪有一个饲槽位置，每头仔猪所需饲槽位置宽度为 15 cm 左右。如果喂量不足会影响其生长速度。目前大多数养殖场为了减少保育猪消化不良性腹泻，在断乳后第 1 周实行限量饲养，限量程度只给其日采食量的 70％～80％，第 2 周开始喂正常日粮量，但是这一点有人提出异议，认为影响了保育猪增重速度。

不要喂热的粥料，防止食温掌握不好出现营养损失或造成口腔炎症、胃肠卡他等。

使用喂饲器饲喂保育猪效果较好，一则防止猪只争抢饲料，造成饲料浪费和咬架；二则每头猪均有充足的采食时间，提高了饲料转化率；三则节约劳动力，降低成本。但是，每次向喂饲器内投放饲料不要过多，以 2 d 内全部采食完为宜，以免饲料中营养物质损失和苍蝇污染以及老鼠偷吃。

为了保证饮水，保育猪最好使用自动饮水器饮水，既卫生又方便，其水流量至少250 mL/min，饮水器灵活好用，每栏安置 1～2 个饮水器，其高度为 30～35 cm。无自动饮水器的养殖场，饮水槽内必须常备充足、清洁、卫生、爽口的饮水，因此，饮水槽内饮水每天至少更换 6 次。饮水不足一则会影响健康；二则影响采食，最后将降低生长速度。同时饮水不卫生会引发仔猪下痢等病。

任务二 保育猪管理

(一)环境条件与饲养方式

1. 环境条件 保育猪在9周龄以前的舍内适宜温度为25℃左右,9周龄以后舍内温度控制在22℃左右。相对湿度为50%～80%。由于此阶段生长速度快、代谢旺盛、粪尿排出量较多,要及时清除,保持栏内卫生。仔猪断乳后转到保育栏内后,还应调教仔猪定点排泄粪尿,便于卫生和管理,有益猪群健康。保育猪舍内应经常保持空气新鲜,封闭式猪舍如果密度大、空气不新鲜将会诱发呼吸道疾病,尤其是接触性传染性胸膜肺炎和气喘病较为多见,给养猪生产带来一定损失,应引起注意。北方冬季为了保温将圈舍封闭得较为严密,不注意通风换气,造成舍内氧气比例降低,而二氧化碳、氨气、硫化氢等有害气体浓度增加。鉴于这种情况,应及时清除粪尿搞好舍内卫生,注意通风换气,防止产生有害气体影响猪群的健康和生长发育。通风换气时要控制好气流速度,漏缝地面系统的猪舍,当气流速度大于0.2 m/s时,会使保育猪感到寒冷,相当于降温3℃;非漏缝地面猪舍气流速度为0.5 m/s时,相当于降温7℃,形成贼风,贼风情况下,仔猪生长速度减慢6%,饲料消耗增加16%。

在良好饲养管理条件下,由断乳至9周龄保育结束育成率可达99%,生长速度600 g/d左右,详见表3-32。断乳后,应激反应过后要进行驱虫和一些传染病疫苗的免疫接种。对于留做种用的育成猪要根据亲本资料结合本身体形外貌进行初选,淘汰不合格个体。

表3-32 不同周龄仔猪生长速度

(加拿大阿尔伯特农业局畜牧处等,1998. 养猪生产)

周龄	活重/kg	日增重/g	周龄	活重/kg	日增重/g
3	6.0	271	7	16.4	486
4	7.9	271	8	20.3	557
5	10.3	343	9	24.8	643
6	13.0	386	10	30.0	743

2. 饲养方式 我国多数猪场实行将原窝保育猪安排在同一保育栏内饲养,考虑减少混群应激;国外早在20世纪70年代就实行全进全出集中饲养方式,实行大群饲养,一般每栏100～300头,现在我国一些规模化或集约化猪场也效仿实行,应用效果较好。保育栏必须有一定的面积供仔猪趴卧和活动,其面积一般为0.3 m²/头,每栏10～20头为宜,群体过大或密度过大使猪接触机会增多,易发生争斗咬架,另外,对健康也有一定的风险。

(二)保育猪管理

1. 注意看护 断乳初期仔猪性情烦躁不安,有时争斗咬架,要格外注意看护,防止咬伤。特别是断乳后第1周咬架的发生率较高,在以后的饲养阶段因各种原因,诸如营养不平衡、饲养密度过大、空气不新鲜、食量不足、寒冷等也会出现争斗咬架、咬尾现象。生产实践中发现，保育猪间自残咬架多发生在下午2时以后。为了避免上述现象，除加强饲养管理外，可通过转移注意力的方法来减少争斗咬架和咬尾，具体做法是在圈栏内放置铁链或废弃轮胎供猪玩耍，但是还应该注意看护，防止意外咬伤。

2. 预防水肿病 保育猪由于断乳应激反应，消化道内环境发生改变，易引发水肿病，一般发病率为10%左右。主要表现脸或眼睑水肿、运动障碍和神经症状，一旦出现运动障碍和神经症状，治愈率较低，应引起充分注意。主要预防措施是减少应激，特别是断乳后1周内尽量避免饲粮更换、去势、驱虫、免疫接种和调群。断乳前1周和断乳后1~2周，在其饲粮中加喂抗生素、各种维生素及微量元素进行预防均有一定效果。

3. 减少保育猪应激 保育猪在断乳后一段时间内（0.5~1.5周），会产生的心理上和身体各系统不适反应——应激反应。应激大小和持续时间主要取决仔猪断乳日龄和体重，断乳日龄大，体重大，体质好，应激就小，持续时间相对短；反之，断乳日龄较小，体重小，应激就大，持续时间也就长。保育猪断乳应激严重影响保育猪生长发育，主要表现为：保育猪情绪不稳定，急躁，整天鸣叫，争斗咬架；食欲下降，消化不良，腹泻或便秘；体质变弱，被毛蓬乱无光泽，皮肤黏膜颜色变浅；生长缓慢或停滞，有的减重，有时继发其他疾病，形成僵猪或死亡，给养猪生产带来一定的经济损失。

产生应激的原因有以下三个方面：

① 营养。据张宏福研究（2001），仔猪断乳应激首先是营养应激。断乳前仔猪哺乳和采食固体饲料，而断乳后单独采食固体饲料，一段时间内，从适口性和消化道消化能力上产生不适应。根据张宏福另一研究报告（2001），仔猪断乳后，由于应激反应，仔猪胃酸分泌减弱，胃内pH升高，影响胃消化功能。

② 心理。母仔分离、转群、混群可造成仔猪心理上不适应。

③ 环境。仔猪断乳后转移到保育舍，保育舍内部结构、设施、温度及湿度等均不同于分娩舍，从而在一段时间内休息、活动不适应。

保育猪应激是养猪生产面临的一个主要问题，也是养猪学者研究的热门课题。在一定时期内，完全能够避免仔猪断乳应激可能性较小，人们只是着重研究如何减少断乳应激。就目前生产条件，减少仔猪应激可以从以下几个方面着手：

① 适时断乳。仔猪免疫系统和消化系统基本成熟体质健康时进行断乳，可以减少应激，如4周龄断乳比3周龄断乳更能抗应激。鉴于此种情况，建议4周龄断乳。

② 科学配合仔猪饲粮。根据仔猪消化生理特点，结合其营养需要，配制出适于仔猪采食、消化吸收和生长发育所需要的饲粮。仔猪早期饲粮中的原料可选择易于仔猪消化吸收的血浆蛋白、血清蛋白及乳清粉或奶粉。通过添加诱食剂的方法解决适口性问题，选择与母猪乳汁气味相同的诱食剂。为了提高饲粮中能量浓度，可向其饲粮中添加3%~8%的动物脂肪，便于仔猪消化，有利于生长发育，从减少应激和提高免疫力。增加饲粮中维生素A、维生素E、维生素C、B族维生素和矿物质元素钾、镁、硒的添加量。

③ 减少混群机会。仔猪断乳后最好是在傍晚将原窝仔猪转移到同一保育栏内，减少争斗机会，并注意看护。

④ 加强环境控制。保育舍要求安静舒适卫生，空气新鲜，并且有足够的趴卧和活动空间，一般每头保育猪所需面积为 $0.3\ m^2$。过于拥挤导致争斗机会增加，从而增加应激。保育舍的温度要求依据仔猪的周龄而定，3 周龄仔猪 26～28 ℃，4 周龄仔猪 23～25 ℃，温度偏高影响仔猪食欲和休息；温度过低，仔猪挤堆趴卧会造成底层空气流通不畅，呼吸受阻，并且增加体外寄生虫病的发生概率。相对湿度控制在通风良好的情况下为 50%～80%，湿度过小，仔猪饮水增加，常引发腹泻不利舍内卫生，同时皮肤干燥瘙痒，常蹭磨，易造成皮肤损伤增加病原微生物感染机会；湿度过大，有利于病原微生物的繁殖，易引发一些疾病。保育舍要经常通风换气，保持保育舍内空气新鲜，有足够氧气含量，减少其他有害气体含量。寒冷季节不要在舍内搞耗氧式的燃烧取暖，以免降低舍内氧气浓度，而使二氧化碳、一氧化碳浓度增加，不利保育猪的生长和健康。通风换气时要注意空气流动速度，防止贼风吹入引起仔猪感冒，空气的流动速度控制在 $0.2\ m/s$ 以下。保育舍定期带猪消毒，防止发生传染病，舍内粪尿每天至少清除 3 次。舍内饮水器要便于仔猪饮用。

⑤ 其他方面。仔猪断乳后 1～2 周，不要进行驱虫、免疫接种和去势，避免长途运输。最好使用断乳前饲粮饲养 1 周左右，然后逐渐过渡到保育阶段饲粮。另据张宏福研究（2001），仔猪早期补料，4 周龄断乳时其胰淀粉酶高于不补料的仔猪，断乳后 7 d 小肠绒毛较长，仔猪能较好地保持肠壁完整。由此可以看出早期补料，可以减少消化道应激，便于仔猪断乳后饲养，有利仔猪生长发育和健康。

4. 保育猪驱虫　保育猪在断乳后 2 周左右，应使用驱虫药物进行体内外寄生虫的驱除工作。

5. 防止僵猪产生　所谓的僵猪，是指由某种原因造成仔猪生长发育严重受阻的猪。它影响同期饲养的猪整齐度，浪费人工和饲料，降低舍栏及设备利用率，同时也增加了养猪生产成本。

（1）产生僵猪的原因。概括起来形成僵猪有两个主要时期及多方面原因：

① 出生前。主要是由于妊娠母猪饲粮配合不合理或者日粮喂量不当造成，特别是母猪饲粮中能量浓度偏低或蛋白质水平过低，往往会造成胚胎生长受限，尤其是妊娠后期饲粮质量不好或喂量偏低是造成仔猪初生重过小的主要原因；另外，母猪的健康状况不佳，患有某些疾病导致母猪采食量下降或体力消耗过多而引起仔猪出生重降低；再有就是初配母猪年龄或体重偏小或者是近亲交配的后代，也会导致初生重偏小。以上三种情况均会造成仔猪生活力差、生长速度缓慢。

② 出生后。母猪泌乳性能降低或者干脆无乳，仔猪吃不饱，影响仔猪生长发育。而造成母猪少乳或无乳的原因，主要是由于泌乳母猪饲粮配合不当，各种营养物质不能满足正常需要，或者日粮喂量有问题或者母猪年龄过小、过大造成乳腺系统发育或功能存在问题，或者妊娠母猪体况偏肥偏瘦，母猪产前患病等；仔猪开食晚影响仔猪采食消化固体饲料的能力，使母猪产后 3 周左右泌乳高峰过后，母乳营养与仔猪生长发育所需营养出现相对短缺。仔猪不能摄取所需营养，从而导致仔猪表现皮肤被毛粗糙，生长速度变慢，有时腹泻；仔猪饲料质量不好，体现在营养含量低、消化吸收性

差、适口性不好三个方面，这些因素均会影响仔猪生长期间所需营养的摄取，有时影响仔猪健康，引发腹泻等病；仔猪患病也会形成僵猪，有些急性传染病转归为慢性或者亚临床状态后会影响仔猪生长发育，有些寄生虫疾病一般情况下不危及生命，但它消耗体内营养，最终使仔猪生长受阻。有些消耗性疾病如肿瘤、脓包等，也使仔猪消瘦减重。消化系统患有疾病，影响仔猪采食和消化吸收，使仔猪生长缓慢或减重。仔猪用药不当，有些药物将疾病治好的同时，也带来了一些副作用，导致免疫系统免疫功能下降，骨骼生长缓慢。如一些皮质激素、喹诺酮类药物的使用会使仔猪免疫功能降低，时间过长，会影响仔猪骨骼生长。其他有些药物有时也会造成消化道微生物菌群失调，引起消化功能紊乱，仔猪生长发育受阻。有时仔猪受到强烈的惊吓，导致生长激素分泌减少或停滞从而影响生长。据报道，美国宾夕法尼亚州一个猪场，一次龙卷风将所有猪卷到高空中，然后落在几十千米以外的地方，猪场主人将其找回后，发现这些遭劫猪就此生长停滞。

（2）防止僵猪产生的措施。防止僵猪产生应从以下几方面着手：

① 做好选种选配工作。交配的公、母猪必须无亲缘关系。纯种生产要认真查看系谱，防止近亲繁殖。商品生产充分利用杂种优势进行配种繁殖。

② 科学饲养好妊娠母猪。保证母猪具有良好的产仔和泌乳体况，防止过肥过瘦影响将来泌乳，保证胎儿生长发育正常，特别妊娠后期应增加其营养供给，提高仔猪初生重。

③ 加强泌乳母猪饲养管理。本着"低妊娠、高泌乳"原则，供给泌乳母猪充足的营养，发挥其泌乳潜力，哺乳好仔猪。

④ 对仔猪提早开食及时补料。供给适口性好，容易消化，营养价值高的仔猪料，保证仔猪生长所需的各种营养。

⑤ 科学免疫接种和用药。根据传染病流行情况，做好传染病的预防工作，一旦仔猪发病应及时诊治，防止转归为慢性病。正确合理选择用药，防止保育猪产生用药后的副作用，影响生长发育。及时驱除体内外寄生虫，对已形成的僵猪，要分析其产生的原因，然后采取一些补救措施进行精心饲养管理。生产实践中，多通过增加可消化蛋白质、维生素的办法恢复其体质促进其生长。同时注意僵猪所居环境的空气质量，有条件的厂家在非寒冷季节可将僵猪放养在舍外土地面栏内饲养效果较好。

项目五 后备猪生产

任务一 后备猪不同时期的选择方法

(一) 培育后备猪的意义及要求

1. 培育后备猪的意义 培育后备猪是指 5 月龄至初次配种前的公、母猪(体重 80～130 kg)。此阶段饲养管理对后备猪的培育具有重要的作用,直接影响到未来种猪的体质健康、生产性能以及使用年限。

2. 培育后备猪的要求 在养猪生产中,一些生产养殖场后备猪饲养管理不科学,导致后备猪出现体质差、初次发情配种困难、产仔数和泌乳力低等后果。其主要原因是:一些个别种猪场片面追求体重大出售;而另一些养殖场缺乏对后备猪培育的技术或者对培育后备猪的重要性认识不足等,导致后备猪体质欠佳、种用价值不高、猪场生产性能低下等不良后果。所以培育后备猪不同于生长育肥猪,要求后备猪身体健康、品种优良、符合本品种的外貌特征,并进行科学的饲养管理,保证其将来体质强健、生产性能和终生的繁殖性能优越。

(1) 外貌特征。首先符合本品种的外貌特征;其次,鼻镜正常、肩颈部结合良好、体躯长,胸部宽广、背腰平直、肋骨较宽有韧性、四肢健壮、运动正常,腿臀发达、肌肉丰满;最后,不要选择弓背猪,弓背猪四肢活动受限,并淘汰蹄部"立系"和"卧系"的猪;

(2) 繁殖性能。后备公猪睾丸发育良好、左右对称松紧适度、阴茎包皮正常,同时公猪要求活泼好动、反应灵敏;后备母猪阴户发育良好、不上翘,乳头发育良好、排列整齐,乳头数 7～8 对,后备公、母猪严禁有异常乳头(异常乳头指瞎乳头、扁平乳头等)。

(二) 后备猪不同时期的选择方法

所有优良的后备猪是经过不同时期选择和培育的结果。因此,后备猪选择应在个体生长发育的不同时期,由小到大、经过多阶段选择才能使优良的后备猪脱颖而出。

1. 断乳仔猪时期选择 由于断乳仔猪本身的生产性能还未表现出来,这时的选择应以系谱成绩(父母代成绩)为主要依据,并结合断乳仔猪本身生长发育和体形外貌来选择。

(1) 在优良母猪的后代中选择(窝选)。根据记录的种猪系谱档案资料,从生产性能优良的父母代中进行选留,一般选留 2～5 胎、产仔数在 12 头以上,且初生体重较大的母猪后代为宜。同时要求仔猪哺乳期成活率高、断乳窝重大。全窝仔猪发育良好、体重均匀、无任何遗传疾患或畸形。

（2）根据仔猪本身的性能选择。窝选后，再根据每头仔猪的生长发育和外貌特征进行选择。具体要求是：达到品种规定日龄时的体重要求，头形、耳形、毛色和体躯的结构均符合本品种特征。被选个体要求体格健壮、发育良好、活泼好动。由于断乳仔猪难以准确筛选，为了便于后期精选，一般此时期选留比例至少应达到需要量的2～3倍。

2. 保育结束时期选择 一般情况下，保育结束时，已到70日龄，经过断乳初选的猪通过这一阶段饲养，有的适应力不强，生长发育不理想，甚至遗传缺陷逐渐显露。四肢有缺陷如膝关节、跗关节发育不良等，蹄部发育狭小均应淘汰。因此，在保育结束时应进行第二次选择，选出体重较大、精神饱满、生长速度快、饲料转化率高、生殖器官发育良好、无遗传缺陷的仔猪进入下一阶段的测定，通常要保证一窝有一公二母进行性能测定，核心群头胎都要进行测定。从经济角度看，在保育阶段应该至少再进行两次选择，表现不良的公母猪淘汰，转到下一阶段进行育肥。

3. 4月龄时期选择 该阶段以其本身的生产性能和外形为依据进行选择，在体重和日增重达到选育标准的基础上，选择体形外貌结构良好，健康活泼，肢、蹄结实，外阴发育良好、大小适中，睾丸发育良好对称的猪；淘汰生长发育不良、体质弱及生殖器官有缺陷的猪。这一阶段，淘汰的比例较小。

4. 6月龄（配种前）时期选择 这一阶段后备猪的体况及身体各组织器官已经发育完全，其优缺点也更加的明显，可以根据后备猪自身的生长发育情况、体形外貌、性成熟的时间、外生殖器官发育的好坏、背膘的厚度等状况和其他后备猪的状况来进行评测，最后按评定结果进行选留，淘汰那些发育不良的后备猪。选留的后备猪要采食速度快，采食量大，健康无病，身体各部分发育成熟，结构匀称，骨骼发育良好，肢、蹄结构端正，后备母猪要发情症状明显，发情周期正常。

5. 初配前的选择 这是最后一次选择，此时期的后备猪体格基本成熟，生殖器官等方面已经发育成熟。淘汰性器官发育不够理想、生长发育慢而达不到选育标准的、性欲低下、发情周期不规律、发情的症状不明显等不能留作种用的后备猪。通过选择，合格的后备猪可以参加配种。一般配种时期在8月龄左右。

6. 具体选择路线图

① 制定各部位选择标准并形成纸质材料（评定顺序：头、胸、背、腿、乳头、外生殖器、皮肤、眼、神经质。逐项赋分，每一项最高10分，有一项6分以下者淘汰）。

② 将待选猪每10头一栏进行分组，便于比较评定。

③ 每头猪按照各部位选择标准逐项评定（赋分）填表。

④ 整理统计每一头猪的最后赋分/可否裁决结果。

⑤ 根据结果做出选择。

任务二　后备猪饲养管理

（一）后备猪配种前的总体要求

后备猪配种前的要求是：后备公猪必须符合本品种体形外貌要求，生殖器官发育正常，同时身体健康、精力充沛、5月龄左右能够第一次射精，并且性欲旺盛、产生数量多、品质好的精液。背膘薄、达到 100 kg 体重时 P_2 值 15 mm 以下。后备公猪 150 日龄时的体重为 80 kg，而 240 日龄时对应的体重为 120 kg。后备母猪也应该体质健康，生殖器官和乳房发育与其日龄相匹配。160～170 日龄体重达到 90～100 kg，P_2 值 12 mm 左右。经过 6～8 周的饲养，体重达到 130～140 kg，此阶段日增重控制在 650～700 g/d，而体重每增加 5 kg，P_2 值应增加 1 mm，后备母猪配种前 P_2 值要求达到 16～18 mm。

（二）后备猪饲养

根据后备公猪和后备母猪的饲养标准，结合当地饲料资源情况科学地、合理地配制日粮，满足其能量、蛋白质（氨基酸）、矿物质和维生素的需要。后备猪的饲粮配合过程中，要严格选择优质的饲料原料，严禁使用劣质饲料原料，如虫蛀、含杂质的玉米、麸皮和豆粕等，保证后备猪能够正常的生长发育。

后备猪在配种前应根据体况进行科学饲养，北方冬季寒冷，圈舍温度不到 15～22 ℃时，应在饲养标准基础上增加 10%～20%；南方夏季天气炎热，后备猪食欲低下，按照正常标准营养浓度进行饲粮配合时，不能够采食到全部营养物质，这样可以在饲料中添加一定比例的营养物质（如油脂等）使后备猪尽量摄取到所需营养，以满足后备猪的生长发育需要。

1. 能量水平　后备猪由于自身尚未完全发育成熟，还需要一定营养物质供自身生长发育，其营养水平是否合适主要标志是体况状态、初情期是否适时、精液的数量多少和质量如何、是否如期达到初配体重。

日粮中能量水平对后备猪生长发育、生产性能及繁殖能力十分重要。对于后备公猪而言，能量供应不足时，影响后备公猪睾丸和附属性器官的发育，性成熟推迟，初情期射精量少；反之，后备公猪偏胖，导致其自淫频率增加，不爱运动，性欲下降，精子活力降低，配种能力下降，严重者失去种用价值。养猪专家建议，后备公猪体重达到 100 kg 时，每日的消化能为 28.8 MJ/d，日粮中含消化能 13.0 MJ/kg；同时应限制能量的摄入量，以使其在配种时具有理想体况。

后备母猪的能量水平直接影响着后备母猪生长发育，能量水平偏低使得后备母猪生长缓慢，背膘不能按时达到理想要求，导致初情期延迟甚至卵巢发育异常，发情异常；能量水平过高时，后备猪体况肥胖，发情期异常或导致繁殖障碍，不利于发情配种，后备母猪受胎率下降，卵巢发育异常或质量差，发情困难或障碍。因此，饲养标准推荐，30～60 kg 日粮中含消化能 14.0 MJ/kg，60～100 kg 日粮中含消化能 13.5 MJ/kg，100～130 kg 日粮中含消化能 13.0 MJ/kg。建议以上消化能水平的饲粮，根据猪舍、季节和管理水平的不同，在保证生长速度和 P_2 值的条件下，日粮为 2.5～4.0 kg。

2. 蛋白质和氨基酸水平　蛋白质水平对后备猪的发情、配种、精液的数量和品质以及卵巢的发育和卵子的质量有很大关系。蛋白质水平过高不仅提高饲料成本，而且浪费蛋白质资源，多余的蛋白质在体内转化为脂肪沉积，导致后备猪体况肥胖影响配种能力。蛋白质水平过低，延缓后备公猪性成熟，射精量减少，精子密度低，配种力下降；后备母猪影响卵子的正常发育，排卵数减少，受胎率降低，初情期延迟。与此同时，饲粮中除要考虑蛋白质数量外，还要考虑蛋白质的质量，即要考虑一些必需氨基酸的含量平衡，如色氨酸、胱氨酸、组氨酸、甲硫氨酸、赖氨酸等，特别是玉米-豆粕型饲粮中赖氨酸、蛋氨酸必须满足营养需要。后备公猪饲养标准要求，蛋白质水平控制在 12%～13%，赖氨酸 0.60%～0.65%，同时注意其他氨基酸的添加。后备公猪每天采食的蛋白质数量为 260 g 左右，赖氨酸 12～14 g。

3. 矿物质水平 矿物质是猪生命活动过程中所必需的物质，也是组成猪体的重要成分。后备公猪日粮中钙、磷不足或缺乏，不仅影响骨骼生长发育，而且精液品质明显下降，出现大量死精或畸形精子，生殖机能减退。生产中必须注意补充钙、磷和食盐，公猪的日粮钙、磷比例以 1.25∶1 为宜。后备母猪要获得优良的繁殖性能，日粮中的矿物质含量必须按照后备母猪的饲养标准要求来制定，以保证其身体各器官充分生长发育，以在配种时期能够达到配种的标准。若后备母猪矿物质含量不足或缺乏，会导致体质差，骨骼生长受阻，发情期异常，甚至影响终身繁殖性能。

与生长育肥猪日粮相比，后备母猪的日粮含有较高的矿物质，这是由于种猪比育肥猪饲养时间长，高水平的矿物质可以保证它们体组织养分的储备。为了保证腿骨的充分骨化，摄取足够的钙、磷是很重要的。实验研究表明，猪的最大骨质矿化的钙、磷需要量远高于最大生长速度的钙、磷需要量。因此，后备母猪从体重 50 kg 开始，饲粮中的钙为 0.95%，总磷为 0.80%。除了高水平的钙、磷外，母猪日粮中需要补充高水平的铜、锌、铁、碘、锰等微量元素，这有助于提高母猪后期的繁殖性能。这些矿物质元素补充水平要高于育肥猪的水平（表 3-33）。

表 3-33　与育肥猪日粮相比后备母猪日粮中矿物质的推荐量

（P. A. Thacker，2010. 高产母猪的饲养策略）

	矿物质	育肥猪	后备母猪
常量元素（总计）	钙/%	0.60	≥0.75（建议 0.95）
	磷/%	0.50	≥0.65（建议 0.80）
	有效磷/%	0.20	0.40
	食盐/%	0.33	0.40
微量元素（添加）	铁/(mg/kg)	50.0	150
	铜/(mg/kg)	10.0	15
	锌/(mg/kg)	90.0	150
	碘/(mg/kg)	0.14	0.24
	硒/(mg/kg)	0.30	0.3
	锰/(mg/kg)	—	20

4. 维生素水平 维生素对后备猪生产和繁殖性能影响很大，直接关系到后备猪的繁殖和健康。猪体内的代谢需要一些酶参与，而有些维生素是酶的组成部分，有些参与酶的活性。维生素不足，会影响后备猪的生理代谢，食欲减退，生长停滞，精液品质下降。日粮中缺乏维生素 A、维生素 D、维生素 E 时，影响后备公猪的生长发

育，性反射降低，精液品质下降。若长期缺乏，会使睾丸肿胀或干枯萎缩，丧失配种能力。后备母猪的日粮中缺乏维生素 A，会降低性机能活动，影响母猪卵泡成熟和受精卵的着床，引起不孕。维生素 D 不足时会影响钙、磷吸收，造成代谢紊乱。维生素 E 缺乏时，母猪患白肌病，发情困难，甚至不孕不育。

另外，泛酸、烟酸、维生素 B_{12} 也是母猪不可缺少的维生素。日粮中缺少泛酸，胚胎易死亡而被吸收；维生素 B_{12} 缺乏时，产仔数减少，仔猪成活率低，育成率低。因此，母猪在配种准备期间，有条件的养殖场可以供给适量的青绿多汁饲料，会得到良好的效果。这类饲料富含蛋白质、矿物质和维生素，对母猪排卵数、卵子质量和受精都有良好作用。

有研究表明，后备母猪维生素需要量要比生长育肥猪要高，主要是为了保证母猪有健康的体质和优质的繁殖力（表 3-34）。因此后备母猪维生素饲料中应含高水平的脂溶性维生素 A、维生素 D、维生素 E 和水溶性多维生素，要特别注意胆碱、生物素、维生素 B_6、叶酸这些通常不在育肥猪日粮中添加的维生素。

表 3-34 与育肥猪日粮相比后备母猪日粮中维生素的推荐量

(P. A. Thacker，2010. 高产母猪的饲养策略)

维生素	育肥猪	后备母猪
维生素 A/IU	5 500	8 200
维生素 D/IU	550	825
维生素 E/IU	25	66
维生素 K/mg	2	2
维生素 B_{12}/μg	15	25
烟酸/mg	20	20
泛酸/mg	15	20
核黄素/mg	4	20
胆碱/mg	0	1 250
生物素/mg	0	200
叶酸/mg	0	1.5
维生素 B_6/mg	0	1.0

5. 饲喂水平 后备猪日粮根据其年龄、体重、膘情、舍内温度等来掌握饲喂量。对于后备公猪应定时定量饲喂，一般日粮为 2~3 kg。每次不能喂得过饱，体积不宜过大，以全价饲料为主，以避免造成垂腹而影响配种利用。每日应饲喂 2~3 次，饲料类型多选用干粉料或生湿料。在季节配种的养殖场，保证公猪自身免受到频繁配种造成的身体透支，一般提前 2~3 周进入配种期饲养。时刻保证供给充足清洁的饮水，每头种公猪每天饮水量为 10~12 L。后备母猪在 60 kg 体重前，可以自由采食，供给充足的饮水；体重 60 kg 以上，根据膘情情况进行限制饲喂（每日每头 2.5 kg 左右）。后备母猪在配种前 10~20 d 可以采用短期优饲，每日增加日粮 2~3 kg，促使后备母猪多排卵，提高卵子质量，配种期结束后立即恢复原来日粮给量，防止胚胎早期死

亡。配种前母猪的饲养过程中，必须保证充足、清洁、卫生、爽口的饮水，饮水量同于公猪，同时可适量喂些青绿饲料。

总之，后备猪体重、年龄决定其初配时间及发挥种用价值的潜力。后备猪 5 月龄体重应控制在 75～80 kg，6 月龄达到 95～100 kg，7 月龄控制在 110～120 kg，8 月龄体重应控制在 130 kg 左右。适宜的喂料量，即可保证后备猪的良好发育，又可控制体重的快速生长。

任务三 后备猪的管理

合理地管理与全价的日粮饲养同样重要，后备猪应生活在清洁干燥、阳光充足、空气清新的环境中。后备猪的培育过程，必须是健康而顺利的生长过程，而不是种猪的育肥。后备母猪的生长速度不能过快，一般在第一次配种前，日增重控制在 650～700 g；后备公猪的日增重宜控制在 650～750 g。如果生长过快，则会使一些骨骼发育与肌肉、脂肪等组织的生长不协调，导致关节软骨和骨干软骨不成熟，承受不了快速生长的体重，以致出现四肢骨骼变形的情况。从某种程度上讲，后备猪必须选择骨骼发育良好、肌肉丰富发达、四肢坚实的猪。

1. 分群管理 后备猪在 60 kg 前，可以进行小群饲养，一般为 4～6 头。公猪在 6 月龄，体重达到 95～110 kg 时可达到性成熟，这时应进行公、母猪分群饲养，防止爬跨母猪乱交滥配。分群饲养每栏内饲养头数不宜过多也不宜过少，饲养过多会影响观察发情或出现强弱夺食现象，饲养过少会影响母猪发情。母猪群养既能有效利用建筑面积，又能促进发情。当同一栏内有母猪发情，由于爬跨和外激素的刺激，可以诱导其他母猪发情。在栏内饲养的后备母猪可根据体重大小、强弱进行合理分群，体重差异不超过 10%，一般分成 2～3 头一小群饲养，以免残弱猪产生。这时可根据膘情进行限量饲养，直到配种前，或根据猪场实际情况而定。后备公猪分群后多数实行单圈饲养，单圈饲养每头所需面积至少 1.8 m×2 m。单圈饲养可消除公猪的打架、爬跨和抢料现象，同时也便于根据实际情况随时调整饲粮。

2. 运动 合理地运动，可促进后备猪的食欲和消化，增强体质，避免肥胖，提高配种能力。后备公猪在生长发育过程中安排运动的作用比后备母猪要大，若不控制饲喂量，体重（一般 50～60 kg）过重或运动不足时，造成后备公猪懒惰贪睡、肥胖、性欲低下，四肢软弱且肢、蹄病多，影响配种效果。运动可促进后备公猪骨骼、肌肉正常发育，防止过肥或肢蹄软弱，而且可增强体质，提高性能力。运动的形式有驱赶运动、自由运动和放牧运动三种。

驱赶运动在规模化养猪场较常见，每天上午、下午在猪场道路上各运动一次，每次时间在 1～2 h，大约运动里程 2 km。若遇到雨、雪等恶劣天气应停止进行驱赶运动。此外还要防止冬季感冒着凉和夏季炎热中暑。集约化猪场不能进行驱赶运动，必须安排公、母猪自由运动，最好在场区设立一个至少 7 m×7 m 的运动场，供后备猪自由运动。放牧运动适于小规模猪场，放牧运动可使后备猪得到锻炼也能够采食到一些青绿饲料，从中补充营养物质，尤其是后备公猪可提高其精液品质，使体质更健康，生长后期要严格控制生长速度，一般公猪在 16～18 月龄体重控制在 155～180 kg。

3. 调教及训练 后备猪生长到一定月龄以后，要加强调教，建立人猪亲和关系，使猪不惧怕人，为以后采精、配种、接产打下良好的基础。饲养员要经常与后备猪接触，并抚摸猪的敏感部位，如耳根、腹部、乳房等处，促使人猪亲和。

参加配种前后备公猪要进行训练，尤其是国外品种。训练应安排在早晚空腹时进行，一般时间不宜太长，大约 15 min。多数规模猪场实行人工授精配种，可以在采精室使用假母猪台进行调教。采精室要地面平坦，假母猪台在水泥地上要牢固，台上要干净卫生，不能有灰尘。采精室周围环境要安静，不能有嘈杂声，光线明亮，温度15～22 ℃。具体方法见模块三项目二任务一。

4. 免疫接种和驱虫 配种前后备猪进行免疫接种，可减少或避免某些传染病的发生。猪场应根据流行病学调查结果、血清学检查结果适时适量地进行传染病疫苗接种。后备猪在配种前就要把国家规定的传染病疫苗全部接种完，才可以参加配种，如猪瘟、口蹄疫、伪狂犬病、细小病毒病等传染病都要在配种前接种完疫苗。无传染病威胁的猪场可接种灭活苗，以免出现疫苗不良反应影响生产。

公、母猪每年至少要进行两次驱虫，一般在春、秋两季开始驱虫。驱虫时，根据猪场实际情况，可一次性进行全场驱虫。一些环境条件差或寄生虫多发地区应酌情增加驱虫次数，驱虫药物的种类、剂量和用法根据当地寄生虫流行情况来决定，以防中毒。

5. 环境适应 后备猪舍要保持栏舍的清洁干燥、温度适宜、空气新鲜，要提供足够的光照度和光照时间。温度一般控制在15～22 ℃，在保证温度和风速的情况下，相对湿度控制在50%～80%，切忌猪舍潮湿和拥挤。做好夏天的防暑降温工作，通风不良、气温过高对后备母猪的发情影响较大，会延迟发情甚至不发情，特别是舍内氨气浓度增大时会降低后备母猪对公猪气味的识别，影响性成熟。因此，舍内粪便要及时清除，防止产生有害气体，并且非封闭式猪舍夏季加强通风，冬季注意换气。封闭式猪舍可以实施环境控制的自动化，保证后备猪的健康和生长发育。

后备母猪要适应猪场内不同猪舍的环境，与老母猪一起饲养、与公猪隔栏相望或相互接近，有利于促进母猪发情。

6. 其他方面 后备公猪配种前 2 周左右进行精液品质检查，防止因精液品质低劣影响母猪受胎率和产仔数。尤其是在实行人工授精的养猪场，后备公猪每月要进行2～3次精液品质检查。对于精子活力 0.7 以下、密度 1 亿个/mL 以下、畸形率在18%以上的精液要弃掉，不宜用来进行人工授精。对这种情况要限期调整饲养管理规程，若调整无效应将种公猪淘汰。

后备母猪要多于公猪亲密接触，通过嗅觉、触觉、视觉、听觉和心理因素等促进母猪的性成熟，见表 3 - 35。

表 3 - 35 发情后备母猪对公猪刺激回应比例

刺激条件	母猪静立待配比例/%
无公猪刺激	48
气味与声音刺激	90
气味、声音及视觉刺激	97
气味、声音、视觉及触觉刺激	100

尤其是后备母猪在较小的日龄时，对母猪刺激发情有很好的效果。后备母猪 165 日龄开始，每天接触 30 min 与全天接触者基本相同，但公猪的大小对促进发情的效果不同，见表 3 - 36。

表 3 - 36 公猪年龄对后备母猪促进发情效果的影响

（杨公社，2002. 猪生产学）

不同月龄公猪	公猪接触至母猪发情天数/d	母猪发情日龄/d
无公猪	39	203
6.5 月龄公猪	42	206
11 月龄公猪	18	182
24 月龄公猪	19	182

注：后备母猪从 164 日龄开始每天接触公猪 30 min。

项目六 生长育肥猪生产

任务一 无公害生长育肥猪生产

无公害生长育肥猪生产的主要环节有：产地选择及环境、品种选择、饲料与饮水的安全、卫生与防疫、治病用药、日常管理，以及屠宰加工运输销售和环境保护等方面。生产中每个环节都必须按国家标准组织生产，按无公害的要求规范操作，实行全面质量监督管理，确保猪肉产品质量安全。

（一）无公害生长育肥猪的概念

无公害生长育肥猪是指在养猪生产全过程中，按照国家的有关规定和标准，采用无毒性、无残留、无激素的饲料添加剂，控制环境和饮水质量标准，严格规范兽药的使用品种、用量，产品中重金属、药物残留量水平控制到最低，符合国家无公害标准的生长育肥猪。

无公害生长育肥猪的生产是建立在常规养猪业的基础上，通过从养猪场到餐桌上的全程安全质量控制，产品的产地环境、生产过程和产品质量均符合国家有关标准和规范要求，使产品达到无公害食品的要求，有害物质的残留量控制在允许范围。2002年7月，我国开始组织实施了"无公害食品行动计划"，推行市场准入制和农产品质量安全认证制度并实施生产全程的监管，制定了一系列无公害食品的行业准则和标准，如《无公害食品—生猪饲养管理准则》（NY/T 5033—2001）、《无公害食品—生猪饲养兽药使用准则》（NY 5030—2001，2006年进行修订，2016年10月再次修订）、《无公害食品—生猪饲养饲料使用准则》（NY 5032—2006）、《无公害食品—畜禽饮用水水质》（NY 5027—2008）等。这些标准的实施将加快我国养猪生产进入无公害生产阶段。

（二）无公害生长育肥猪生产前准备工作

无公害生长育肥猪生产前，要将圈舍准备好，并彻底清扫和消毒，为其提供舒适、干净、卫生的生活环境。选择优质的全价饲料、做好工作人员培训、合理组织猪群，及时做好猪群的驱虫、去势和免疫接种工作，为安全、高效育肥猪生产做好准备。

1. 圈舍准备和消毒 无公害生长育肥猪多采用舍饲。圈舍的小气候环境条件，如舍内温度、湿度、有害气体、通风、尘埃和微生物都会在一定程度上影响猪群的健康和生产力水平的发挥。猪舍要求保温隔热，舍内温度、湿度条件应满足生长育肥猪不同阶段的需求，同时保持舍内通风良好，空气中的有毒有害气体，如二氧化碳、硫化氢等的含量应控制到最低量。因此，无公害育肥猪生产之前，要对圈舍的基础设施如门窗、圈栏及圈门进行检查并修理，确定圈舍地面、自动料斗或食槽、水管、电线和饮水设施是否完好无损，通风设备及其他设施能否正常工作等，发现问题及时进行更换和维修。

圈舍的消毒对猪群的生长发育以及发生感染疾病概率的大小有重要意义。通过消毒可以减少圈舍的病原微生物，从而降低猪群的发病率。消毒前一定要对圈舍彻底打扫和清洗，不留死角，包括地面、墙壁、栏杆、粪尿沟等，尤其对天花板、加药用的水箱及通风机口要彻底打扫，然后再用高压水枪进行冲洗，最后进行严格消毒，圈舍干燥后方能转入生长猪。

消毒时，要选用高效、广谱、无残留、无毒性、对设备破坏小、在猪体内不会产生残留的消毒剂。

（1）喷雾消毒。生产中经常使用是氢氧化钠溶液喷雾消毒，用2%～3%的氢氧化钠溶液消毒圈舍天花板、墙壁、地面、食槽和料斗，6～10 h后用高压水枪将残留的氢氧化钠冲洗干净，干燥后调整圈舍温度达到15～22 ℃，即可转入生长猪饲养。注意消毒所用的消毒剂要经常轮换交替使用，不能一直使用一种消毒剂，防止病原菌对消毒剂产生耐药性。

（2）熏蒸消毒。主要用于密闭性好的猪舍，消毒步骤是：先清除舍内粪便和污物，再用高压水枪冲洗栏杆、料斗、墙壁和粪尿沟等处；将圈舍通风干燥12～24 h后，使用甲醛、高锰酸钾熏蒸消毒，每立方米空间用36%～40%甲醛溶液42 mL、高锰酸钾21 g，在温度21 ℃以上、湿度65%～75%的条件下，封闭熏蒸24 h，然后打开窗户和圈门进行通风，圈舍没有消毒气味才可使用。

2. 饲料准备 饲料是养猪生产的基础，饲料成本占生长育肥猪生产成本的70%～80%，饲料质量将直接影响生长育肥猪生产的经济效益。因此，生长育肥猪育肥前要根据不同生长发育阶段备足质量优良的饲料。

目前，市场上猪用配合饲料产品主要有全价配合饲料、浓缩饲料、添加剂预混合饲料三种类型，生长育肥猪饲喂哪种类型的饲料，猪场应根据自己的饲养规模、技术水平和本地饲料条件合理选择。各种配合饲料的质量标准见表3-37，选择饲料时可以参考。

表3-37 配合饲料质量标准

饲料名称	标准编号
仔猪、生长育肥猪配合饲料	GB/T 5915—2008
瘦肉型生长育肥猪配合饲料	SB/T 10076—1992
产蛋鸡、肉用仔鸡、仔猪、生长育肥猪浓缩饲料	GB 8833—1988
产蛋鸡、肉用仔鸡、仔猪、生长育肥猪复合预混合饲料	GB 8832—1988

规模较小的猪场或本地饲料原料贫乏的区域，适合选用全价配合饲料饲喂生长育肥猪。全价配合饲料是按猪的饲养标准和原料的营养成分科学设计配合而成的，除水分外，可以完全满足生长育肥猪生长发育所需要的各种营养物质。因此，营养全面，饲养效果好，可直接饲喂生长育肥猪，使用方便，节省饲料加工设备的投入和劳动力

成本，也可以避免采购各种饲料原料带来的风险。

规模较大、本地又富产玉米、饼粕、麸皮等农副产品的猪场，可以选用浓缩饲料和添加剂预混合饲料，自己购买玉米、麸皮等原料，根据饲料厂家提供的配料指南配成全价饲料后饲喂生长育肥猪。这样可以降低饲料成本，但猪场要配备相应的饲料加工车间、加工设备和人员，并要选购质量符合要求的原料。

（三）人员培训

生长育肥猪生产前，要选择合适的饲养员，并进行职业素质、业务能力等方面的培训，使其能尽快熟悉各项工作制度、掌握各项生产技术、胜任所担负的工作。培训一般包括以下内容。

（1）培养职业兴趣，热爱饲养员工作。

（2）学习生长育肥猪生产的规章制度，如猪场卫生防疫制度、消毒制度、猪场免疫程序、驱虫程序、技术操作规程细则等。

（3）掌握生长育肥猪生产技术。猪只组群、猪群调教、防疫、驱虫、消毒、温湿度及通风量控制等。

（4）熟悉日常工作程序。①每天喂料2～3次，投放饲料量要恰当，取料时注意检查饲料的结构和颜色，发现异常及时报告，投料前检查每个料槽，清除槽底剩料；②观察猪群的各种情况，调节猪舍内空气环境；③供给猪只充足的清洁饮水，每天注意查看饮水器是否能正常使用；④每天两次清扫粪便、污物及霉烂变质饲料，并立即从污道运至粪污贮存处理场，以保持猪舍的清洁卫生；⑤做好育肥猪上市出栏工作，及时对空栏清洗消毒；⑥及时将病残猪、死猪运到指定地点处理；⑦记录生长育肥舍转入转出数，育肥期平均日增重、饲料消耗、疾病、死亡和出栏数等。

（四）猪源及组群

1. 无公害生长育肥猪的选择　生长育肥猪的质量好坏直接影响其生长速度、饲料转化率及猪群健康。因此，选择优良的保育猪是无公害生长育肥猪生产的前提条件。

（1）外购生长育肥猪的选择。从外地购进的育肥猪养殖风险较大，除猪的质量不易控制外，还容易带入病原，因此养殖户购买生长育肥猪时，应从无疫病区具有"种畜禽生产经营许可证""动物卫生防疫条件合格证"，在当地畜牧兽医部门备案的猪场购买生长育肥猪。购买时应预先了解和调查当地疫情情况，查阅档案记录，并与符合条件的无公害标准母猪场签订购销合同，选购无公害保育猪。挑选无公害保育猪时，认真观察保育猪的健康状况。优良的无公害保育猪的标准是：身体健康，体格健壮，发育良好，被毛稀疏平直、柔顺，皮肤光滑，精神饱满，四肢健壮有力；眼角没有分泌物，对声音等刺激反应灵敏，抓捉时声音清脆而响亮；粪便柔弱，呈香蕉型或条形状，尿无色或淡黄色，呼吸、脉搏和体温正常，鼻突潮湿且较凉；四肢相对较高，躯干较长，后臀肌肉丰满，腹部紧凑。

猪场应设立隔离舍区，外购猪要在隔离舍进行饲养，隔离观察15～30 d确保无疫病后才能进入生产区。外购猪进场前，要对运输的车辆进行严格消毒，并有当地动物卫生监督部门进行产地检疫，出具的检疫合格证和车辆消毒合格证。同时对生长育肥猪、隔离猪舍和生产用具进行消毒。

（2）本场无公害保育猪的要求。猪场实行全进全出制度，生长育肥猪要严格按照无公害生长育肥猪的标准要求进行育肥。在转入猪舍进行育肥前，将本场体重弱小、少数病残者分离出来，生长育肥猪的体重大小会影响育肥效果（表3-38）。因此，要选择体重大的育肥生长猪，同时注意猪群的整齐度。生长发育整齐的猪可以原窝转入生长猪舍的同一栏进行育肥，不需要重新并窝或分群，这样减少了猪群的应激，便于饲喂管理，同时可以同期出栏，有利于提高育肥猪的生产效果和猪舍利用率。

表3-38　仔猪体重与育肥效果的关系

（杨公社，2002. 猪生产学）

仔猪体重/kg	头数	208 d体重/kg	死亡率/%
<5.0	967	73.4	12.2
5.1~7.5	1 396	83.6	1.8
7.6~8.0	312	89.2	0.5

2. 无公害生长育肥猪的组群　无公害生长育肥猪生产阶段，合理组群能有效地利用圈舍面积和生产设备，提高劳动生产率，降低无公害生长育肥猪生产成本，也能充分利用生长育肥猪合群性及采食竞争性的特点，促进食欲，增加采食量，提高增重效果。

（1）合理组群。合理组群的目的在于保证生长育肥猪拥有一个合理的饲养密度和猪群结构，饲养密度是指无公害生长育肥猪平均每头所占用猪栏的面积。正常情况下，猪群中饲养的猪只密度合理，间隔一定距离。饲养密度过大，使猪只间利用的有效空间减少，摩擦不断，尤其在炎热季节还会使圈内局部温度升高，猪只间散热不良，猪的排泄物在温度升高时，圈舍有害气体浓度也升高，甚至出现猪只间咬架、咬尾、咬耳现象。这些都会影响猪群的正常休息和采食，也会影响猪的生长速度和饲料转化率。饲养密度过小，猪舍空间大，降低了猪舍使用率。

生长育肥猪饲养密度的大小与猪的年龄、管理方式和圈舍地面形式等因素有关。

猪的年龄越大，猪只间应保持的距离越大，需要的空间面积就越大，所以无公害生长育肥猪的前期和后期的饲养密度应该有所区别。目前，现代化规模猪场都采用直线育肥的方法，即仔猪断乳后，直接转入到几千米或几十千米外的猪舍进行育肥直到出栏，可以减少母猪场对生长育肥猪群的疾病传播。育肥舍内先进的设施、良好的环境及卫生防疫的控制，前期保证育肥猪的自由采食，后期应进行限制饲喂，这样可以提高猪群的成活率和出栏率。

生长育肥猪分群时，要考虑群体大小。如果群体过大，猪只之间的位次关系容易削弱或打乱，使猪只之间争斗频繁，互相干扰，影响采食和休息。实际生产中，在温度适宜、通风良好的情况下，每圈12~15头为宜，一般不超过20头。猪群健康状况良好的情况下也可以大群育肥，但不要超过300头/栏，群体过大不利健康观察和疾病控制以及猪群的整齐度。

（2）组群方法要适当。生长育肥猪组群时，应根据其来源、体重、体质、性别、性情和采食特性等方面合理进行。不同杂交组合的猪有不同的营养需要和生产潜力，有不同的生活习性和行为表现，如果混在一起饲养，既会互相干扰影响生长，又不能兼顾各杂交组合的不同营养需要和生产潜力，各自的生产性能难以得到充分的发挥。因此，应按杂交组合合理分群，避免因生活习性不同而造成互相干扰，也可以满足营养需要使同一群的猪只发育整齐，同期出栏。性别不同则行为表现不同，育肥性能也不相同，如公猪去势后具有较高的采食量和生长速度，而小母猪则生长略慢，但饲料转化率高，胴体瘦肉率高。因此，应将相同性别的猪分为一群。分群时，注意采取"留弱不留强，拆多不拆少，夜并昼不并"的方法，减少猪群的争斗或咬架现象。一般要求同一圈内生长猪体重的差异不超过 3～5 kg。

为减轻猪群争斗、咬架等现象造成应激，建议组群时要采取五项措施：①原窝育肥，即同窝哺乳或保育的猪只一起育肥；②用带有气味的消毒剂对猪群进行喷雾消毒以混淆气味，消除猪只之间的攻击和争斗；③分群前停饲 6～8 h，在转入的新圈舍食槽内撒放适量饲料以使猪群转入后能够立即采食而放弃争斗；④组群时间安排在傍晚；⑤在新圈舍内悬挂供猪只玩耍的玩具，播放优美的音乐以转移其注意力。

（3）必要时适当调群。生长育肥猪分群后，在短时间内会建立起明显的组群位次，此时要尽可能地保持群体的稳定。经过一段时间饲养后，体重达到 60 kg 左右时，应对猪群进行再次调整。调群只适用于三种情形：①因猪生长速度不同而出现较明显的体重大小不均情况；②猪群因体重增大而出现过于拥挤的现象；③群内有猪患疾病或其他原因需隔离或转出，造成饲养密度过小。

（4）组群后及时调教。生长育肥猪在组群和调群后，要及时进行调教。调教的内容主要有两项：①防止"强夺弱食"。为使群内生长育肥猪能采食充足的饲料，组群后应防止体重大的猪抢食弱小仔猪饲料，重点做好两方面工作，若是采取限制饲喂方法，则要有足够的采食槽，确保每头猪都能充足的采食到饲料且能吃饱；若是采取自由采食饲喂方法，则要有足够饲料，保证每头弱小的猪都够吃到、吃饱。②训练"三点定位"：生长育肥猪转到圈舍后要训练其养成"三点定位"的习惯，使猪在采食、休息和排泄时有固定的区域，并形成条件反射，以保持圈舍的清洁、卫生和干燥。"三点定位"训练的具体方法是在猪群转入新圈舍之前，先把圈舍打扫干净，特别是猪的睡卧区，并在指定的排泄区堆放少量的粪便或洒些水，然后再把猪群转入，猪便会到粪污区排便，使猪养成定点排便的习惯。如果这样仍有个别猪不按指定地点排泄，应及时将其粪便铲到指定地点并守候看管，经过 3～5 d 的训练，就会养成采食、睡卧、排泄三点定位的习惯。调教成败的关键在于抓得早（猪转入新圈舍后立即进行）和抓得勤（勤守候、勤看管）。

（五）驱虫、去势和免疫接种

1. 驱虫 驱虫既能够提高生长育肥猪的生长速度和饲料转化率，又能够增进猪只的健康，有利于猪生长发育，提高生长育肥猪的增重，增加猪生产的经济效益。

无公害生长育肥猪体内主要有蛔虫、毛首线虫、姜片吸虫等，体外寄生虫主要是疥螨、虱等，主要危害 3～6 月龄的生长育肥猪，病猪多无明显临床症状，但表现生长发育缓慢，消瘦，被毛无光泽，严重时生长速度降低30%以上，有的甚至可能成为僵猪。通常情况下在猪体重15 kg左右时进行第一次驱虫，必要时在60 kg左右时再进行第二次驱虫。外购仔猪一般应驱虫两次，第一次在进场后7～14 d进行，2～3周后进行第二次驱虫。常用药物有阿维菌素（伊维菌素）、阿苯达唑等，使用时要严格按照说明书操作。注意不能选用毒性大、副作用大、易产生不良反应的驱虫药。现在大多数规模化猪场采用伊维菌素进行驱虫，伊维菌素对蛔虫、毛首线虫、疥螨和虱驱虫效果较好。皮下注射时，使用剂量为每千克体重0.2～0.3 mg，连续用药两次，两次用药时间间隔5～7 d。也可以采取口服的方式进行驱虫，剂量为20 mg/kg，连续服用5～7 d。口服前一定要搅拌均匀，防止个别猪中毒，一旦出现中毒症状立即使用阿托品抢救。如果体内有其他寄生虫，必须使用复方驱虫药物，或者另外选择使用阿苯达唑。

2. 去势 猪去势与否，对猪的生长速度、饲料转化率和胴体品质都会产生一定的影响。研究表明，去势的公猪与未去势的公猪相比，生长速度提高12%，胴体瘦肉率增加2%，饲料转化率提高7%。然而，小公猪生长到一定的年龄和体重以后，体内产生雄性激素（睾酮）的代谢物雄烯酮以及大肠发酵产生的粪臭素（粪臭素是色氨酸在肠内被细菌分解所产生的一种吲哚类物质）等导致猪肉中带有难闻的膻气味而影响肉的品质。为避免猪肉品质下降和增重速度的减缓，育肥小公猪均要去势。现代化猪场一般在5～7日龄进行去势，小母猪一般性成熟较晚，在出栏前一般未达到性成熟，对猪肉品质不会产生影响，所以小母猪不进行去势。生产实践表明，去势的猪性情温顺、食欲增强、增重快，肉品质得到改善。

对于外购的小公猪或没有及时去势的小公猪，应及早去势，一般情况下，在进场后1～2周一切完全正常时进行。去势前1～2 d，对猪舍进行彻底消毒，以减少环境中病原微生物的数量，减少病原微生物与创口的接触机会。猪去势后，应给予特殊护理，防止体重大的仔猪拱咬弱小仔猪的创口，引起失血过多而影响猪的健康，并应保持圈舍卫生，防止创口感染。

3. 免疫接种 为了预防生长育肥猪的常见传染病，猪场必须制订合理的免疫程序，认真做好预防接种工作。在自繁自养的猪场，保育舍仔猪在70日龄前应基本上完成了各种疫苗的预防接种工作，转入生长育肥猪舍后，一直到出栏无须再接种疫苗，但应定期对猪群随机抽样进行采血，检测猪体内的各种疾病的抗体水平，防止发生传染病。因此，仔猪在哺乳期和保育期，必须按照猪场的免疫程序，认真做好预防接种工作，防止漏免。

外购的仔猪应在场里隔离观察30 d左右，待猪群状态稳定后，根据本地区传染病流行情况及时免疫接种，如猪瘟、口蹄疫等传染性疾病。仔猪购买时要注意：①尽量从非疫区选购；②选购的仔猪必须是从经当地防疫部门认可或确定的规模化猪场购买，并有免疫接种和场地检疫证明；③采用"窝选"，即选购体重大、群体发育整齐的整窝保育猪。

（六）无公害生长育肥猪生产技术

1. 无公害生长育肥猪的生产条件 为了提高猪群的整体质量和较高生产水平，

从场址选择、引种、饲养管理、环境控制到屠宰加工、粪污处理等各方面都要按照国家相关规定和标准进行。

(1) 场址选择。无公害生长育肥猪的养殖场必须选择建立在保持良好农业生态环境的地区，即空气清新、土壤未被污染、水质纯净，周围环境不受工业"三废"污染及城镇生活、医疗废弃物污染。疾病高发区不能作为无公害生长猪的生产基地。

猪场应选在地势高燥、排水良好、易于组织防疫的地方。场址用地符合当地土地利用规划的要求。猪场周围 3 km 无大型化工厂、矿场、皮革及肉品加工厂、屠宰场或其他污染源，距离干线公路、铁路、城镇居民区和公共场所 1 km 以上；猪场生产区布置在上风向处，兽医室、隔离舍、病死猪无害化处理间等，应距离猪舍下风 50 m 以外；场区净道和污道分开，饲养区内不得饲养其他畜禽动物；猪场周围需建设围墙和防疫沟，并建绿化带；生产区、生活区之间要分开。

(2) 引种。应从达到无公害标准的猪场引进种猪或生长育肥保育猪，引进时应经产地动物卫生监督机构检疫合格，并具有动物检疫合格的证明；应从生产性能好、健康、无污染的种猪群所产的健康保育猪中挑选，不得从疫区引进种猪和保育猪。引进的种猪或保育猪，隔离观察 15～30 d 经兽医检查确定无疫病后，方可进场饲养。

(3) 饲料品质。猪场使用的饲料及其添加剂要符合《无公害食品—畜禽饲料和饲料添加剂使用准则》(NY 5032—2006) 规定，来源于无任何疫病的地区，无腐烂变质，未受农药污染或病原体感染。选择饲料原料时，要详细了解饲料作物种植过程中农药、化肥的施用情况以及土壤环境的污染情况，一定要保证饲料原料的质量和品质，必要时经饲料质监部门检测和检验，产品中的重金属、药物残留不得超标。可选购土质好、无污染、无农药化肥、有毒有害成分低、安全性高的饲料原料来配制饲料，或在大型饲料生产厂家进行购买全价饲料。

无公害生长育肥猪日粮中营养必须全面均衡，能量水平要合理适当，蛋白质、矿物质和维生素均要满足生长育肥猪的需求。饲粮配制时要合理利用蛋白质资源，减少粪氮、尿氮的排出，降低猪舍氨气浓度，减少环境污染。在养猪生产中，有些猪场为追求生长速度和饲料报酬盲目使用高铜、高锌及砷制剂，导致猪肉组织中铜、锌、砷的含量过高，同时猪粪、尿中铜、锌、砷的排放量增大，造成环境污染。无公害产品生产，应考虑降低上述元素的添加量，要严格执行无公害生长育肥猪有关添加剂的使用要求，保证整个生产的无公害性。

饲料中添加药物或不添加药物均要有详细的记录，严格控制药物的使用情况，出栏前严格按照休药期规定更换无药物的饲料。严禁在饲料中添加任何违禁药物如激素类药、催眠镇静药等。

(4) 水质要求。猪场饮用水来源于自来水、自备井和地表水。严禁使用被污染的水源。不同的水源，其质量卫生控制措施不同。自备井应建在畜禽场粪便堆放场等污染物的上方和地下水的上游，水量要丰富，水质良好，取水方便，避免在低洼沼泽或容易积水的地方打井。

地表水是暴露在地表面的水源，受污染的机会多，含有较多的悬浮物和细菌，应进行净化和消毒处理，使之满足畜禽饮用水水质标准。净化的方法有混凝沉淀法和过滤法，消毒方法有物理消毒法（如煮沸消毒）和化学消毒法（如氯化消毒）。定期检测饮用水质量卫生状况，确保饮用水质量符合《无公害食品—畜禽饮用水水质》（NY 5027—2008）要求。定期清洗、消毒传送管道、水塔、水槽等供水设施设备，保证设备及其表面涂料对生猪无毒无害，符合国家有关规定和产品质量要求。不在饮用水中添加《禁止在饲料和动物饮用水中使用的药物品种目录》（农业部公告第 176号）、《食品动物禁用的兽药及其化合物清单》（农业部公告第 193 号）、《禁止在饲料和动物饮水中使用的物质》（农业部公告第 1519 号）等列出的药品和物质，以及国务院行政主管部门公布的其他禁用物质和对人体具有直接或者潜在危害的其他物质。

（5）猪场粪污及废弃物无公害化处理。猪场粪污及废弃物必须进行无害化处理。猪场一般多采取粪尿和废弃物进行固液分离，分别对固形物和液体进行发酵降解，利用其发酵降解产物生产出适合植物生长的专用固体有机肥料和液体有机肥料。目前很多规模化养猪场使用"猪-沼-果（蔬）"生态模式，就地吸收、消纳、降低污染，净化环境。此外屠宰加工污染物也要进行无害化处理，严格按照《畜禽屠宰卫生检疫规范》（NY 467—2001）、《食品卫生微生物学检验—肉与肉制品检验》（GB 4789.17—2003）、《畜禽屠宰加工卫生规范》（GB12694—2016）要求，加工场所要清洁卫生，严格消毒，达到国家质量标准，并且通风良好，水源充足卫生。所有器具必须彻底消毒，不允许有清洁剂残留。工作人员定期检查身体，不允许有传染病的人上岗，遵守工作制度，以防二次污染。

2. 无公害生长育肥猪生产技术

（1）饲喂的方法。无公害生长育肥猪的饲喂方法有两种，一种是自由采食，另一种是限制饲喂。现代养猪生产主张自由采食。研究表明，自由采食在生长猪前期优势突出，在生长猪中后期，两种饲喂方式对猪日采食量、日增重及经济效益差异不明显。尤其在后期自由采食容易造成猪只脂肪沉积多，胴体瘦肉率和饲料转化率降低。无论采取何种饲喂方法必须保障水的供给。现代养猪生产对饮水的要求是充足、清洁、卫生、爽口。一般多使用鸭嘴式饮水器，饮水器的高度为 $55 \sim 65$ cm，水的流速 $1 \sim 2$ L/min。采用饮水槽饮水每天至少更换 4 次饮水，保证水的清洁和卫生，水槽内水深度超过 10 cm。

（2）猪舍的环境控制。

① 温度。温度是生长育肥猪最主要的小气候环境条件，对生长育肥猪的生长速度、饲料转化率及健康都有重大影响。在高温环境中猪的采食量降低，同时猪为加大散热而使其维持需要增加。因此，生长速度和饲料转化率也随之降低；在低温环境中，猪的采食量增加但机体散热量也大大增加，为保持体温恒定，机体加快体内代谢以提高机体产生热量，这样猪的维持需要也明显增大，猪的生长速度和饲料转化率也下降。当温度在 $20 \sim 28$ ℃，舍内温度每下降 1 ℃，生长育肥猪每天需要增加能量 209.2 kJ；温度在 $12 \sim 20$ ℃，舍内温度在此温度下限值时，每下降 1 ℃，生长育肥猪每天需要增加能量 418.4 kJ。这表明温度每下降 1 ℃，每头生长育肥猪每天将多消耗饲料 $15 \sim 33$ g。温度对生长育肥猪生产性能的影响见表 3-39。

表 3 - 39　温度对生长育肥猪生产性能的影响

（刘海良，1998. 养猪生产）

温度/℃	日喂量/kg	平均日增重/g	饲料转化率/%
0	5.06	540	9.45
5	3.75	530	7.10
10	3.49	800	4.37
15	3.14	790	3.99
20	3.22	850	3.79
25	2.62	720	3.65
30	2.21	440	4.91
35	1.51	310	4.87

温度过高或过低时还会对猪的健康产生明显的不良影响，降低猪的抵抗力和免疫力，诱发各种疾病。所以，控制好猪舍温度是养好猪的关键之一。

温度对生长育肥猪的胴体组成也有影响，温度过高或过低均显著影响脂肪的沉积，使瘦肉率提高。但如果有意识地利用不适宜的温度来生产较瘦的胴体则不合算。

不同体重的猪对于温度的要求不一样，随着体重的增加最适温度逐渐下降。体重20～40 kg 的猪，其适宜温度为 24～27 ℃；体重 40～60 kg 的猪，适宜温度为 21～24 ℃；体重 60～90 kg 的猪，适宜温度为 18～21 ℃；体重 90 kg 以上的猪，适宜温度为 15～18 ℃。

在养猪生产中，夏季应采取覆盖遮光网、打开通风系统、喷洒凉水等降温措施；冬季应采取封严门窗、开暖风炉、敞开式猪舍覆盖塑料薄膜等保温措施。

② 湿度。湿度对生长育肥猪的影响远远小于温度。温度适宜时，相对湿度在45％～90％对猪的采食量、生长速度和饲料转化率没有明显影响。对猪影响较大的是低温高湿和高温高湿。低温高湿，会增加体热的散失，加重低温对猪只的不利影响；高温高湿，会影响猪只的体表蒸发散热，阻碍猪的体热平衡调节，加剧高温所造成的危害。同时，空气相对湿度过大时，还会促进微生物的繁殖，容易引起饲料、垫草的霉变。但空气相对湿度低于40％也不利，容易引起皮肤和外露黏膜干裂，降低其防卫能力，增加呼吸道和皮肤疾病。因此，生长育肥猪环境的相对湿度在通风良好的条件下 50％～80％为宜。

③ 光照。一般情况下，光照对生长育肥猪的生产性能影响不大。然而适宜的太阳光照，对猪舍的杀菌、消毒、提高猪只的免疫力、抗病力及预防佝偻病都有很好的作用。但光照度不要太强，否则会影响猪的休息和睡眠，甚至导致咬尾。一般建议生长育肥舍的光照度为 40～50 lx，光照时间为 8～10 h。

④ 通风。猪舍的通风量不但与生长育肥猪的生长速度和饲料转化率有关，而且与猪的健康关系密切。

猪在育肥前，一方面要做好圈舍的修缮以防止贼风危害猪群，另一方面要做好猪舍的通风换气设施的检修，以确保有效的通风量。猪舍的通风以横向自然通风为宜，横向自然通风的猪舍跨度 8 m 以内通风效果较好，跨度超过 8 m 要辅以机械通风。在自然通风时，猪舍的门窗并不能完全替代通风孔或通风道，要想保证猪舍的通风效果，在设计猪舍时应该留有进风孔和出风孔。

⑤ 有害气体。猪的采食、排泄、活动以及饲养管理操作等，都会在猪舍内产生大量的有害气体和尘埃。猪舍内的有害气体主要包括氨气、硫化氢和二氧化碳。舍内有害气体和尘埃的大量存在，会降低猪体的抵抗力，增加猪体感染疾病的机会，特别是皮肤病和呼吸道疾病。所以养猪生产中应尽可能地减少有害气体和尘埃的数量。一般要求，生长育肥猪舍内氨气的浓度不得超过 20 mg/m³，硫化氢的浓度不得超过 10 mg/m³，二氧化碳的浓度不得超过 0.15%。

减少生长育肥猪舍有害气体和尘埃的方法有：加强通风换气、及时清除粪尿污水、确定合理的饲养密度、保持猪舍一定湿度、建立有效的喷雾消毒制度等。

（3）药物限制和休药时间。无公害育肥猪生产饲料中药物的添加使用要严格遵守和按照《无公害农产品—兽药使用准则》（NY/T 5030—2016），不能长期在饲料中添加使用药物，要对药物使用限制。长期在饲料中添加药物，会造成猪肉中药物残留，污染土壤及地下用水，影响人们的身心健康。同时还要注意药物的休药期时间，所谓休药期指畜禽从最后一次药物使用开始至出栏屠宰时止，药物经在体内代谢排泄后，在体内各组织中的药物残留量不超过食品卫生标准所需要的时间。在出栏上市前的 7~15 d 不准添加使用药物，休药期内不可屠宰出售。

（4）适时出栏。无公害生长育肥猪何时出栏，是养猪业中一个重要的问题，这关系到养猪生产者的经济效益和猪肉产品的数量与质量。影响生长育肥猪适宜出栏的因素很多，如育肥猪的类型、生物学特性、消费者对胴体的要求与销售价格等。

① 猪的类型。育肥猪的生长发育规律呈现抛物线，即开始时生长速度较慢，以后逐渐加快，达到高峰后（最大生长速度）维持一段时间，之后下降。根据此规律，在生长育肥猪生长期（60~70 kg 活重前）应给予高营养水平的饲粮，要注意饲粮中矿物质和必需氨基酸的供给，以促进骨骼和肌肉的快速发育；到育肥后期 70 kg 以后控制日粮中能量的水平，满足体内脂肪沉积。猪的类型不同，其增重的速度也不同。一般的瘦肉型品种及其杂交猪，增重高峰出现较晚，持续时间长，适宜出栏的体重较大；而地方品种及其杂交的猪，增重高峰出现较早，持续时间短，适时出栏的体重较小。

② 生物学特性。适时出栏的活重受日增重、饲料转化率、瘦肉率等生物学因素制约。育肥猪随体重的增长，日增重逐渐增大，到一定阶段之后，逐渐开始下降，维持的营养水平相对增多，饲料消耗增大，饲料转化率下降，见表 3-40。据研究，体重在 60~120 kg 的猪，每增长 10 kg，胴体瘦肉率下降 1% 以上，出栏活重越大，胴体脂肪沉积越多，瘦肉率下降，见表 3-41。

表 3-40　生长育肥猪活重与日增重、饲料转化率的关系

（杨公社，2002. 猪生产学）

活重/kg	日增重/(g/头)	日耗料/(g/头)	每千克增重耗料/kg
10.0	383	0.95	2.50
22.5	544	1.45	2.67
45.0	726	2.40	3.30

（续）

活重/kg	日增重/(g/头)	日耗料/(g/头)	每千克增重耗料/kg
67.5	816	3.00	3.68
90.0	839	3.50	4.17
110.0	813	3.75	4.61

表 3 - 41　杜洛克与莱芜猪杂交的猪不同体重屠宰时胴体测定结果

（郭建凤等，2006）

屠宰前体重/kg	屠宰率/%	膘厚/mm	瘦肉率/%	皮脂率/%	骨骼率/%
93.80	74.27	26.01	61.17	28.80	10.02
96.42	75.16	25.54	58.35	31.34	10.32
100.50	74.53	31.60	54.70	35.20	10.09
107.75	74.13	27.23	56.20	32.66	11.14

③ 消费者需求。随着人们生活水平的提高，人们逐渐对瘦肉的需求很高，市场上瘦肉（精肉）销售很好，对肥肉的需求越来越少。为了获得较好的销售价格、生产效益和满足消费者的需求，生产者积极获得最佳出栏活重。不同的国家对胴体的要求不同，如东南亚市场要求猪适宜出栏活体重 90～95 kg，瘦肉率 60% 左右为宜；日本和欧盟国家市场要求胴体瘦肉率达到 60% 以上，体重最好在 100～110 kg 为宜。国内市场，大中城市和农村不一样，一般城市市场（如超市）中要求瘦肉率偏高，出栏体重适当小些；而农村（偏远地区）对瘦肉率要求不高，出栏体重往往是很高，如有些农村地区要求猪体重越大越好，甚至达到 150 kg。

④ 销售价格。养猪生产效益与生长育肥猪的出栏活重密切相关，出栏体重大小直接与育肥期的平均日增重和饲料转化率有关。同时还必须考虑猪在出栏时的市场售价及未来价格变化趋势。若目前价格高昂或走高时，由于惜售心理，出栏体重较大。

总之，养猪生产者应综合考虑影响出栏体重的各种因素，根据不同的市场灵活确定适宜的出栏体重。一般情况下，以地方猪为母本的二元、三元杂交猪出栏体重在 95～100 kg 为宜，国外引入猪种杂交产的"洋三元""洋四元"出栏体重在 110～120 kg 为宜。

任务二　特色生长育肥猪生产

（一）有机猪生产

1. 有机猪的概念　在猪的生产过程中不使用任何含有农药、生长激素、化学添加剂、色素和防腐剂等化学物质的饲料以及不使用基因工程技术，符合国家食品卫生标准和有机食品技术规范要求，并经国家有机食品认证机构认证，许可使用有机食品标志的猪，称为有机猪。

有机猪生产不同于无公害猪，其生产过程中绝对禁止使用任何含有农药等化学物质的饲料和不使用基因工程技术，要求土壤无污染、大气无污染、水质无污染、饲养管理顺其自然，应有足够的自由活动空间，禁止被关在笼内饲养，提倡利用天然资源放养。而无公害猪可以有条件限制使用，只是将有公害物质含量控制在规定标准以内。因此，有机猪生产比无公害猪的标准严格，需要建立全新的畜牧业生产体系，即有机猪要在无污染的环境下饲养，猪种、饲料来自有机畜牧业生产体系。

有机猪生产需具备四个条件：①各种原料均来自已经建立或正在建立的有机农业生产体系或采用有机方式采集的野生天然产品；②生产过程中绝对禁止使用农药、化肥、激素等人工合成物质，并且不允许使用基因工程技术，严格遵守有机食品的加工、包装、贮藏、运输要求；③生产过程中必须建立严格的质量管理体系、生产过程控制体系、追溯体系和完整生产、销售的档案记录，因此一般需要有转换期，转换过程一般需要 2～3 年；④必须通过独立的、合法的有机食品认证机构的认证。

2. 有机猪生产技术

（1）使用有机饲料。饲料原料要求来自有机农业生产基地或严格按照有机食品要求规范的生产地区。从种植有机种子到收获、干燥、贮存和运输过程中未受化学物质的污染，猪场实行有机猪饲养管理，可使用按照有机食品要求自产的饲料作为有机饲料饲养本场的猪。在使用添加剂时应遵守标准允许的物质，不能以任何形式使用人工合成的生长促进剂，也不能用合成的开胃剂、防腐剂和合成的色素，不能用基因工程生物或其产品，可以选用一些标准允许的饲料添加剂，如酶制剂、益生素、糖萜素、有机酸、寡聚糖和中草药等来提高日增重和饲料转化率，增强机体的抗病力和免疫功能，其他矿物质和维生素添加剂应尽可能按照有机认证标准规定选用天然物质。

（2）选好猪种。有机猪的饲养过程中，不能添加抗生素等药物来预防猪病的发生，因此对种猪的选择除了包括繁殖性能好、生长速度快、瘦肉率高，还要求种猪的适应性强、健康状况良好和抗病力强等，且不能从受到基因工程产品污染的种猪场引种。种猪最好来自有机种猪场，如确需引进常规种猪时，一定要有 4 个月的转换期，引入后必须按照有机方式饲养。欧盟国家采用无特定病原菌法进行种猪育种，以提高种猪的质量与健康，在丹麦 80％的种猪是 SPF 种猪，其主要特点是健康系数高，瘦肉率达 60％以上。

（3）控制猪场内外环境。猪场场地的环境质量对生产有机猪有直接的影响，因此要对猪场所在地的大气、用水和土壤进行质量检测。在三项综合污染指数符合国家环境保护总局有机食品发展中心（OFDC）标准的前提下才可经营。此外，建造猪舍时应避免使用对猪有害的建筑材料和设备，猪栏内要有运动场，给猪只提供一定的自由空间。猪舍要保持空气流通，自然光线充足。根据猪的行为特性，尽可能地满足猪的生理和行为需要，保证猪有撅地、拱土、拱垫料等自然行为表达的机会，提高猪的福利和肉品质量。猪场必须重视污水处理问题，使猪场具备良好的生态环境，有利于猪的健康生长。如丹麦的有机猪场周围都种植一些树木以保证空气质量，控制场内空气中有害气体和尘埃。

（4）关注猪群健康。有机猪场要有完整的防疫体系，并保证各项防疫措施配套、简洁、实用。对猪舍进行消毒时，应选用 OFDC 允许的清洁剂或消毒剂，并使用 OFDC 允许的药物在猪场杀灭老鼠、蚊蝇等有害动物，如丹麦有机猪场畜舍主要采用石灰消毒，进入圈舍前有干净的靴子和工作服。严禁在猪场饲养犬、猫等动物。病猪治疗时，则一定要经过该药的降解期（半衰期）的两倍时间之后才能出栏。

（二）特味猪肉生产

1. 特味猪肉含义 随着人民生活水平的不断提高，我国畜产品的消费需求呈现多样化和优质化的特点，对育肥猪生产提出了更高的要求，既要有较高的瘦肉率，又要口感好、风味佳、安全性高。口感、风味、安全已成为公众的消费新时尚，特味猪肉应运而生。特味猪肉是指按无公害猪肉生产工艺生产的品质优良、营养丰富、安全性高、口感良好、风味独特的猪肉。

2. 特味猪肉生产技术 特味猪肉来源于特味育肥猪。特味育肥猪不但要严格按照无公害生长育肥猪生产要求组织生产，而且要突出猪肉品质的改善，要求猪肉营养、口感、风味俱佳。改善猪肉品质主要从以下三方面着手：

（1）选好特味育肥猪的育种。目前，我国饲养的大白、长白等猪种虽然生长快、瘦肉率高，但猪肉品质口感差、肌纤维粗、肌间脂肪低、风味不佳。我国的地方猪种如香猪、黄淮海黑猪、蓝塘猪、莆田猪、太湖猪、藏猪、玉江猪等，虽然猪肉风味较好，但瘦肉率较低，脂肪偏多。利用先进的育种技术培育脂肪少、风味优的猪种是特味育肥猪生产的关键，如吉林某集团利用当地的松辽黑猪与野猪杂交所产后代就改善了猪肉品质，提高猪肉的口感和风味，在当地猪肉市场上受到消费者青睐。

（2）抓好饲料品质。生产特味生长育肥猪，抓好饲料品质很重要。通过饲喂专门化饲料，产生具有特殊内在品质，如富含几类脂肪酸和其他有益组分的猪肉，可以加入一些天然植物或中草药如桑叶、香草、黄芪、金银花、杜仲、芦荟等物质来改善猪肉风味。为提高猪群健康水平，还可以在饲料中加入微生态制剂、酸制剂、糖萜素、茶多酚等新型添加剂。

（3）抓好环境控制。严格控制猪场环境，猪场的空气、用水和土壤不能含有有害有毒物质。建立生物安全体系，加强猪舍清扫和通风，控制空气中有害气体和尘埃。重视粪污处理，使猪场具备良好的生态环境，防止异味在猪肉中沉积。

项目七 工厂化养猪

任务一 工厂化养猪概念与必备条件

工厂化养猪是养猪现代化的重要组成部分，是采用先进的科学技术和设备，良好的饲料供应，适宜的环境条件，进行高生产水平、高劳动效率、高产品质量的"三高"养猪生产。随着我国现代化养猪生产的发展，曾出现了很多的说法，如机械化养猪（偏重于猪场的机械设备）、规模化养猪（着重猪场的规模）、集约化养猪（强调猪群的密集性）、工厂化养猪、现代化养猪等。这些说法，都有其一定的历史背景。从多年的养猪生产情况来看，前三种说法都带有一定的片面性，只有工厂化养猪与现代化养猪才能代表高水平、高效率的养猪生产。

1. 概念 工厂化养猪就是采用工业生产的方式组织养猪生产的方法。它是根据猪的不同生理阶段，采用工业流水生产线的形式，按照固定周期节奏（一般以周为单位），全进全出，利用最新科学技术和设备，使猪群的生产性能和猪场的劳动生产效率大大提高的养猪方法。

工厂化养猪育肥舍

2. 工厂化养猪必备条件

（1）施行流水式的工艺流程。养猪生产包含配种、妊娠、分娩、保育、育成、育肥等6大环节。工厂化养猪的生产工艺就是按照上述6个环节组成一条生产线进行流水式生产，类似工厂的生产模式，猪场的每一栋猪舍就是一个生产车间，每个车间完成1~2个生产环节（或生产工序），产品从一个车间转移到下一个车间，从一道工序转移到下一道工序，每一道工序必须完成规定的生产工艺。这样进行的养猪生产，把养猪生产中的各生产环节有机地联系起来，形成一条连续流水式的生产线，有计划、有节律地常年均衡生产。

育肥采食

（2）专门化的猪舍类别。工厂化养猪须建立能拥有适应各类猪群生理和生产要求的、又便于组织"全进全出"生产方式的足够栏位数的专用猪舍，如配种猪舍、妊娠猪舍、分娩哺乳舍、保育猪舍、生长猪舍和育肥舍等，只有这样，才能保证各生产环节有序地进行。

（3）完善的繁育体系。工厂化养猪须拥有优良遗传素质和高度生产性能的猪种，并按繁育计划建立好繁育体系，保证有计划、有节律地均衡生产，从而达到最高的经济效益。

（4）系列化的全价饲料。工厂化养猪按照各类猪群的营养需要，配制不同类型的全价饲料，最大限度地发挥其生产潜力。

（5）现代化的设施、设备。工厂化养猪应配备先进的养猪设施与设备，才能给各类猪群提供适宜的环境条件（如温度、湿度等），保证生产不受季节的影响，使猪群的生产潜力得到充分发挥。

（6）严密化的兽医保健。工厂化养猪要求建立健全严格的防疫、驱虫程序和消毒制度，具备符合环保要求的粪污处理系统。

（7）高效的管理体制与队伍。工厂化养猪应采用先进的科学管理技术，合理的劳动组织，并造就一支高文化素质、技术水平和管理能力的职工队伍。

（8）均衡、标准化的生产。工厂化养猪应采用各种先进技术，全年有节律、均衡地生产符合质量标准的种猪或商品猪。

任务二　工厂化养猪工艺流程

（一）工厂化养猪工艺参数

上料设备

为了准确计算各类猪群的存栏数、猪舍及各猪舍所需栏位数、饲料用量和产品数量，必须根据养猪的品种、生产力水平、技术水平、经营管理水平和环境设施等，实事求是地确定生产工艺参数，参数发生错误，设计必告失败，必将影响生产流程。为此，参数制定必须反复推敲，慎重确定。

1. 繁殖周期　繁殖周期决定母猪的年产窝数，关系到养猪生产水平的高低，其计算公式如下：

$$繁殖周期＝妊娠期＋哺乳期＋空怀期$$

其中，妊娠期平均为 114 d；哺乳期一般是 28 d，条件好的猪场采用 21 d 断乳；空怀期包括两阶段：一是断乳至发情时间 5～7 d，二是配种至受胎时间，此段时间影响着情期受胎率和分娩率的高低；假定分娩率为 100%，将返情的母猪多养的时间平均分配给每头猪，其时间是：21×（1－情期受胎率）d。以 28 d 断乳为例，其繁殖周期＝114＋28＋7＋21×（1－情期受胎率）即：繁殖周期＝149＋21×（1－情期受胎率）

例如：情期受胎率为 90% 时，繁殖周期为 151 d。情期受胎率每增加 5%，繁殖周期就减少 1 d。

2. 母猪年产窝数　母猪年产窝数＝（365÷繁殖周期）×分娩率　即：

上料过程

$$母猪年产窝数 = \frac{365×分娩率}{114＋哺乳期＋7＋21×（1－情期受胎率）}$$

如果母猪情期受胎率 90%，仔猪哺乳期为 28 d 时，母猪年产窝数可以达到 2.4 窝/年；仔猪 21 d 断乳时，母猪年产窝数就可以达到 2.5 窝/年；可见仔猪早期断乳、妊娠母猪的饲养等技术是提高母猪生产力水平的关键技术环节。其他参数可参考表 3-42。

（二）工艺流程

工厂化养猪把养猪生产过程分为空怀与配种、妊娠、分娩、保育、生长和育肥等生产环节，形似工业生产的车间，组成一条连续生产的生产线，实行流水作业，全进全出，合理周转，均衡批量生产，其生产工艺流程模式如图 3-1。

但在实际生产中，工艺流程的设计需根据生产环节、猪种特点、饲养规模、饲料质量、技术水平、饲养方式、设备条件等实际情况而定，目前主要有"一点一线"和

"多点式"生产工艺。

表 3 - 42 某万头商品猪场工艺参数

项目		参数	项目		参数
妊娠期/d		114	每头母猪年产活仔数	出生时/头	19.4
哺乳期/d		35		35 日龄/头	17.5
保育期/d		28～35		36～70 日龄	16.6
断乳至受胎/d		7～14		71～170 日龄	16.3
繁殖周期/d		156～163	平均日增重/g	出生～35 日龄	194
母猪年产胎次		2.15		36～70 日龄	486
母猪窝产仔数/头		10		71～160 日龄	722
窝产活仔数/头		9	公、母猪年更新率/%		35（28）
成活率/%	哺乳仔猪	90	母猪情期受胎率/%		90
	断乳仔猪	95	妊娠母猪分娩率/%		95
	生长育肥猪	98	公、母比例		1∶25
出生至目标体重/kg	初生重	1.2～1.4	圈舍冲洗消毒时间/d		7
	35 日龄	8～8.5	生产节律/d		7
	70 日龄	25～30	母猪临产前进产房时间/d		7
	160～170 日龄	90～100	母猪配种后原圈观察时间/d		21

1. 一点一线生产工艺 是在一个生产区把配种、妊娠、分娩、哺乳、保育、生长、育肥等生产程序组成一条生产线。目前运用较多的有四段法、五段法和六段法。

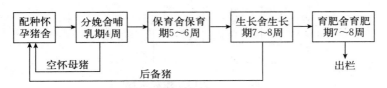

图 3-1 养猪生产工艺流程示意

（1）四段饲养工艺流程。四段法是将不同类群的猪分别置于配种妊娠舍、分娩哺乳舍、保育舍和生长育肥舍内分区饲养，如果仔猪 4 周龄断乳，保育猪 10 周龄，其工艺流程如图 3-2 所示。它的特点是将待配母猪、妊娠母猪及公猪在同一猪舍内分区饲养，猪群调动较少，便于饲养与管理。断乳后的保育猪在专门的保育工段饲养至 10 周龄，待体重达 25～30 kg，再转入生长育肥舍饲养 12～13 周，体重达 90～120 kg 出栏销售。这样便于采取措施满足断乳后的仔猪对环境条件要求高的特点，有利于提高成活率。

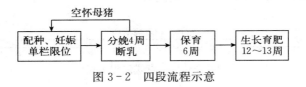

图 3-2 四段流程示意

（2）五段饲养工艺流程。它的主要特点是在四段饲养工艺的基础上，将猪的生长育肥期划分为生长期和育肥期，各饲养6周左右。由于仔猪从出生到出栏分成哺乳、保育、生长、育肥4个阶段饲养，可以根据猪的不同阶段特点，最大限度满足其生长发育的营养需要和环境要求，有利于生长潜力的充分发挥，但在生长阶段多一次转群，应激增加，影响猪的生长速度，延长出栏时间。如果仔猪4周龄断乳，保育猪10周龄，其工艺流程如图3-3所示。

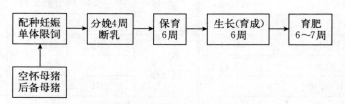

图3-3 五段法流程示意

（3）六段饲养工艺流程。其工艺流程如图3-4所示。它主要特点是在五段饲养工艺的基础上，将空怀待配母猪和妊娠母猪分开饲养，空怀母猪经1周左右配种期和3周左右的妊娠鉴定期，转入妊娠舍饲养12周，最后1周转入分娩哺乳舍。这种安排有利于断乳母猪的复膘、发情鉴定及配种，而且能防止空怀母猪和妊娠母猪之间的争斗引发的流产，也便于根据母猪妊娠后的膘情采取合适饲养方法，但转群应激增多，应预防机械性流产的发生。

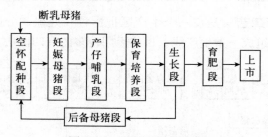

图3-4 六段法流程示意

一点一线生产工艺最大优点是地点集中，管理方便，转群容易，缺点是猪群过于集中，在同一条生产线上，有一个生产环节出现问题，其他环节就会不可避免的受到影响，尤其是疫病的交叉感染，难以防控，防疫显得困难。所以，有的猪场将猪舍按照转群的数量分隔成单元，按单元全进全出，虽有利于防疫，但猪舍环境必须实行自动化控制。

2. 多点式生产工艺 有条件的规模化猪场可实行"多点式"饲养工艺，养猪生产工艺及猪场布局往往是以场为单位实行全进全出。生产中有"二点式"和"三点式"生产工艺。其工艺流程如图3-5及图3-6。

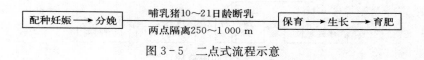

图3-5 二点式流程示意

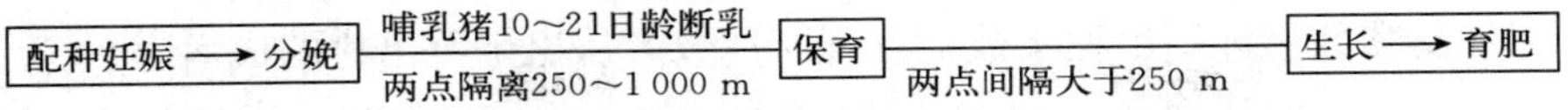

图 3-6　三点式流程示意

多点式生产工艺，能有效地隔离一些疫病的传播，保证了仔猪的健康水平，提高了猪群的成活率与生长速度。

(三) 工艺组织

合理的生产工艺，是提高养猪生产效率的可靠保证。生产工艺的确定需要考虑以下因素：

1. 确定饲养模式　养猪的生产模式不仅要根据经济、气候、能源、交通等综合条件来确定，还要根据猪场的性质、规模、技术水平来确定。例如：同样是集约化饲养，公猪与待配母猪可以同舍饲养，也可以分舍饲养；母猪可以单栏限位饲养，也可以小群饲养或大群智能喂饲；配种方式有的采取本交，有的采取人工授精。因此，各类猪群的饲养、饲喂、饮水、环境控制、清粪等方式都需要一定的饲养模式来确定；饲养模式一定要符合当地的条件，灵活运用，不能照抄照搬；对于相应配套的设施和设备，要有选择性的使用，既要提高生产效率，又要降低成本。

2. 确定繁殖节律　繁殖节律是指相邻两群泌乳母猪转群的时间间隔（天数）。按照工厂化养猪的要求，在一定时间内对一群母猪进行配种，使其受胎后及时组成一定规模的生产群，以保证分娩后形成确定规模的泌乳母猪群，泌乳母猪群在规定的时间进行转群，并获得规定数量的仔猪，进而形成有节奏的生产。合理的繁殖节律是流水式生产工艺的前提，是有计划利用猪舍、合理组织劳动管理、均衡生产商品肉猪的基础。

繁殖节律一般采用 1、2、3、4、7 或 10 日制。可根据猪场规模确定繁殖节律，年产 5 万～10 万头商品猪的企业多实行 1 或 2 日制，即每天或 2 d 有一批母猪配种、产仔、断乳、仔猪保育和肉猪出栏；年产 1 万～3 万头商品猪的企业多实行 7 日制；规模较小的养猪场一般采用 10 或 12 日制。7 日制与其他节律相比，有以下优点：

(1) 可减少待配母猪和后备母猪的饲养头数，因为猪的发情周期是 21 d，是 7 的倍数。

(2) 可将繁育的技术工作和劳动任务安排在一周前 5 d 完成，避开周六和周日。由于大多数母猪在断乳后第 5～7 天发情，配种工作可安排在 3 d 内完成。这样就使生产中的配种和转群工作全部在周四、周五之前完成。配种母猪不足的数量可按规定由后备母猪补充。

(3) 有利于按周、按月和按年制订工作计划，建立有序的工作和休假制度，减少工作的混乱性和盲目性。

3. 猪群结构与存栏头数计算　猪群结构就是指常年各类猪的存栏头数，工厂化养猪是严格按照流水式、有节奏、全进全出的作业方式进行生产，为了最大限度地利用猪群、猪舍和设备，提高生产效率。必须要精确计算各类猪的存栏头数。下面以年产万头商品育肥猪的猪场为例，介绍一种简便的猪群结构计算方法。

（1）年产仔总窝数。

年产仔总窝数＝计划出栏头数÷（窝产仔数×从出生至出栏的成活率）

＝10 000÷（10×0.9×0.95×0.98）＝1 193（窝/年）

（2）每个节律转群头数。以 7 为一个节律计算。

① 每周产仔窝数＝1 193÷52＝23（窝），一年 52 周，即每周分娩、泌乳母猪数为 23 头。

② 每周妊娠母猪数＝23÷0.95＝24（头），分娩率 95%。

③ 每周配种母猪数＝24÷0.90＝27（头），情期受胎率 90%。

④ 每周哺乳仔猪数＝23×10×0.9＝207（头），成活率 90%。

⑤ 每周保育仔猪数＝207×0.95＝196（头），成活率 95%。

⑥ 每周生长育肥猪数＝196×0.98＝192（头），成活率 98%。

（3）各类猪群组数。生产以 7 为节律，故猪群组数等于饲养的周数。

（4）猪群的结构。各猪群存栏数＝每组猪群头数×猪群组数

猪群的结构见表 3-43。生产母猪为 561 头（135＋288＋138），公猪、后备猪群的计算方法为：

① 公猪数：561÷25＝22（头），公母比例 1∶25。

② 后备公猪数：22×35%＝8（头）。公猪年更新率 35%，若半年更新 1 次，实际养 4 头即可。

③ 后备母猪数：561×28%÷52÷0.5＝6（头/周），母猪年更新率 28%，留种率 50%。

表 3-43　万头猪场猪群结构

猪群种类	饲养期/周	组数/组	每组头数/头	存栏数/头	备注
空怀配种母猪群	5	5	27	135	配种后观察 21 d
妊娠母猪群	12	12	24	288	
泌乳母猪群	6	6	23	138	妊娠母猪产前一周转入分娩舍
哺乳仔猪群	5	5	230	1 150	按出生头数计算
保育仔猪群	5	5	207	1 035	按转入的头数计算
生长育肥猪群	13	13	196	2 548	按转入的头数计算
后备母猪群	8	8	6	48	8 个月配种
公猪群	52			22	不转群
后备公猪群	12			8	9 个月使用
总存栏数				5 372	

4. 猪栏配备数量　现代化养猪生产能否按照工艺流程进行，关键是猪舍和栏位配置是否合理。猪舍的类型一般是根据猪场规模按猪群种类划分的，而栏位数量需要准确计算，计算栏位需要量方法如下：

各饲养群猪栏＝猪群组数＋消毒空舍时间（d）/生产节律（7 d）

每组栏位数＝（每组猪群头数/每栏饲养量）＋机动栏位数

各饲养群猪栏总数＝每组栏位数×猪栏组数

如果采用空怀待配母猪和妊娠母猪小群饲养、泌乳母猪网上饲养，消毒空舍时间为 7 d，则万头猪场的栏位数如表 3-44 所示。

表 3-44 万头猪场各饲养群猪栏配置数量（参考）

猪群种类	猪群组数/组	每组头数/头	每栏饲养量/（头/栏）	猪栏组数/组	每组栏位数/个	总栏位数/个
空怀配种母猪群	5	27	4～5	6	7	42
妊娠母猪群	12	24	4～5	13	6	78
泌乳母猪群	6	23	1	7	24	168
保育仔猪群	5	207	8～12	6	19	114
生长育肥猪群	13	196	8～12	14	18	252
公猪群（含后备）	—	—	1	—	—	28
后备母猪群	6	6	4～6	7	3	21

任务三 工厂化养猪环境控制

（一）猪对环境条件要求

通常所说的环境一般是指外界环境，外界环境是指与猪有关的自然环境（空气、光、声、土壤、水、动植物、微生物等）和人为环境（猪舍与设备、饲养管理、环境污染等）的总和。工厂化养猪集约化程度高，环境因素对猪场生产力水平和经济效益的影响更加明显。因此，养猪生产中应高度重视猪场、猪舍的环境改善和控制，给猪群创造一个适宜的生存及生产环境。

1. 猪对温度较为敏感 一般来说，小猪怕冷，大猪怕热。研究与实践证明，热应激给养猪生产带来的影响，应引起高度的重视。例如：种公猪最终表现性欲抑制，精子活力下降，密度减低，畸形精子增加；繁殖母猪发情异常，产仔数减少；肉猪采食量下降，增重速度减慢。而环境温度偏低会导致幼龄猪腹泻增加或引发呼吸道疾病。

2. 湿度对猪的影响 空气湿度对猪的生产力和健康产生不同的影响。在高温高湿的情况下，会阻碍猪的蒸发散热，从而加剧了高温的危害；与此同时，常温高湿的环境有利于病原微生物和寄生虫的滋生，使猪易患疥螨和湿疹等皮肤病。在低温高湿情况下，会使猪增加寒冷感，加剧冷应激，猪易患风湿、关节炎等；由此可见，无论在任何温度情况下，相对湿度高于80%，并且通风不畅时都直接或间接地影响猪的生产力和健康。而低湿（小于40%）易导致皮肤及外露黏膜发生干裂，降低了皮肤黏膜对微生物的防卫能力，猪易患皮肤和呼吸道疾病，并可造成猪舍空气含尘量增加。

3. 猪对气流的要求 适宜气流在低温时，可加速体热的散失，在高温时可使猪体凉爽。

4. 猪对空气的要求 猪场及猪舍内的二氧化碳、硫化氢、氨气等有害气体不可超标，否则猪只易感性强，易中毒或患病，也影响生产潜力的发挥。一般要求氨气的含量在 20 mg/m³ 以下，硫化氢不应超过 10 mg/m³，二氧化碳不超过 0.15%。

此外，根据大量生产实践来看，光照对猪只影响不大。噪声应当加以控制，一般舍内严禁喧哗、吵闹，舍内噪声不应超过 60 dB。

（二）温度与湿度

工厂化养猪一般采用封闭或半封闭猪舍，猪舍内环境直接影响养猪生产水平。舍内环境主要是指小气候因素（温度、湿度、气流、热辐射、光照、有害气体、噪声、尘埃、微生物等），其中，温度是主要的、起主导作用的因素，在不同的湿度、风速和热辐射情况下，温度对猪的影响也不同。

1. 温度 猪的体温是相对恒定的，在正常的情况下，体温变动在 38～40 ℃，不同类群的猪需要的温度条件也不一样。在养猪生产中，猪舍内温度应控制在 15～22 ℃（8周龄前猪除外），温度过高、过低均会影响猪生产水平和猪群健康。大猪在高温的环境下（25 ℃以上），应注意舍内的防暑降温，小猪在低温度条件下（15 ℃以下），应考虑取暖保温，具体措施如下：

（1）降温措施。

① 喷淋降温。喷淋降温要求在舍内用喷头，定时或不定时对猪群进行淋浴。喷淋时，水易于湿透被毛而湿润皮肤，可直接从猪体及舍内空气中吸收热量，故利于猪体蒸发散热而达到降温的目的（图 3-7、图 3-8）。

 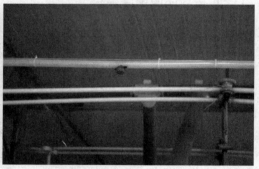

图 3-7　育肥舍喷淋降温　　　　　　　　　图 3-8　猪舍滴水喷头降温

② 蒸发垫降温。又称湿帘或者水帘通风系统。该装置主要部件由湿垫、风机、水循环系统及控制系统组成。由水管不断向蒸发垫淋水，将蒸发垫置于机械通风的进风口，气流通过时，由于水分蒸发吸热，降低进入舍内的气流温度（图 3-9、图 3-10）。

图 3-9　猪舍净道湿帘　　　　　　　　　　图 3-10　猪舍污道风机

③ 冷风设备降温。冷风机是喷雾和冷风相结合的一种新型设备。冷风机技术参数各生产厂家不同，一般通风量为 $6\,000\sim9\,000\ \mathrm{m^3/h}$，喷雾雾滴可在 $30\ \mu\mathrm{m}$ 以下，喷雾量可达 $0.15\sim0.2\ \mathrm{m^3/h}$。舍内风速为 $1.0\ \mathrm{m/s}$ 以上，降温范围长度为 $15\sim18\ \mathrm{m}$，宽度为 $8\sim12\ \mathrm{m}$。这种设备国内外均有生产，降温效果比较好（图 3-11、图 3-12）。

图 3-11　冷风机主机

图 3-12　冷风机舍内送风道

（2）保暖措施。

① 局部采暖。在舍内单独安装供热设备，如电热板（图 3-13）、产房保温灯（图 3-14）等。在仔猪栏铺设电热毯或上面悬挂红外线灯。

图 3-13　猪舍电热板

图 3-14　产房保温灯

② 集中采暖。集中式采暖是指集约化、规模化养猪场，可采用一个集中的热源（锅炉房或其他热源），将热水（图 3-15）、蒸汽或预热后的空气，通过管道输送到舍内或舍内的散热器。主要设备有：热风炉、暖风机、锅炉等，有效解决了通风与保暖问题。

猪舍温度控制涉及因素较多，如猪舍的朝向、猪舍空间容积、建筑材料的保温

图 3-15　猪舍地坪热水供暖

隔热性能、猪舍封闭程度、地面隔热性能、通风效果、取暖形式及效果等。因此，在建筑猪舍时应充分考虑到寒冷季节的取暖保温、酷暑季节的防暑降温以及平时通风换气的需要，以免影响整个养猪生产。

2. 空气湿度 在通风良好的情况下，猪舍适宜的相对湿度为50%～80%。为了达到这一目标，可以采取以下方法加以调控。

（1）降低相对湿度的措施。

① 保持舍内温度相对恒定，舍内昼夜温差过大会使舍内湿度升高。

② 注意通风换气或洒吸潮剂，并减少用水和消毒次数。

③ 控制好猪群密度，舍内饲养密度过大或舍内空间偏小，容易形成高湿条件。

（2）增加相对湿度的方法。当舍内的空气相对湿度低于40%时，常需要增加湿度，加湿的主要方法有：

① 使用暗沟式排粪或者干清粪，定时用水冲刷或消毒。

② 喷雾加湿。

（三）通风与光照

1. 猪舍通风 通过猪舍的门窗和进排风口或通风设备使舍内形成气流（主要是水平气流）。通风可以排出猪舍内的有害气体和多余的水汽与热量，为猪只提供一个舒适的生存、生产环境。通风换气有以下几种方式：

（1）自然通风。自然通风由热压或风压为动力而发生。猪舍的自然通风可分为有窗式通风和排气管式通风。

① 有窗式自然通风。一种是风压通风（图3-16），指利用两侧墙上的窗户进行的通风。在外界风力的作用下，空气从迎风面墙上的窗户进入猪舍，从相对一侧背风面墙上的窗户流出，形成"穿堂风"，但要避免直接吹向猪体。另一种是热压通风（图3-17），当舍外较低温度的空气从猪舍下部进入后，在猪舍下面遇热变轻而上升，于是在舍内近屋顶、天棚处形成较高的压力区（正压区），这时屋顶如有孔隙，空气就会逸出舍外。与此同时，猪舍下部空气由于不断变热上升，就形成了稀薄的空气空间（负压区），猪舍外较冷的空气就会不断渗入舍内，如此周而复始，形成了热压作用的自然通风。热压通风适合冬冷夏热地区，宜设置可以避风的单侧天窗，排气口设在背风侧；在炎热地区可设置双侧通风天窗。

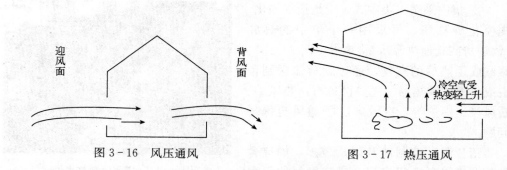

图3-16 风压通风　　　　图3-17 热压通风

进行自然通风时，冬季往往是风压和热压同时发生作用，而夏季舍内外温差小，在有风时风压作用大于热压作用,通风效果好,无风时自然通风效果差。在无管道自然通风系统中,在靠近地面的纵墙上设置地窗,可增加热压通风量,有风时在地面可形成"穿堂风",这有利于夏季防暑。地窗可设置在采光窗之下,按采光面积的50%～70%设计成卧式保温窗。如果设置地窗仍不能满足夏季通风要求,可在屋顶设置天窗或通风屋脊,以增加热压通风。

② 排气管式自然通风。在寒冷地区为了使屋顶具有良好的保温性能,冬季一般不采用天窗进行通风换气,而是采用设置在屋顶上的排气管道。冬季舍内的温度高于舍外,在温差形成的热压作用下,舍内空气通过排气管排出舍外,舍外的新鲜空气经进气口进入猪舍。由于舍外空气的密度大,进入猪舍后向下运动达到猪的活动区域,为了防止冷空气直接吹向猪体,进气口处要设有向上的气流导向板,使冷空气缓慢地流向猪的活动区。

根据进气口的位置不同,排气管式自然通风又分为两种形式,一种是进气口在纵墙的上部,另一种是在下部。在寒冷地区,进气口要设在纵墙的上部,只在南侧设置,使舍外冷空气在经过舍内上部空气的预热后再流向猪的活动区,同时避免贼风进入猪舍;冬季温暖地区,进气口设在下部,而且南北两纵墙上都要设进气口,以利于舍外新鲜空气迅速进入猪舍。

(2)机械通风。是指以风机为动力迫使空气流动的通风方式。机械通风可分为负压通风、正压通风和联合通风三种形式。

① 负压通风。也称排气式通风(图3-18),利用风机强行把舍内空气排到舍外,使舍内压力相对小于舍外。而新鲜空气通过进气口或进气管流入舍内,从而完成舍内外的气体交换。现在多采用纵向通风,将风机安装在猪舍一端山墙(或靠近山墙的纵墙)上,另一端山墙(或靠近山墙的纵墙)上开设进气口。当猪舍长度大于 70 m 时,在两端山墙(或靠近山墙的纵墙)上安装风机,在纵墙中间开进气口。纵向通风进入猪舍的气流沿一

图 3-18 负压通风风机

个方向直线流动,舍内气流分布均匀且速度较大,消除了通风死角,保持了舍内的空气新鲜。

负压通风的优点是设备投资少,管理费用低,进气分布均匀;缺点是对进入猪舍的空气难以进行处理,也不便于猪舍与外界环境的卫生隔离。

② 正压通风。也称进气式通风,利用风机将新鲜空气送入猪舍,使舍内空气压力大于舍外,舍内为正压区,迫使舍内污浊空气经排气口流到舍外,从而达到舍内外空气交换的目的。根据风机的安装位置,可分为侧壁送风、屋顶送风两种形式。

侧壁送风:又可分成两侧送风和一侧送风两种形式(图3-19、图3-20)。前者是在一侧纵墙上安装风机,另一纵墙上开设排气口,适用于 10 m 内小跨度的猪舍;后者是在两侧纵墙上都安装风机,排气口开在中间屋脊上,两侧壁送风适用于大跨度猪舍。

屋顶送风：风机安装在屋顶，排气口设在两纵墙上，使舍内污浊气体经由两侧壁风口排出。这种通风方式，适用于多风或气候极冷或极热地区。（图3-21）

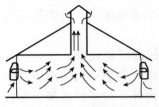 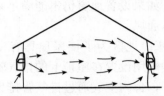 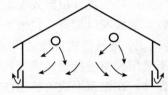

图3-19　两侧壁送风　　　　图3-20　一侧壁送风　　　　图3-21　屋顶送风

正压通风的优点在于可对进入的空气进行预处理，从而可有效地保证猪舍内适宜的温湿状况和清洁的空气环境，在严寒、炎热地区均可适用。但其系统比较复杂、投资和管理费用大。

③ 联合机械通风。是一种同时采用机械送风和机械排风的通风方式，可保持舍内空气相对压力为零，因此，也被称为零压通风。它有利于风机发挥最大功率，但由于风机数量增加，使得投资和运行维护费用增加。联合机械通风通常在通风条件较差、单靠机械排风或机械送风不能满足要求的情况下使用。适用于大型封闭式猪舍。

2. 光照　光照是指物体或生物机体接受自然或人工光源光辐射（包括红外线、紫外线和可见光）的情况和过程。通常所说的光照一般是指可见光的光照。以太阳作为光源时称为自然光照，以各种灯具（日光灯或白炽灯）作为光源时称为人工光照。在养猪生产中，非封闭式猪舍一般采用自然光照，为方便夜间管理，须设计工作照明灯，可将灯具沿饲喂道布置。封闭式猪舍必须采用人工光照，以满足猪的生理需求和生产操作。

猪对光照相对不甚敏感，一般地说，光照度150～200 lx，种猪光照时间10～14 h为宜；育肥猪光照可降低为40～50 lx，光照时间8～10 h为宜。光照不足（过弱、时间太短）对猪的生长发育和性机能活动不利；光照过强和时间过长，会使猪活动增多，能量消耗增加，日增重降低，脂肪沉积相对减少。对于育肥猪，给予弱而短的光照，能提高日增重和饲料利用率，但会降低瘦肉率。封闭式猪舍种猪对光照有一定的要求。必须使用日光灯，并且日光灯要安装在种猪的眼睛上方，功率为16 W/m²。

（四）环境消毒与舍外环境控制

1. 环境消毒　消毒是预防和控制疫病发生、传播的重要手段，对与高度集约化生产的工厂化养猪来讲，消毒对预防疫病的发生和蔓延具有非常重要的意义。猪场舍内的消毒有带猪消毒和空舍消毒两种。

（1）带猪消毒。带猪消毒多采用化学消毒法，根据疾病流行情况，灵活选择消毒剂类型，一般多选用无刺激性的消毒剂（如0.3％～1％的菌毒敌、0.2％～0.3％的过氧乙酸等）进行喷雾消毒。每隔两周左右进行一次，如果周边地区有疫情，可酌情增加消毒次数。

（2）空舍消毒。可以使用浓度为2％～3％氢氧化钠溶液进行喷洒消毒，6 h后清水冲刷，通风干燥后方可使用。对于封闭式猪舍，可以熏蒸消毒。具体方法是，每立

消毒池

喷雾消毒

方米空间使用 38%～40%甲醛溶液 21 mL，倒入适当的容器内，再加入高锰酸钾 42 g，21 ℃环境条件下封闭熏蒸 21 h，然后打开门窗通风后方可进猪，同时注意消毒人员安全。有条件的猪场还可使用消毒效果更好的火焰消毒法。目前常用的消毒剂见表 3-45。

表 3-45　猪场常用环境消毒剂的种类及使用方法

消毒剂名称	使用浓度	消毒对象	使用时应注意事项及其特点
氢氧化钠	2%～3%溶液	空舍、车船、用具等	对病毒的消毒效果很好，但对皮肤有腐蚀作用，建筑物内消毒后数小时并用水冲洗后，才能进入
生石灰	10%～20%乳剂	墙壁、地面环境	必须新鲜配制，用1%～2%氢氧化钠和5%～10%石灰乳混合消毒效果更好
漂白粉	0.5%～20%，随消毒对象而不同	饮水、污水、猪舍用具、车船、土壤、排泄物等	含氯量应在 25%以上，新鲜配制，用其澄清液。对金属用具和衣物有腐蚀作用，猪舍、车船消毒后应彻底通风
来苏儿	3%～5%	猪舍、笼具、剖检器械	常用喷洒、冲洗和浸泡；用于含大量蛋白质的分泌物或排泄物消毒时，效果不明显
克辽林	2%～5%	猪舍、用具、土壤及环境	常用于喷洒、冲洗；用于含大量蛋白质的分泌物或排泄物消毒时，效果不明显
福尔马林	40%	猪舍、仓库、车间，亦用于皮毛消毒	每立方米空间用福尔马林 30 mL，加高锰酸钾 15 g，密闭消毒 12～24 h 后通风
过氧乙酸	0.2%～0.5%	猪舍、体表、用具、地面	配制时应先盛好水，再加入高浓度的药液，消毒完后，要用清水冲洗；可用于浸泡、喷雾和熏蒸消毒
新洁尔灭	0.1%	猪舍、食槽、用具、体表	杀菌力强，低毒，刺激性和腐蚀性小，忌与肥皂和碱类混合

2. 舍外环境控制　为了提高养猪生产水平，保证猪群健康，必须注意舍外防疫设施，舍外定期消毒，空气滤过净化，噪声控制，建立绿化林带等。

（1）防疫设施及消毒。

①化尸池。越深越好，一般采用水井式，直径 1～2 m；或正方形 2 m×2 m、3 m×3 m，水泥平台封口（图 3-22）。最好采用焚炉或微生物降解烘干炉。

②建环场防疫沟。根据猪场防疫要求，猪场围墙外必须建立防疫沟，减少小动物和人员进入猪场，防疫沟宽度要求 3 m 以上，深度超过1.5 m。沟内存流经过处理后的水体。

③建储粪池。水泥地面 3 m×10 m，设遮雨棚。猪舍到集粪间采用水泥路。一个年出栏万头

图 3-22　化尸池

的猪场，每天产生鲜粪14～15 t。污水日产量因清粪方式不同而有所不同，一般为35～50 t。各猪舍内鲜粪应及时运出，减少冲水排污，同时减少有害气体产生。猪场应该建2个储粪池，轮流使用。每个储粪池应该储存6个月的粪污排放量，并且预留出当地6个月的总降雨量。

④ 建消毒通道。大门与消毒池同宽，宽度根据进出车辆的宽度确定，一般为4 m；长度要使车辆轮子在池内药液中滚过一周，通常池长为6 m，深0.2 m。门卫室在大门一侧，室内走廊6 m（安装感应式喷雾消毒设备），墙面防水。

⑤ 定期消毒。舍外环境用浓度为2%～3%的氢氧化钠溶液进行喷洒消毒，20 d左右进行一次，消毒时要防止腐蚀，避免人员和动物的烧伤。

（2）绿化环境。在猪场场区周围和猪舍间植树种草，既可防风降尘，改变猪舍周围小气候，净化空气，有利防疫，又可增加经济收入，美化环境，一举多得。据报道，场区绿化后，冬季可使风速降低75%～80%，夏季可使气温降低10%～20%。还可使场区有毒有害气体减少25%，臭气减少50%，尘埃减少35%～66%，空气中细菌数减少22%～80%，对噪声也有阻碍作用。北方多在场区种植阔叶树，这样夏天遮阴面积大，冬天落叶后又不影响采光。有的利用简易舍塑料大棚的固定支架，种植葡萄、丝瓜、葫芦等遮阴；也有的猪场在场区空闲地及沟旁种植一些果树、花木。在南方及水面较多的地方，可在水面放养绿萍、水葫芦等水生饲料植物。总之，各地应因地制宜地绿化、美化猪场。只有以落实"可持续发展"战略为前提，在猪场规划、建设及发展过程中，综合治理，就一定会有效地防止和减轻养猪对环境的污染。

（3）控制噪声。在建场时应选好场址，尽量避开外界的干扰。场内的规划合理，使运输车辆不能靠近猪舍，车辆进入场区要适当减速，不乱鸣喇叭。设备的维修、饲料加工和生活设施等场所，也要远离猪舍，并且有一定的隔离带，隔离带采取种植树木进行隔离。此外，养殖场的周围要大量植树，有效降低外界的噪声对猪群的影响。

任务四　工厂化养猪污物处理

（一）污物种类与对环境的污染

猪粪无害化处理

猪场对环境的污染包括粉尘、噪声和粪污，但主要是粪污处理利用不当，对大气、水源和土壤造成的污染。猪场的粪污包括粪尿、垫草、其他废弃物和饲养管理、消毒、生活产生的污水，其中主要污染物是有机物。据统计，一个1 000头基础母猪自繁自养猪场每天产生粪便大约为30 m³，冲洗粪便、栏床和饮水漏失以及尿液等产生的液体量约为50 m³。如果不进行无害化处理将对人、其他动物和环境造成不良后果。

1. 猪场对大气的污染　猪场粪尿中含有大量的有机质，在滞留的过程中会腐败分解，产生硫化氢、氨、胺、丙醇、苯酸、挥发性有机酸、吲哚、粪臭素、乙酸、乙醛等恶臭物质；猪场排出的粉尘和微生物也是大气的污染来源。这些有害物质随风向周围扩散，危害猪群和人的健康，使猪的生产力下降，发病率和死亡率升高，人的身心健康受到影响，工作效率降低，还可传播人畜共患病。

2. 猪场对水源的污染 猪场的固体粪污、污水不经处理或处理不当，任意排放，就会污染水质，不但使水体富营养化、变黑发臭，而且携带的病原微生物、寄生虫、残留的药物、添加剂、消毒药等也随之流入水中，当流入的量超过了水体的自净能力时，就会发生污染，这种水体很难再得到恢复，对人和其他生物构成极大的威胁。

3. 猪场对土壤的污染 猪场的粪污不经无害化处理直接进入土壤，当污染物（有机质、病原微生物、寄生虫、残留的抗生素、重金属、消毒药等）的量超过了土壤的自净能力时，就会发生污染，导致土壤孔隙堵塞，造成土壤透气性、透水性下降，形成板结，严重影响土壤质量，甚至引起地下水的污染。

（二）污物处理方法

猪场污物的合理处理和利用，既可以防止环境污染，又能变废为宝。粪尿和污水常用的处理方法有物理处理法、生物处理法。物理处理法是指利用固液分离、沉淀、过滤等方法除去污物中的有害物质；生物处理法是利用微生物的代谢作用分解污物中的有机物而达到净化的目的。无论利用哪种处理方法，最有效的方法是源头治理，要走有中国特色养猪道路，即农牧结合、现代养猪与传统养猪结合和适度规模的原则。

1. 干清粪 粪便与尿和污水在猪舍内就实行分离，干粪由机械或人工收集、移出，尿及污水从专门通道流出，粪便堆积发酵腐熟或生产加工成有机肥料，污水经沉淀池沉淀后，达标后排放。

2. 生态化综合处理技术 目前，规模化猪场环保压力越来越大，如何解决养猪生产与环境保护的矛盾，政府有关部门及相关行业进行了一系列的研究、探讨和实践，通过实际生产证明，目前应用较多、效果较好是生态化综合处理利用技术（图3-23）。

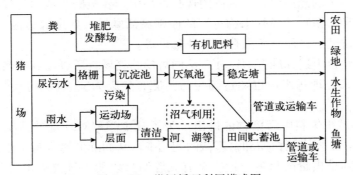

图3-23 粪污循环利用模式图

（1）堆肥发酵。堆肥发酵要求猪粪的含水率为40%～60%，碳氮比为（20～30）：1（可通过添加农作物秸秆、稻壳等物料调节），发酵温度控制在55～65℃，持续发酵时间不得少于5 d。成品堆肥外观为茶褐色或黑褐色、无恶臭、质地松散，具有泥土气味。有条件的企业可将其继续生产成商品肥料出售。

（2）污水厌氧处理。

① 减少污水处理量。通过建设多个过滤设施，多环节减少猪粪、杂物等进入污水处理环节，设置"三分离一净化"模式，即建设"雨污分离、干湿分离、固液分

离、生态净化"处理系统，减少污水处理量。

② 三级沉淀净化。污水由泵吸入第一池，粪便在池内发酵分解，相对密度不同粪液分为两层，初步发酵的粪液溢流至第二池；流入第二池的粪液进一步发酵分解，再溢流入至第三池；粪液在第三池中进一步发酵分解。污水经过几次处理后，得到了进一步净化。

③ 厌氧发酵。选择先进的厌氧反应器设备，进行发酵生产，生产沼气，作为能源利用（图 3-24）。

（3）污水好氧综合处理——人工湿地建设。人工湿地建设是生态型污水处理技术的核心工程，其建设要求如下：

① 建设标准。人工湿地污水处理单元的长、宽比建议采用 1∶1，一般年出栏 10 000 头生猪猪场，需要建设湿地两

图 3-24　厌氧发酵罐

个，单个面积为 26 m×25 m＝650 m²，过长过大，易造成死区，且导致水位难以调节，不利于植物的栽培。湿地底部平整设坡，坡度采用（1～2）∶1。湿地结构由湿地防渗膜、湿地填料、湿地植物、集配水系统及导膜管构成。湿地床层自下而上各层填料的分布为：夯实黏土、防水膜、土壤、不同粒径和功能的砾石、表层种植土。深度不同的湿地床，填料的厚度构成不同。

② 植物选择。湿地植物可直接吸收氮、磷等，通过根系输氧促进根区的氧化还原反应与好氧微生物活动，降低污水中氮、磷、重金属等物质的含量，达到净化的目的。所以，要求湿地植物具有根系发达和良好的耐污、抗冻、抗病虫害的生态适应能力，并能产生一定的经济效益。具体的选择过程中，要根据各地的气候特点以及"优先利用本地物种，慎重选择外来物种"的原则灵活掌握，如中部地区气候四季分明，可选择芦苇、香蒲、菖蒲、美人蕉、黄花鸢尾等。

当然，除建设上述标准湿地以外，不同规模的猪场，还可以利用当地的林地、果园、农田等方式处理污水，也能达到化污为肥、变废为宝、转害为利、回归自然的效果。

3. 控制和减少饲料中污染物的排出　为了减少粪尿对环境的污染，一些国家采用了许多方法，如提高蛋白质和氨基酸的利用率，从而降低猪饲料中蛋白质含量，达到间接减少氮的排出量的目的。近年来有试验结果表明，日粮中蛋白质每降低 1%，氮的排出量就减少 8.4%左右。假如日粮中粗蛋白质从 18%降到 15%，则可使氮排出量减少 25%。因此，可在饲料中添加氨基酸，减少蛋白料给量，以减少氮的排出量。在饲料中添加植酸酶，可提高植酸磷的利用率，从而减少磷的排出量。研究与实践证明，这都是降低氮和磷的排出量，减轻氮、磷污染的有效措施。除了氮、磷这些潜在的污染源外，一些微量元素如铜、砷制剂等超量添加，会引起母猪中毒、腹泻、流产、死胎。不但造成经济损失，而且也容易在猪的产品中富集，给人的健康带来直接或间接的危害。所以，应严格执行有关法律法规，有的添加剂应禁止添加或限制使用，严格执行宰前休药规定。

思考题

1. 公猪精液中精子密度低的原因是什么？

2. 如何提高母猪受胎率？

3. 母猪产后无乳原因有哪些？

4. 仔猪断乳后母猪不能及时发情配种的原因有哪些？

5. 仔猪断乳后腹泻的主要原因有哪些？

6. 试论如何提高仔猪的断乳窝重？

7. 促进母猪发情排卵的方法有哪些？

8. 某一自繁自养肉猪生产猪场，饲养长大杂种母猪 50 头，杜洛克成年公猪 3 头。2018 年 10 月，50 头母猪 6～7 月龄时陆续开始发情配种。2019 年 2 月共产仔猪 30 窝，共产仔 165 头，平均出生重 0.8 kg。母猪产后无乳较多。据主人讲：公猪饲喂的饲料由正规厂家购买，日粮量 2～2.5 kg，体况较好，精液镜检品质良好。母猪饲料由自己配制，其中玉米 65%、豆粕 5%、稻壳粉 29%、骨粉 1%。食盐、多种维生素、微量元素的添加量是在畜牧技术人员指导下添加的。母猪妊娠期间日喂量为 4.0 kg/头，母猪膘情较胖。请问该猪场存在的问题有哪些？是什么原因造成的？下一步如何改进？

9. 某仔猪生产专业场，2018 年 10 月至 2019 年 3 月产仔 81 窝，窝平均产仔 12 头，平均初生重 1.25 kg。期间分娩舍内平均温度为 9 ℃，相对湿度 95%。初生仔猪与母猪同栏饲养在水泥地面上，卫生状况较好。仔猪生后普遍下痢，且 10 日龄左右皮肤苍白，被毛凌乱，有的仔猪突然呼吸困难而死亡。仔猪 20 日龄开食，30 日龄正式补料，每天饲喂 4 次，35 日龄断乳，断乳时平均个体体重 5.0 kg，仔猪断乳后吃料较少，且腹泻较多。医药费花了不少，仔猪死了近 30%。据主人讲，泌乳母猪日粮中蛋白质水平为 10%，消化能为 11.7 MJ/kg。钙 0.5%，总磷 0.4%，食盐 0.40%。仔猪料、泌乳母猪的多种维生素和微量元素添加剂由国内知名厂家购入，并按要求添加。泌乳母猪日粮量为 5.0 kg。母猪很瘦，后期少乳，母猪不能在仔猪断乳后 1 周左右发情配种。试问其原因？如何改进？

实训九　配种计划拟订

【目的要求】通过配种计划拟订的训练，学会猪场不同年龄种猪配种计划安排。

【实训内容】配种计划拟订。

【实训条件】年度生产计划报告、上一年度配种、产仔、哺乳、生产可售猪记录，公、母猪年度淘汰计划，后备公猪和后备母猪参加配种计划，计算器、配种计划表。

【实训方法】根据上一年度母猪配种、产仔、生产可售猪情况计算出一头母猪年生产可售猪的头数（纯种数量、杂种数量分别计算），再根据年度生产计划计算出一年需要配种的母猪头数（母猪配种产仔率、由出生至可出售时存活率等系数均要考虑进去）。

一年需要配种母猪头数＝年生产计划（头数）/一头母猪年生产可出售猪（头数）

由一年需要配种母猪头数计划出周配种母猪头数。

一周配种母猪头数＝ 一年需要配种母猪头数/52。

母猪一般 6～7 产淘汰，则年淘汰率为 30%～35%，每个月淘汰率为 2.5%～3%。同时由 40% 的后备母猪来补充。公猪一般使用 3 年，年淘汰率为 35%，同样由 40% 的后备公猪来补充。

根据本场各类种猪所处生产生理时期（空怀、妊娠、泌乳、后备发育程度）逐头编排出具体配种周次，并将与配公猪个体的品种耳号注明，便于配种工作的组织和安排。

如果是一年中某一时期计划生产任务，应根据母猪的生产周期及猪场的实际情况提前做好安排。

母猪生产周期＝妊娠期（16.5 周）＋哺乳期（3～5 周）＋断乳后发情配种期（1 周）

【实训报告】填写具体计划，见表实 3-1、表实 3-2。

表实 3-1　配种计划汇总

单位：头

全年生产任务	全年参加配种母猪头数	全年参加配种公猪头数	备　注

制表人：

表实 3-2　周配种计划

周次/周	公猪个体×母猪个体/头
1	
2	
3	
⋮	
52	

制表人：

周配种计划一式两份，一份备案存档，一份现场安排配种。

全年参加配种所需公猪头数＝周配种母猪头数×2÷公猪周配种次数

例如：周配种母猪 26 头，公猪平均周配种 4 次，则：

所需公猪头数＝26×2÷4＝13(头)。

此计算方法只适用于采用连续生产工艺流程的猪场，不适用于季节配种的猪场。季节配种公母猪比例为 1：25。

【考核标准】

考核项目	考核要点	等级分值					备注
		A	B	C	D	E	
态度	认真、不迟到早退	10～9	8.9～8	7.9～7	6.9～6	<6	考核项目和考核标准可视情况调整
填写配种计划表	方法和数据准确、格式规范	80～72	71.9～64	63.9～56	55.9～48	<48	
实训报告	格式正确、内容充实、分析透彻	10～9	8.9～8	7.9～7	6.9～6	<6	

实训十　发情鉴定

【目的要求】学会判断母猪最佳配种时期。

【实训内容】

1. 母猪发情行为观察。

2. 发情鉴定。

【实训条件】在规模化猪场寻找一定数量处于不同发情时期的母猪，记录本、医用棉签、试情公猪。

【实训方法】发情鉴定人员经过更衣消毒后，带着记录本进入母猪舍，在工作道上逐栏进行详细观察，也可以在该舍饲养员的指导下，重点寻找根据后备母猪年龄推算出来的将要发情的母猪或是断乳后 1 周左右的母猪。

1. 观察母猪的发情行为　发情母猪表现兴奋不安、有时哼叫、食欲减退。非发情母猪食后上午均喜欢趴卧睡觉，而发情的母猪却常站立于栏门处或爬跨其他母猪。将公猪赶入圈栏内，发情母猪会主动接近公猪。发情鉴定人员慢慢靠近疑似发情母猪臀后认真观察阴门颜色和状态变化。白色猪阴门表现潮红、水肿，有的有黏液流出。黑色猪或其他有色猪，只能看见水肿及黏液变化。

2. 发情鉴定方法

(1) 阴门变化法。将疑似发情母猪赶到光线较好的地方或将舍内照明灯打开，仔细观察母猪阴门颜色、状态。白猪阴门由潮红变成浅红，由水肿变为稍有消失出现微皱，阴门较干，此时可以实施配种。如果阴门水肿没有消失迹象或已完全消失，说明配种适期不到或已过。

(2) 阴道黏液法。仔细观察疑似发情母猪阴道口的底端，当阴道口底端流出的黏液由稀薄变成黏稠。用医用棉签蘸取黏液，其黏液不易与阴道口脱离，拖拉成黏液线时，说明此时是配种最佳时期应进行配种。

（3）试情法。将疑似发情母猪赶到配种场或配种栏内，让试情公猪与疑似发情母猪接触，如果疑似发情母猪允许试情公猪的爬跨，说明此时可以进行本交配种。如果不接受公猪的爬跨，说明此时不是配种佳期。

（4）静立反应检查法。将疑似发情母猪赶到静立反应检查栏内，检查人员站在疑似发情母猪的侧面或臀后，用双手用力按压疑似发情母猪臀部，如果发情母猪站立不动，出现神情呆滞，或两腿叉开，或尾巴甩向一侧，出现接受配种迹象，说明此时最适合本交配种。国外发情鉴定人员的做法是，将公猪放在邻栏，发情鉴定人员侧坐或直接骑在疑似发情母猪背腰部，双手压在母猪的肩上，如果疑似发情母猪站立不动，说明此时是最适合本交配种时期。实践证明，公猪在场，利用公猪的气味及叫声可增加发情鉴定的准确性。也可以用脚蹬其臀部，如果母猪后坐，则可以安排本交配种。

生产实践中，多采取观察阴门颜色、状态变化，阴道黏液粘黏程度，静立反应检查结果等各项指标进行综合判断，如果有试情公猪或配种公猪可以直接用试情公猪或配种公猪进行试情，这样将增加可信程度。

【实训报告】填写母猪发情鉴定表（表实 3 - 3）。

表实 3 - 3　母猪发情鉴定

栋栏号	母猪品种	母猪耳号	所用方法				鉴定结果
			阴门变化	阴道黏液	试情法	静立反应	

【考核标准】

考核项目	考核要点	等级分值					备注
		A	B	C	D	E	
态度	认真、不迟到早退	10～9	8.9～8	7.9～7	6.9～6	＜6	考核项目和考核标准可视情况调整
填写母猪发情鉴定表	方法正确、格式规范	80～72	71.9～64	63.9～56	55.9～48	＜48	
实训报告	格式正确、内容充实、分析透彻	10～9	8.9～8	7.9～7	6.9～6	＜6	

实训十一　人工授精

【目的要求】学会猪的人工授精技术。

【实训内容】

1. 采精。

2. 精液处理和精液品质检查。

3. 精液稀释。

4. 输精。

【实训条件】公猪 1 头、待配种母猪若干头、假台猪 1 个、集精杯 1～2 个、医用纱布、低倍显微镜1台、显微镜保温箱1个、普通天平1台、500 mL量筒2个、水温计1支、200 mL烧杯5个、滤纸1盒、50 mL贮精瓶10个、输精管5根、50 mL注射器2支、玻璃搅拌棒2根、800~1 000 W电炉子1台、消毒蒸锅1口、载片1盒、盖片1盒、染色缸、广口保温瓶1个、直刃剪1把、试管刷5把、可控保温箱1个、蒸馏水25 L、0.1%~0.2%高锰酸钾溶液、医用乳胶手套、一次性塑料手套、75%酒精、95%酒精、蓝墨水、龙胆紫、3%来苏儿、精制葡萄糖粉、柠檬酸钠、青霉素、链霉素、液体石蜡、洗衣粉、肥皂、面盆、毛巾、脱脂棉等。所有接触精液的器材均要求高压蒸汽消毒备用。

【实训方法】人工授精是指用器械采取公畜的精液，再用器械把精液注入发情母畜生殖道内，以代替公母畜自然交配的一种配种方法。其优点是扩大了优良种畜利用率，降低种畜饲养成本，减少了因自然交配导致的疾病传播。

1. 采精　把经过采精训练成功的公猪赶到采精室台猪旁，采精者戴上医用乳胶手套，将公猪包皮内尿液挤出去，并将包皮及台猪后部用0.1%~0.2%高锰酸钾溶液擦洗消毒。待公猪爬上台猪后，根据采精者操作习惯，蹲在台猪的左后侧或右后侧，当公猪爬跨抽动3~5次，阴茎导出后，采精者迅速用右（左）手，手心向下将阴茎握住，用拇指顶住阴茎龟头，握的松紧以阴茎不滑脱为度。然后用拇指轻轻拨动阴茎龟头，其余四指则一紧一松有节奏地握住阴茎前端的螺旋部分，使公猪产生快感，促进公猪射精。公猪开始射出的精液多为精清，并且常混有尿液和其他脏物不必收集。待公猪射出较浓稠的乳白色精液时，立即用另一只手持集精杯，在距阴茎龟头斜下方3~5 cm处将其精液通过纱布过滤后，收集在杯内，并随时将纱布上的胶状物弃掉，以免影响精液滤过。根据输精量的需要，在一次采精过程中，可重复上述操作方法，促使公猪射精3~4次。公猪射精完毕，采精者应顺势用手将阴茎送入包皮中，防止阴茎接触地面而出现损伤或引发感染。最后把公猪轻轻地由台猪上驱赶下来，不得以粗暴态度对待公猪。

采精者在采精过程中，精神必须集中，防止公猪滑下踩伤人。同时要注意保护阴茎以免损伤。采精者不得使用化妆品，谨防异味干扰采精或影响精液品质。

2. 精液处理及精液品质检查　将采集的精液马上拿到20~30 ℃的室内，将精液迅速置于32~37 ℃的恒温水浴锅内，防止温度突然下降对精子造成低温损害。并立即进行精液品质检查，其检查项目有：

（1）数量。把采集的精液倒入经消毒烘干的量杯中，测定其数量。一般公猪一次的射精量为200~400 mL。

（2）pH。比较简单的方法是用万用试纸比色测定。另一种比较准确方法是使用pH仪测定。猪正常精液pH为7.3~7.9。猪最初射出的精液为碱性，以后浓度大时精液则呈酸性。公猪患有附睾炎或睾丸萎缩时，精液呈碱性。

（3）气味。正常精液有腥味，但无臭味，有其他异味的精液不能用于输精。

（4）颜色。正常精液为乳白色或灰白色；如果精液颜色异常应弃掉，停止使用。精液若为微红色，说明公猪阴茎或尿道有出血；精液若带绿色或黄色，可能精液混有尿液或脓液。

（5）活力。将显微镜置于37~38 ℃的保温箱内，用玻璃棒蘸取一滴精液，滴于载玻片的中央，盖上盖玻片，置于显微镜下（冬季应将显微镜提前1~2 h放入保温箱内预热，防止载物台凉，影响活力检查结果），放大400~600倍目测评估，分10个等级。所有精子均做直线运动的评为1分，90%做直线运动的评为0.9分，80%的评为0.8分，以此类推。输精用的精子活力应高于0.5分，否则弃掉。

（6）精子形态。用玻璃棒醮取一滴精液，滴于载玻片一端；然后用另一张载玻片将精液均匀涂开、自然干燥；再用95%酒精固定2~3 min后，放入染色缸内，用蓝墨水（或龙胆紫）染色1~2 min；最后用蒸馏水冲去多余的浮色，干燥后放在400~600倍显微镜下进行检查。正常精子由头部、颈部和尾部构成，其形态像蝌蚪一样。如果畸形精子超过18%时，该精液不能使用。畸形精子分头部畸形、颈部畸形、中段体部畸形和尾部畸形4种。头部畸形表现头部巨大、瘦小、细长、圆形、轮廓不清、皱缩、缺损、双头等；颈部畸形时可在显微镜下看到颈部膨大、纤细、曲折、不全、带有原生质滴、不鲜明、双颈等；中段体部畸形表现膨大、纤细、屈折、不全、带有原生质滴、弯曲、屈折双体等；尾部畸形表现弯曲、屈折、回旋、短小、缺损、带有原生质滴、双尾等。正常情况下头、颈部畸形较少，而中段体部和尾部畸形较多见。

（7）密度。精子密度分为密、中、稀、无4级。实际生产中用玻璃棒将精液轻轻搅动均匀，用玻璃棒醮取1滴精液放在显微镜视野中，精子间的空隙小于1个精子的为密级（3亿个以上/mL），1~2个精子的为中级（1亿~3亿个/mL），2~3个精子的为稀级（1亿个以下/mL），无精子应弃掉。

3. 精液稀释 稀释的目的是扩大配种头数，延长精子保存时间，便于运输和贮存。稀释精液首先配制稀释液，然后用稀释液进行稀释。现介绍一种稀释液配制方法。

（1）稀释液配制方法。用天平称取精制葡萄粉5 g，柠檬酸钠0.5 g，量取新鲜蒸馏水100 mL，将三者放在200 mL烧杯内，用玻璃棒搅拌充分溶解，用滤纸过滤后蒸汽消毒30 min。待溶液凉至35~37 ℃时，将青霉素钾（钠）5万IU、链霉素5万U倒入溶液内搅拌均匀备用。

（2）精液稀释方法。根据精子密度、活力、需要输精的母猪头数、贮存时间确定稀释倍数。密度密级，活力0.8分以上的可稀释2倍；密度中级，活力0.8分以上稀释1倍，活力0.8~0.7分的可稀释0.5倍。总之要求稀释后精液中每毫升应含有1亿个活精子。活力不足0.6分的精液不宜保存和稀释，只能随采随用。稀释倍数确定后，即可进行精液稀释，要求稀释液温度与精液温度保持一致。稀释时，将稀释液沿瓶壁慢慢倒入原精液中，并且边倒边轻轻摇匀。稀释完毕后用玻璃棒醮取一滴进行精子活率检查，用以验证稀释效果。

（3）精液保存。将稀释好的精液分装在50 mL的贮精瓶内，要求装满不留空气封好。在15 ℃以下可保存48 h左右。原精液品质好，稀释处理得当可保存72 h。

4. 输精 输精员戴上医用乳胶手套，用0.1%~0.2%的高锰酸钾溶液将母猪外阴及尾巴擦洗消毒。在一次性输精管前端涂上液体石蜡，用于润滑输精管的尖端。输精时，输精员一只手分开待输精母猪的阴门，另一只手将输精管螺旋形体的尖端紧贴阴道背部插入阴道，开始向斜上方插入10 cm左右后，再向水平方向插入。边插边按逆时针方向捻转，待感到螺旋形体已锁住子宫颈口时（轻拉输精管而取不出），停止捻转插入。把输精瓶嘴部剪断并接到输精管上，一只手拿住输精管，并给输精瓶一定的压力，在没有压力的情况下母猪可能自动吸收精液，如果精液被外界压力压入子宫，精液会倒流出来。每次人工授精时间掌握在 5～8 min，每次输精必须保证精液体积在 30～50 mL。当有精液逆流时，可轻轻地活动几下输精管，直到把输精管内全部精液流完，按顺时针方向将输精管慢慢取出。用手拍打一下母猪臀部，防止精液逆流。如果母猪在输精时走动，应对母猪的腰角或身体下侧进行温和刺激，有助于静立安稳完成输精，输精后母猪应安静地停留在输精场 20 min 左右。最后慢慢地将母猪赶回。认真填写好输精配种记录，并清理输精器械消毒备用。

为了确保受胎率和产仔数。生产场家多实行二次输精，时间间隔为 12～14 h。

【实训报告】记录猪人工授精的关键环节。

【考核标准】

考核项目	考核要点	等级分值					备注
		A	B	C	D	E	
态度	端正	10～9	8.9～8	7.9～7	6.9～6	<6	考核项目和考核标准可视情况调整
采精	掌握采精方法	30～27	26.9～24	23.9～21	20.9～18	<18	
精液品质检查	检查方法正确、结果准确	30～27	26.9～24	23.9～21	20.9～18	<18	
正确输精	方法正确、完成输精	20～18	17.9～16	15.9～14	13.9～12	<12	
实训报告	填写标准、内容翔实、字迹工整、记录正确	10～9	8.9～8	7.9～7	6.9～6	<6	

实训十二　妊娠诊断

【目的要求】学会母猪早期妊娠诊断。

【实训内容】

1. 早期妊娠母猪观察。

2. 早期妊娠母猪检查。

【实训条件】配种记录、配种后 3～5 周的母猪、超声波诊断仪（A 超或 B 超）1 台/10 人、医用超声耦合剂、记录本。

【实训方法】

（1）观察法。经过更衣消毒来到妊娠母猪舍，根据配种记录，查找配种后 3～5 周以上的母猪，询问饲养员或亲自观察母猪配种后 3 周左右是否再次发情闹栏，并认真观察母猪采食行为、睡眠情况、活动行为、体形变化等，最后做出综合评判。

妊娠母猪食欲旺盛、喜欢睡眠、行动稳重、性情温顺、喜欢趴卧，尾巴常下垂不爱摇摆，被毛日渐有光泽，体重有增加的迹象。观其阴门，可见收缩紧闭成一条线，这些均为妊娠母猪的综合表征。但个别母猪在配种后 3 周左右出现假发情现象，具体表现是发情持续时间短，一般只有 1～2 d。对公猪不敏感，虽然稍有不安，但不影响采食。应根据以上表征给予区别。可以让饲养员指定空怀母猪和已确定妊娠母猪进行整体区别，增加诊断准确性及诊断印象。

（2）超声波检查法。首先打开电源开关，并在母猪腹底部后侧的腹壁上（最后乳头上方5～8 cm处）涂一些医用超声耦合剂，然后将超声波妊娠诊断仪的探头紧贴在测量部位。如果A超诊断仪发出连续响声，说明该母猪已妊娠。如果诊断仪发出间断响声，并且经几次调整探头方向和位置均无连续响声，说明该母猪未妊娠；B超可以看到是否有"孕囊"，如果无"孕囊"说明母猪未妊娠。检查结果要及时告知饲养员或技术员，以便观察其发情，再度配种。

无论采取哪一种诊断方式，一经确定其妊娠与否，都要做好记录，以便采取相应的饲养管理措施。

【参考资料】使用A超进行妊娠诊断，出现假妊娠诊断结果原因：①膀胱内充满尿液；②子宫积脓；③子宫内膜水肿；④直肠内充满粪便。

B超可用于观察子宫、胎水、胎体、胎心搏动、胎动及胎盘。胎水是均质介质，对超声波不产生反射，呈小的圆形暗区，子宫内出现暗区，判断为妊娠，子宫内未出现暗区，判断为未妊娠。

【实训报告】填写早期妊娠诊断结果表（表实3-4）。

表实3-4 早期妊娠诊断结果

栋栏号	母猪品种	母猪耳号	诊断方法		结果
			观察法	超声波检查法	

【考核标准】

考核项目	考核要点	等级分值					备注
		A	B	C	D	E	
态度	端正	10～9	8.9～8	7.9～7	6.9～6	<6	考核项目和考核标准可视情况调整
早期观察	掌握外部观察法要点	40～36	35.9～32	31.9～28	27.9～24	<24	
早期检查	正确使用A超和B超	40～36	35.9～32	31.9～28	27.9～24	<24	
实训报告	填写标准、内容翔实、字迹工整、记录正确	10～9	8.9～8	7.9～7	6.9～6	<6	

实训十三 预产期计算

【目的要求】通过公式法或查表法，学会预产期推算。

【实训内容】

1. 运用公式法进行预产期计算。

2. 查预产期推算表推算预产期。

【实训条件】母猪配种记录、母猪预产期推算表。

【实训方法】

1. 公式法　妊娠期是指由受精到分娩这段时间。猪的妊娠期一般为 108～120 d，平均为 114 d。每月按 30 d 计算，则公式为：配种月份数加 4，配种日期数减 6。简称"加 4 减 6"法。

在计算过程中，如果配种日期数小于或等于 6 时，应向月份数借 1 位，规则是，借 1 等于在日期数上加 30；如果月份数相加大于 12，则应减去 12，年度上后延一年。为了精确推算预产期，可进行校正，其方法是，妊娠期所跨过的大月份数应在预产日期上减去；如果妊娠期经过 2 月份，应根据 2 月份的平闰，进行加 2 或加 1，如果是平年应在预产日期上加 2；如果是闰年应在预产日期上加 1。

2. 查表法　在预产期推算表的第一行数字中找到配种月份数，在左侧第一行找到配种日期数，垂直相交处为预产日期数。如 2019 年 2 月 23 日配种，则预产期为 2019 年 6 月 17 日（表实 3-5）。

表实 3-5　母猪预产期推算

	1月	2月	3月	4月	5月	6月	7月	8月	9月	10月	11月	12月
1日	4.25	5.26	6.23	7.24	8.23	9.23	10.23	11.23	12.24	1.23	2.23	3.25
2日	4.26	5.27	6.24	7.25	8.24	9.24	10.24	11.24	12.25	1.24	2.24	3.26
3日	4.27	5.28	6.25	7.26	8.25	9.25	10.25	11.25	12.26	1.25	2.25	3.27
4日	4.28	5.29	6.26	7.27	8.26	9.26	10.26	11.26	12.27	1.26	2.26	3.28
5日	4.29	5.30	6.27	7.28	8.27	9.27	10.27	11.27	12.28	1.27	2.27	3.29
6日	4.30	5.31	6.28	7.29	8.28	9.28	10.28	11.28	12.29	1.28	2.28	3.30
7日	5.1	6.1	6.29	7.30	8.29	9.29	10.29	11.29	12.30	1.29	3.1	3.31
8日	5.2	6.2	6.30	7.31	8.30	9.30	10.30	11.30	12.31	1.30	3.2	4.1
9日	5.3	6.3	7.1	8.1	8.31	10.1	10.31	12.1	1.1	1.31	3.3	4.2
10日	5.4	6.4	7.2	8.2	9.1	10.2	11.1	12.2	1.2	2.1	3.4	4.3
11日	5.5	6.5	7.3	8.3	9.2	10.3	11.2	12.3	1.3	2.2	3.5	4.4
12日	5.6	6.6	7.4	8.4	9.3	10.4	11.3	12.4	1.4	2.3	3.6	4.5
13日	5.7	6.7	7.5	8.5	9.4	10.5	11.4	12.5	1.5	2.4	3.7	4.6
14日	5.8	6.8	7.6	8.6	9.5	10.6	11.5	12.6	1.6	2.5	3.8	4.7
15日	5.9	6.9	7.7	8.7	9.6	10.7	11.6	12.7	1.7	2.6	3.9	4.8
16日	5.10	6.10	7.8	8.8	9.7	10.8	11.7	12.8	1.8	2.7	3.10	4.9
17日	5.11	6.11	7.9	8.9	9.8	10.9	11.8	12.9	1.9	2.8	3.11	4.10
18日	5.12	6.12	7.10	8.10	9.9	10.10	11.9	12.10	1.10	2.9	3.12	4.11
19日	5.13	6.13	7.11	8.11	9.10	10.11	11.10	12.11	1.11	2.10	3.13	4.12
20日	5.14	6.14	7.12	8.12	9.11	10.12	11.11	12.12	1.12	2.11	3.14	4.13
21日	5.15	6.15	7.13	8.13	9.12	10.13	11.12	12.13	1.13	2.12	3.15	4.14
22日	5.16	6.16	7.14	8.14	9.13	10.14	11.13	12.14	1.14	2.13	3.16	4.15
23日	5.17	6.17	7.15	8.15	9.14	10.15	11.14	12.15	1.15	2.14	3.17	4.16
24日	5.18	6.18	7.16	8.16	9.15	10.16	11.15	12.16	1.16	2.15	3.18	4.17
25日	5.19	6.19	7.17	8.17	9.16	10.17	11.16	12.17	1.17	2.16	3.19	4.18

（续）

	1 月	2 月	3 月	4 月	5 月	6 月	7 月	8 月	9 月	10 月	11 月	12 月
26 日	5. 20	6. 20	7. 18	8. 18	9. 17	10. 18	11. 17	12. 18	1. 18	2. 17	3. 20	4. 19
27 日	5. 21	6. 21	7. 19	8. 19	9. 18	10. 19	11. 18	12. 19	1. 19	2. 18	3. 21	4. 20
28 日	5. 22	6. 22	7. 20	8. 20	9. 19	10. 20	11. 19	12. 20	1. 20	2. 19	3. 22	4. 21
29 日	5. 23		7. 21	8. 21	9. 20	10. 21	11. 20	12. 21	1. 21	2. 20	3. 23	4. 22
30 日	5. 24		7. 22	8. 22	9. 21	10. 22	11. 21	12. 22	1. 22	2. 21	3. 24	4. 23
31 日	5. 25		7. 23		9. 22		11. 22	12. 23		2. 22		4. 24

【实训报告】填写预产期推算结果表（表实 3-6）。

表实 3-6　预产期推算结果

栋栏号	品种	耳号	配种日期	方法		预产期
				公式法	查表法	

【考核标准】

考核项目	考核要点	等级分值					备注
		A	B	C	D	E	
态度	端正	10～9	8.9～8	7.9～7	6.9～6	<6	考核项目和考核标准可视情况调整
推算方法 1	运用公式法计算	40～36	35.9～32	31.9～28	27.9～24	<24	
推算方法 2	运用预产期推算表	40～36	35.9～32	31.9～28	27.9～24	<24	
实训报告	填写标准、内容翔实、字迹工整、记录正确	10～9	8.9～8	7.9～7	6.9～6	<6	

实训十四　仔猪接产

【目的要求】掌握接产环节，学会接产技术。

【实训内容】接产技术。

【实训条件】根据需要准备高床网上产仔栏、仔猪箱、擦布、剪刀、耳号钳或耳标器和耳标，剪牙器或偏嘴钳、断尾器、记录表格、5%碘酊、0.1%～0.2%高锰酸钾溶液或 0.1%～0.2%氯己定溶液或 0.1%～0.2%过氧乙酸溶液、注射器、3%～5%来苏儿、医用纱布、催产素、肥皂、毛巾、面盆、应急灯具、活动隔栏、计量器具（秤）、液体石蜡等。北方寒冷季节舍内温度达不到 15～22 ℃时应准备垫料、250 W 红外线灯或电热板等。

【实训方法】当母猪安稳地侧卧后，发现母猪阴道内有羊水流出，母猪阵缩频率加快且持续时间变长，并伴有努责时，接产人员应进入分娩栏内。若在高床网上分娩应打开后门，接产人员应蹲在或站立在母猪臀后，将母猪外阴、乳房和后躯用 0.1%～0.2%高锰酸钾溶液或 0.1%～0.2%氯己定溶液或 0.1%～0.2%过氧乙酸溶液擦洗消毒，然后等待接产。母猪经多次阵缩和努责，臀部上下抖动，尾巴翘起，四肢挺直，屏住呼吸时将有仔猪产出。接产人员一只手抓住仔猪的头颈部，另一只手的拇指和食指用擦布立即将其口腔内黏液抠出，并擦净口鼻周围的黏液，防止仔猪将黏液吸入气管而引起咳嗽或异物性气管炎，上述操作生产中称为"抠膜"。紧接着用擦布将仔猪周身擦干净，既卫生又能防止水分蒸发带走热量引起感冒，这一过程称为"擦身"。下一步要进行断脐。接产者一只手抓握住仔猪的肩背部，用另一只手的大拇指将脐带距离脐根部 4～5 cm 处捏压在食指的中间节上，利用大拇指指甲将脐带掐断，并涂上 5%的碘酊，如果脐带内有血液流出，应用手指捏 1 min 左右，然后再涂一次 5%的碘酊。上述处理完毕，根据本猪场的免疫程序进行下一步安排。不进行超前免疫的猪场，应将初生仔猪送到经 0.1%～0.2%高锰酸钾溶液或 0.1%～0.2%氯己定溶液擦洗消毒后再经清水擦洗的乳房旁吃初乳，吃初乳前应挤出头几滴初乳弃掉，防止初生仔猪食入乳头管内的脏东西。上述所有操作完毕，母猪将产出第二个仔猪，接产人员应重复以前操作过程进行接产。如果本地区猪瘟流行，应对初生仔猪实行超前免疫，具体做法是仔猪出生后不立即吃初乳，而是集中放在仔猪箱内，待全部产仔结束，立即稀释猪瘟弱毒苗，在最短时间内完成全窝仔猪免疫（1 h 内），夏季要将稀释的猪瘟疫苗溶液衬冰使用，防止猪瘟疫苗效价降低，一般进行 2 倍量免疫接种，2 h 后吃初乳。

待全窝仔猪全部产完，一起称重，编号并做好记录。

接产完毕，将分娩圈栏打扫干净。使用 35～38℃的 0.1%～0.2%高锰酸钾溶液或 0.1%～0.2%氯己定溶液或 0.1%～0.2%过氧乙酸溶液将母猪、地面、圈栏等进行擦洗消毒，如有垫草应重新铺上，一切恢复如产前状态。接产人员用 3%来苏儿洗手后，再用清水净手。

【实训报告】记录仔猪接产方法和体会。

【考核标准】

考核项目	考核要点	等级分值					备注
		A	B	C	D	E	
态度	端正	10～9	8.9～8	7.9～7	6.9～6	<6	考核项目和考核标准可视情况调整
接产前准备	接产前准备完善	40～36	35.9～32	31.9～28	27.9～24	<24	
操作方法	接产方法正确	40～36	35.9～32	31.9～28	27.9～24	<24	
实训报告	填写标准、内容翔实、字迹工整、记录正确	10～9	8.9～8	7.9～7	6.9～6	<6	

实训十五　假死仔猪急救

【目的要求】学会假死仔猪常用的急救方法。

【实训内容】假死仔猪急救方法。

【实训条件】假死仔猪、擦布、纱布。

【实训方法】假死仔猪是指出生时没有呼吸或呼吸微弱，但心脏仍在跳动的仔猪。遇到这种情况应立即抢救。

1. 人工呼吸　抢救者首先用擦布抠出假死仔猪口腔内的黏液，同时将口鼻周围擦干净。然后用一只手抓握住假死仔猪的头颈部，使仔猪口鼻对着抢救者，用另一只手将 4～5 层的医用纱布盖在假死仔猪的口鼻上，抢救者可以隔着纱布向假死仔猪的口内或鼻腔内吹气，并用手按摩胸部。当假死仔猪出现呼吸迹象时，即可停止人工呼吸。

2. 倒提拍打法　假死仔猪抠完黏液后，立即用一只手将仔猪后腿提起，然后用另一只手稍用力拍打假死仔猪的臀部，发现假死仔猪躯体抖动，有吸气迹象，说明呼吸中枢启动，假死仔猪已抢救过来。

3. 刺激胸肋法　首先将假死仔猪口腔内及口鼻周围黏液抠出擦净，然后抢救者用两膝盖将假死仔猪后躯夹住固定，使假死仔猪与抢救者同向，用擦布用力上下快速搓擦假死仔猪的胸肋部，当发现假死仔猪有哼叫声，说明抢救成功。

经抢救过来的仔猪，同样要求进行擦身、断脐、吃初乳等一系列过程。

【实训报告】记录假死仔猪急救方法。

【考核标准】

考核项目	考核要点	等级分值					备注
		A	B	C	D	E	
态度	端正	10～9	8.9～8	7.9～7	6.9～6	<6	考核项目和考核标准可视情况调整
假死仔猪概念	能够准确说出假死仔猪概念	40～36	35.9～32	31.9～28	27.9～24	<24	
操作方法	学会假死仔猪急救常用的方法	40～36	35.9～32	31.9～28	27.9～24	<24	
实训报告	填写标准、内容翔实、字迹工整、记录正确	10～9	8.9～8	7.9～7	6.9～6	<6	

实训十六　初生仔猪护理养育

【目的要求】学会初生仔猪护理养育方法。

【实训内容】初生仔猪护理养育

【实训条件】仔猪箱、电热板、红外线灯、亚硒酸钠维生素 E 注射液、铁钴合剂、75%酒精、注射器、碘酊、活动挡板、标记笔、耳号钳、偏嘴钳、手术刀、脱脂棉等。

【实训方法】

1. 早吃初乳　仔猪出生后，若不进行超前免疫应立即吃初乳，如果进行超前免疫，免疫后 2h 也要马上吃初乳。如果仔猪不吃初乳，仔猪就得不到母源抗体，仔猪抗病能力很低，一般不易成活。同时，初乳中含有其他营养物质是初生仔猪的唯一营养来源。加之仔猪生后体内贮备能量有限，如在短期内不能补充，就会出现低血糖现象。

全部仔猪吃过一段时间初乳后（吃饱），应将仔猪拿到仔猪箱内（箱内温度控制在 32～34 ℃），这样既能让母猪休息又可以防止初生仔猪接触脏东西引发腹泻，50～60 min 后再拿出来吃初乳，吃饱后再拿回仔猪箱内。放置仔猪箱的同时要用防压栏与母猪隔开，防止母猪拱啃。产后 2～3 d 内一直这样操作，有利于母仔休息及健康。

2. 固定乳头　固定乳头的原则：弱小仔猪在前；中等仔猪居中；强壮仔猪在后。如乳头数多于产仔数，由前向后安排，放弃后边乳头。具体做法是，首先将仔猪按照体重或体质由小到大或由弱到强进行顺序编号，使用标记笔写在仔猪背部。然后将母猪的乳房由左至右，由前到后进行虚拟编号，每次哺乳时使用手或挡板将仔猪分开，对号哺乳，经过 2 d 左右即可以将乳头固定。最初几天要定时安排仔猪哺乳。平时把仔猪捉进仔猪箱中，定时放出哺乳。

3. 温度控制　仔猪生后调节体温能力差，必须为其提供适宜的环境温度，防止冻死。生后第一周温度控制在 32～34 ℃，以后每周降温 2 ℃。在产床上设置仔猪箱、电热板和红外线灯。观察仔猪躺卧时的状态判定其温度是否合适。如温度适宜，仔猪就会均匀平躺在仔猪箱中，睡姿舒适；如温度偏高，仔猪会四散分开，将头朝向有缝隙可吹入新鲜空气的边沿或箱口；如温度低，则会挤堆或叠层趴卧。

4. 补铁、补硒　缺硒地区母猪没有饲喂添加硒的饲料，仔猪出生后第 1 天肌内注射亚硒酸钠维生素 E 注射液 0.5 mg。出生后 3 日龄内注射铁钴合剂，每头仔猪 150～200 mg。注射前用 75%酒精溶液消毒，注射部位在颈部或臀部深层肌肉，注意严格按照每 1 头仔猪使用 1 个针头进行注射，防止交叉感染。

5. 寄养、并窝　无母猪哺乳、母猪产后无乳或母猪产仔极少的仔猪由寄养母猪哺乳。应注意：选择性情温顺，泌乳量高的寄养母猪；母猪产期相近，最好不超过 3 d；仔猪寄养前吃足初乳；要进行防辨认处理——干扰母猪嗅觉，用寄养母猪的尿液和奶水涂抹仔猪全身；最好安排在夜间进行，注意看护，防止母猪辨认出来，咬伤寄养仔猪。

6. 防止压死、踩死、咬死　注意防止有些母猪因母性差、产前营养不良、产后口渴烦躁、产后患病等导致母猪脾气暴躁，出现咬吃仔猪的现象。再加上母猪体重大，弱小仔猪不能及时躲闪，容易被母猪压死或踩死。因此，仔猪出生 1 周内要求安排饲养员认真看护，并且安装防压栏。

7. 仔猪编号　为了便于仔猪管理，方便记录和资料存档，应将仔猪在生后 3 d 内进行编号，具体方法如下：

（1）打耳号法（大排号法）。规则：上 3 下 1，左个位右十位。左耳尖 100，右耳尖 200。左耳中间孔 400，右耳中间孔 800。

操作者抓住仔猪后，用前臂和胸腹部将仔猪后躯夹住，用一只手的拇指和食指捏住将要打号的耳朵，用另一只手持耳号钳进行打号。注意要避开大的血管；避免母猪咬伤操作者。

（2）上耳标法。操作者把耳标书写好后，将上部和下部分别装在耳标器的上部和下部。把仔猪抓住后，操作者用前臂的肘部和胸腹部将仔猪保定好，然后用耳标器将耳标铆上，注意要避开大的血管。

（3）电子识别。有条件的养殖场，可以将仔猪的个体号、出生地、出生日期、品种、系谱等信息转译到脉冲转发器内，然后装在一个微型玻璃管内，插到耳后松弛的皮肤下。需要时用手提阅读器进行识别阅读。

8. 仔猪生后的其他处理

仔猪生后
处理

（1）剪牙。为了防止初生仔猪的乳齿咬伤母猪乳头和牙齿变形，仔猪出生后，使用医用剪刀或无锈钢偏嘴钳将仔猪胎齿（8个）在齿龈处全部剪断。操作时，用一只手抓握住仔猪的额头部，并用拇指和食指用力捏住仔猪上下颌的嘴角处，将仔猪嘴捏开，然后，用另一只手持偏嘴钳在齿龈处，将上、下、左、右所有的乳齿全部剪断。剪后将剪刀或无锈钢偏嘴钳消毒，防止交叉感染。

（2）断尾。防止咬尾和母猪将来本交配种方便，仔猪生后1周内，使用偏嘴钳将其尾巴断掉（可以留1/3），然后消毒，防止交叉感染。

去势

（3）去势。仔猪生后1周内，将不做种的雄性仔猪去势，此时去势止血容易，应激小。具体方法为：首先一只手贴仔猪两后腿根将其两后腿紧紧抓握住，使用消毒棉签蘸取5％碘酊溶液将仔猪阴囊消毒，然后使用经消毒处理的手术刀将两个阴囊和睾丸分别竖向切开，顺势将睾丸挤出，割断精索，最后将切口消毒。

【实训报告】写出初生仔猪护理的关键点。

【考核标准】

考核项目	考核要点	等级分值					备注
		A	B	C	D	E	
态度	端正	10～9	8.9～8	7.9～7	6.9～6	<6	考核项目和考核标准可视情况调整
初生仔猪护理	学会护理养育方法	40～36	35.9～33	32.9～30	29.9～27	<27	
仔猪编号	学会正确编号方法	20～18	17.9～15	14.9～12	11.9～9	<9	
仔猪其他处理	学会仔猪其他处理方法	20～18	17.9～16	15.9～14	13.9～12	<12	
实训报告	填写标准、内容翔实、字迹工整	10～9	8.9～8	7.9～7	6.9～6	<6	

实训十七　仔猪开食补料

【目的要求】掌握仔猪开食时间，学会仔猪开食补料方法。

【实训内容】

1. 仔猪开食。

2. 仔猪补料。

【实训条件】7、15日龄仔猪、喂饲器或饲槽、自动饮水器或水槽、仔猪开食饲料等。

【实训方法】

1. 开食 把第一次训练仔猪吃料称为开食，一般在仔猪出生后 5～7 d 开始。先将仔猪饲槽或喂饲器搬到仔猪补饲栏内并打扫干净。投放 30～50 g 的仔猪开食料，然后把仔猪赶到补饲栏内。饲养员蹲下，用手抚摸抓挠 1～2 头仔猪，待仔猪安稳后将仔猪料慢慢地塞到仔猪嘴里，每天训练 4～6 次（集中 1～2 头训练仔猪）。经过 3 d 左右的训练，仔猪便学会采食饲料，其他仔猪仿效学会采食饲料。生产上，多在开食前 2～3 d 固定抚摸抓挠 1～2 头仔猪，每天 4～6 次，每次 5 min 左右，到开食当天一边抚摸抓挠，一边向仔猪嘴里塞料，同样训练 3 d 左右。

2. 补料 一般在仔猪 15～20 日龄时，每天给仔猪补料 6 次，开始每次每头 20～50 g。根据情况以不剩过多饲料为宜。所剩饲料不卫生时，应将剩料清除干净，喂母猪时应重新投料。

【实训报告】记录仔猪开食的方法和步骤。

【考核标准】

考核项目	考核要点	等级分值					备注
		A	B	C	D	E	
态度	端正	10～9	8.9～8	7.9～7	6.9～6	<6	考核项目和考核标准可视情况调整
仔猪开食	叙述开食概念	40～36	35.9～32	31.9～28	27.9～24	<24	
仔猪开食补料	开食补料方法	40～36	35.9～32	31.9～28	27.9～24	<24	
实训报告	填写标准、内容翔实、字迹工整	10～9	8.9～8	7.9～7	6.9～6	<6	

实训十八 后备猪的选择

【目的要求】通过查找后备猪生长发育资料和体形外貌观察，学会后备猪选择。

【实训内容】

1. 查阅后备猪生长发育资料。

2. 后备猪体形外貌观察。

3. 后备猪选择。

【实训条件】待选后备公猪、后备母猪的生长发育记录，后备公猪和后备母猪的生产性能报告。

【实训方法】

1. 后备公猪选择 首先查找后备公猪生长发育记录和生产性能报告，根据资料提供的数据进行排队，然后结合体形外貌做出选择，最后选择的数量应根据公猪利用年限，确定公猪更新比例。例如，公、母猪利用年限为 2.5 年，则公猪年更新比例至少为 40%，因此要根据所需公猪数量的 2 倍进行选择后备公猪的选留。

（1）生产性能。通过比较生长发育记录和生产性能进行选择。要求其生长速度快，背膘薄，饲料转化率高。

（2）体形外貌。后备公猪应该是体质结实、强壮、四肢端正，不要选择直腿和高弓形背。毛色应符合本品种应具有的毛色要求。后备公猪活泼爱动，反应灵敏。睾丸发育良好，左右对称，松紧适度，阴茎包皮正常，性欲旺盛，精液品质良好。严禁单睾、隐睾、睾丸不对称、疝气、间性猪、包皮肥大或过紧的后备公猪入选。同时乳头数也要求 6 对或 6 对以上，沿腹中线两侧排列整齐，无异常乳头。

2. 后备母猪选择　后备母猪应该是正常地发情排卵参加配种，能够产出数量多、质量好的仔猪；能够哺育好全窝仔猪；体质结实，在背膘和生长速度上具有良好的遗传素质。

具体选择要求：外生殖器官发育较大，下垂，正常乳头 7～8 对，且沿腹中线两侧排列整齐，四肢结实。根据资料记载应选择生长速度快、饲料转化率高、背膘薄的后备母猪，不要选择外生殖器发育较小且上翘、瞎乳头、翻转乳头、肢蹄运动有障碍的后备母猪。后备母猪所需数量的计算方法，首先应根据母猪平均淘汰胎次、断乳时间，计算出母猪的年更新比例。例如，母猪平均 7 胎淘汰，4 周龄断乳，则母猪的产仔间隔为 114＋28＋7＝149 d，母猪在群年数为 149×7÷365＝2.85 年，母猪年更新比例至少为 35％，然后按照所需后备母猪数量的 2～4 倍进行选留，将生产性能低下、身体缺陷的个体在不同测定选择时期进行淘汰，最后留下所需补充母猪数量。生产实践上，一般最后一次淘汰所剩预留母猪数量应超过年淘汰母猪数量 10％左右，便于增加选择概率，防止空缺。

后备公、母猪均要在繁殖性能好的家系内选择，如产仔数多，母性强，哺乳性能好，仔猪断乳窝重大等。

【实训报告】记录后备猪选择的要求和过程。

考核项目	考核要点	等级分值					备注
		A	B	C	D	E	
态度	端正	10～9	8.9～8	7.9～7	6.9～6	＜6	
后备公猪选择	叙述后备公猪的主要选择标准	40～36	35.9～32	31.9～28	27.9～24	＜24	考核项目和考核标准可视情况调整
后备母猪选择	叙述后备母猪的主要选择标准	40～36	35.9～32	31.9～28	27.9～24	＜24	
实训报告	填写标准、内容翔实、字迹工整、记录正确	10～9	8.9～8	7.9～7	6.9～6	＜6	

实训十九　粪污处理

【目的要求】了解工厂化养猪粪污处理方法。

【实训内容】粪污处理方法。

【实训条件】根据当地条件选择一大型规模化猪场为实训地点。要求该猪场粪污处理设施、设备完善，处理效果好。有堆肥处理设施与设备、三级沉淀池、厌氧反应器、污水承载地（如人工湿地、林地、果园、农田等）。

　　【实训方法】首先听教师讲解粪污处理的过程及各种设备工作原理，然后在猪场技术人员指导下观察了解或参与操作。

　　【实训报告】写出粪污处理的过程、效果和体会。

　　【考核标准】

考核项目	考核要点	等级分值					备注
		A	B	C	D	E	
态度	端正	10～9	8.9～8	7.9～7	6.9～6	<6	考核项目和考核标准可视情况调整
纪律	遵守纪律，听从指挥	40～36	35.9～32	31.9～28	27.9～24	<24	
参观过程	仔细认真	40～36	35.9～32	31.9～28	27.9～24	<24	
实训报告	填写标准、内容翔实、字迹工整、记录正确	10～9	8.9～8	7.9～7	6.9～6	<6	

模块四 养猪生产新概念

学习要点

1. 了解分批分娩、分胎饲养、智能养猪、电脑控制液体饲喂的含义及优点。
2. 了解宠物猪管理技术。
3. 了解动物福利内容、动物福利监测与评估。

项目一　分批分娩

在过去的 10 年中，批次分娩技术在全球范围内越来越流行。这项技术将种猪生产周期从连续生产改变为以周为批次进行生产。在连续生产中，根据繁殖周期的固有循环，几乎每天都有配种、分娩和断乳的母猪，而在按周的批次生产中，配种、分娩和断乳这些主要工作会相继在一个周期内依次完成，通常一周为一批。这一技术有多项优点，包括可提高劳动效率、改善猪群的健康以及降低仔猪的死亡率。

1. 基本原理　在雌性动物中，孕酮是促使动物发情的一种类固醇类性激素。它的作用可被模拟孕酮分泌的合成类激素所终止，从而延缓发情周期，直到经产母猪或青年母猪在发情时间上处于同一阶段，此时一旦停止用药，种群内处于发情周期同一阶段的所有母猪就开始发情。

这种合成类激素仅仅是抑制发情，当发情一旦启动，它就不起作用。合成类激素可用于户内或户外配种。

每天用喷雾器以喷射的方式在经产母猪或青年母猪群中添加合成类孕酮，可以确保在停止喷雾后受此处理的动物同时发情，建立一个同时进入繁殖周期的母猪群。

2. 主要优点　与传统的连续生产方式相比，采用批次生产后能更有效地使用劳动力，工作效率也更高。虽然每头母猪每年所占用的工时并没有多大的改变，但是相同工时的生产效率却更高，并且所带来的效益还可以延续到育肥阶段（表 4-1）。

表 4-1　每周断乳与每 3 周断乳的生长、育肥猪的性能对比

模式	每周断乳	每 3 周断乳	改进
日增重/g	490	547	提高 12%
饲料转化率	2.36	2.26	降低 4%
每头猪的药物费用/元	25.9	15.4	降低 41%
断乳至出栏的死亡率/%	11.5	6.6	降低 41%

此外，据 Janssen 报道（2010 年），批次生产可使每头（青年）母猪每窝多提供一头仔猪。在连续生产中，有时配种、分娩和断乳要在一天进行，而批次生产与此不同，没有交叉作业。繁殖力管理可得到更好的控制。人工授精精液可以分批订货，可减少运输次数及运输成本，这将有助于人工授精操作规范及质量控制程序的准确执行。因为有更多的母猪在同一时间段分娩，在必要的时候，对仔猪进行交叉寄养或交换有更多的选择。每批仔猪以更均匀的速度生长，使到达屠宰时的猪群也更一致，有利于统一的饲养管理和销售。一旦猪群全部清空，也会加快栏舍的周转，猪舍快速的周转能更容易执行全进全出的计划和管理。批次生产使得在连续生产基础上监控饲料和水耗成为可能，因此饲料和饮水消耗模式的变化也变得显而易见。同时这种变化能

够对疾病暴发有预警的作用。

3. 批次分娩中的一些潜在问题　虽然批次分娩相对于传统的连续生产有很多的优势，但是它仍然存在一些问题。首先这项技术要求要有熟练的技术人员做指导，因此需要对操作人员进行统一的培训等；其次批次分娩要求猪舍间一定不能靠得太近，每一批猪群应该有自己单独的空间，每一批猪需要自己单独的栏舍，这将会产生一些额外的猪舍费用；再次在生产高峰时间会增加资源的集中利用，如在断乳时需要额外的给仔猪在同一时间里加热保温会增加用电量；最后在从连续生产转换成批次生产期间（长达 6 个月），生产力会有所下降。

项目二　分胎饲养

分胎饲养模式的目的是尽量减少疾病传入种猪群的概率，主要通过以下两个途径实现：一是将青年母猪和第1胎母猪饲养在猪场内远离经产母猪的区域，以尽量减少来自这些年轻母猪的潜在病原传播，因为它们的免疫功能还处于不稳定状态；二是对年轻母猪的后代采取相似的饲养管理措施，饲养在独立的保育舍中，并在保育阶段结束前不与猪场中的其他母猪的断乳仔猪混群。

1. 分胎饲养的必要性　一方面青年母猪的营养需求与高胎次母猪截然不同，即使与年龄略大的经产母猪相比也不同。青年母猪和经产母猪采用相同的饲料以及相同的饲喂模式会造成母猪生产寿命极短的问题。另一方面用青年母猪更新经产母猪并生产出第一窝猪需要大量成本。随后为了实现仅多产2胎而不是多产4胎或5胎，将浪费大约46%的前期投资，同时将损失该母猪不再生产的收入。

2. 分胎饲养的优点　产第1窝的母猪（即第1胎，或P1）在其一生中的首个哺乳期中对体蛋白的损失很敏感。如果第一个哺乳期损失4 kg的体蛋白，足以使第2胎的窝产仔数减少0.75头，并且断乳发情的间隔时间也会随着体蛋白损失的增加而延长。相反，分胎饲养可以将第1胎母猪的体蛋白损失控制在2 kg内，能使第2胎的窝产仔数比第1胎多1头。

同时还可能有其他益处，如在疾病方面有利于预防猪繁殖-呼吸综合征、支原体肺炎以及仔猪腹泻。由于青年母猪、第1胎母猪甚至第2胎母猪的免疫系统尚未发育完善，分胎饲养可使用药成本可以减少50%。另外，有证据显示分胎次饲养很可能会延长养猪场母猪的生产利用年限。

分胎次饲养模式使得第1胎母猪、第2胎母猪，甚至第3胎母猪所产的后代，与由免疫系统更为成熟的第4～7或第10胎母猪所产的后代相比，更能获得各种均衡及充足的营养。表4-2展示了低胎次母猪在前2个妊娠期与免疫系统更为成熟的高胎次母猪妊娠期中的微量元素需求量上的巨大差异。分胎饲养是为了解决小母猪与经产母猪在营养、免疫和饲养管理上的区别，做到母猪饲养管理的精细化。

表4-2　随着生产年龄的增长，母猪妊娠期微量元素摄入量变化

阶段	青年母猪	P1	P3	P5	P7	P9
每千克体重摄入量/g	39.2	26.8	19.5	16.3	15.0	14.2

3. 后代分开饲养的必要性　第1胎和第2胎母猪后代的高风险不仅体现在营养上，而且在饲养管理和用药物治疗上需要特殊的处理，同时他们后代在整个生长周期内的生长数据也与经产母猪的后代有所区别（表4-3）。因此，他们的后代在早期生长阶段执行分胎次饲养是有必要的。

分胎饲养方式应推广到第 1 胎的后代，这些初生胎次仔猪进行独立的保育饲养，最好由不同的饲养人员或者同一饲养人员以轮班作业方式，用不同饲养工具和穿不同工作服、工作靴护理胎次不同的后代。

表 4-3　低胎次母猪与经产母猪后代生长相关数据比较

类别	青年母猪的后代	第 2 胎以上母猪的后代
断乳重/kg	5.3	5.74
保育期死亡率/%	3.17	2.55
保育期日增重/g	412	435
保育期药物治疗费/元	11.24	2.88
育肥期死亡率/%	4.31	2.35
育肥期日增重/g	735	763
育肥期药物治疗费/元	9.51	5.28
肺炎发生率/%	31	11

项目三　智能养猪

（一）智能养猪模式及功能

智能养猪是计算机、互联网、现代通信技术、物联网技术、智能控制、现代机械等技术的综合应用，使养猪实现高度的智能化、自动化、精准化，可以极大地提高生产经营的综合效率，降低工作劳动强度和资源消耗。智能化养猪生产流程是给每头猪佩戴电子耳牌（电子芯片），利用养猪生产管理软件，按照每头猪所需的最优化管控指标进行设定，然后通过现代化的机械设备将管理指令予以落实执行，以完成自动化的生产运行，并进行全程的信息收集和处理，以便提供分析、决策。

智能养猪模式具有以下基本功能：①实现饲喂和数据统计运算的全自动功能；②耳标识别系统对进食的猪进行自动识别；③系统对每次进食猪耳标标号、进食时刻、进食用时、进食量进行记录，并根据体重及怀孕天数自动计算出当天的进食量。④自动测量猪的日体重，并计算出日增重。⑤系统随时监控控制设备的运行状态，对猪状况和异常情况进行全面的检测并及时报警。⑥系统实现时时数据备份功能，显示当前进食猪的状态。

（二）智能养猪的优点

1. 实现了整个生产过程的高度自动化控制

（1）自动供料系统。整个系统采用储料塔＋自动下料＋自动识别的自动饲喂装置，实现了完全的自动供料。与传统的供料系统相比，自动供料系统使整个储存及饲喂过程实现全封闭状态，减少了饲料的浪费，通过耳标识别系统可以根据每一头猪的健康和生长状况进行下料，使饲喂过程更加的精准化。

（2）自动管理系统。通过中心控制计算机系统的设定，实现了发情鉴定、温度、湿度、通风、采光、卷帘等的全自动管理。

（3）数据自动传输系统。所有生产数据都可以实时传输显示在相关管理人员的电子终端设备上，包括个人的电脑或手机等。

（4）自动报警系统。场内配备由电脑控制的自动报警系统，出现任何问题电脑都会自动报警，以便管理人员及时处理。

2. 提高了生产效率

智能养猪系统可提高工作人员的工作效率，对于一个母猪群体规模为500头的种母猪场，只需要3～5人就可以实现对猪场的管理，使管理人员的工作更轻松。管理人员进场后的工作主要是进行配种、转群、观察、处理等必须由人来完成的操作，而大部分工作都由计算机控制相关机械完成。而且提高了母猪的繁殖性能，通过运用母猪智能化精确饲喂系统，可以使群体获得优秀的繁殖性能。在优秀的猪场采用 26～28 d 断乳的生产模式下，使用智能养猪系统的母猪场内平均年产胎次可以增加到 2.40 胎，平均胎产活仔猪数可以达到 12.32 头，母猪的平均年产断乳仔猪数（母猪年生产力）可以达到 26.83 头，全群平均返情率仅为 7.40%，母猪利用年限平均提高 1.5 年。还可提高养殖的整体经济效益，通过高度的自动化管理，实现了对群养母猪的个体化管理，避免了人为因素对养猪生产造成的影响，使得养殖的整体经济效益大幅度提高。

3. 饲养过程充分考虑了动物福利的要求　改变了限位栏的饲养模式，扩大了每头母猪的活动面积，采用大群养殖的模式，让母猪随意运动，每头母猪的活动面积扩大到 2.5 m²。通过自动饲喂系统的使用，实现了在大群饲养条件下的个体精确控制，群体内的母猪可以自由分群，随意组合，并且自由选择采食时间。可自动（非人为干扰）实现特殊个体的识别和隔离，在自动饲养管理系统中，通过对特定行为学特征的自动监控，配合特殊的个体识别系统，可以实现对特殊个体（如发情母猪、返情母猪等）的自动隔离，从而减少了人为观察的工作量和主观性误差的产生。而且为猪提供了宽松的生活环境，在一系列减少应激措施的基础上，各猪场还通过播放轻松音乐等方式来为猪提供宽松的生活环境。这不仅可以满足动物福利的要求，还有利于减少饲养过程中对母猪产生的应激，从而确保了生产效率的提高。

4. 实现了生产数据管理的高度智能化　智能养猪系统可以自动完成对每一头母猪体重的监控并通过制图的形式加以反应，为管理者提供最精确的数据。对于猪群每一个阶段的生产数据，系统还可以通过中心控制电脑进行辅助分析并制作各种生产报表，为管理者提供猪群的数据。

5. 降低防疫的风险　从防疫角度看，智能养猪系统可以减少饲料在运输和饲喂过程的污染问题。可以减少人员进入猪舍的次数，减少人员流动，减少人员与猪的接触，可以有效降低防疫风险。

项目四　宠物猪管理

虽然小型猪的小尺寸使它们更适合作为宠物，但需要提醒主人的是，小型猪仍是猪科动物的成员，其与猪有类似的行为、环境需求、易感染疾病和寄生虫。除一些例外，它们解剖和生理上的特点很像大型商业品种的猪，治疗方法也是相似的。

（一）攻击行为与训练

宠物猪的攻击行为是一个需要重点关注的问题，且攻击行为很少会在不治疗或训练的情况下降低，如果不及时治疗通常会随着时间的推移而恶化。宠物猪通常在成熟后开始出现攻击行为（6月龄至3岁），通常情况下，首要的受害者是家里的访客，这和野猪在遇到不熟悉的同类时的行为相似。宠物猪对家庭中熟悉的人的攻击行为通常也开始于成熟前后。防止攻击行为最安全和最简单的措施是在猪很小的时候就将其拴在马甲和皮带上来管束，推荐使用专门为小型猪设计的马甲。然后可以教给宠物猪对一个简单命令作出回应，如在给宠物猪想要的任何东西之前说"坐"，并利用食物诱惑来教会猪相应指令，就像训练犬一样。

（二）宠物猪的饲养管理

1. 疫苗接种　尽管事实上许多宠物猪可能永远不会和其他的猪接触，但是一些疫苗的接种在确保其继续保持良好的健康以及防止潜在的人畜共患病蔓延上仍然具有重要意义。没有一个单一的接种方案对所有宠物猪是最好的，但所有的猪都应该定期接种针对某一病毒的疫苗。

2. 寄生虫　猪的寄生虫种类繁多，但以疥螨和蛔虫病最为常见，对猪的危害也特别严重，常常造成猪生长发育不良、生长缓慢。因此，做好宠物猪体内外寄生虫的驱虫工作非常重要。

患疥螨病的猪以剧烈痒觉为特征，躁动不安，食欲降低，生长缓慢。病变通常先在耳部发生，耳部皮屑脱落，进而出现过敏性皮肤丘疹，以后逐渐蔓延至背部、躯干两侧及后肢内侧，严重时造成出血、结缔组织增生和皮肤增厚，局部脱毛。猪蛔虫病主要危害2～6月龄的猪群，其症状和病变：病猪一般表现为生长缓慢、消瘦、被毛粗乱无光、黄疸，采食饲料时经常卧地，有时咳嗽、呼吸短促，粪便带血。

饲养时，应采取综合性措施，选用广谱的驱虫药物，制订切实可行的驱虫程序，有效地控制猪寄生虫病的发生，从而减少因寄生虫病造成的宠物猪死亡。

3. 牙齿修整　所有小型猪在5～7月龄时出现4个永久犬齿，公猪的这些牙齿会不断生长，即使去势公猪的獠牙也可以达到危险的长度，但通常它们的生长速度相对慢些。最乖巧的猪也可以用这些长而锋利的牙齿做出损害家具和意外伤害人类的行为，因此，建议定期修整。产科线、高速牙科工具、电动打磨工具常被用于牙齿修整，但应避免使用粉碎工具，因为它们可以纵向造成牙齿的断裂，并可能引起疼痛和感染。牙齿修整应尽可能短，同时避免切断牙髓腔，牙齿的长度可以根据不同个体而不同。电动打磨工具上的砂光片可以用于磨平牙齿，使牙齿不再留有锋利的边缘。因为有破裂或感染的可能性，除非是必要的情况否则不推荐将宠物猪的犬齿去除。

4. 蹄部修剪　住在家里和缺乏在粗糙表面上摩擦的宠物猪通常需要定期修剪蹄部。过度生长的蹄会超过腿关节，是宠物猪一种常见的跛行原因。通常需要进行常规修剪，修剪时，将猪进行麻醉并限制于吊索上，再使用修蹄器和锉进行蹄部修剪。在某些情况下，特别是在其蹄部已经严重过度生长时，敏感板层组织将延长。深入切割敏感板层组织可能会导致持续数天的跛行，在可能的情况下应尽量避免。

5. 常见疾病问题及治疗　宠物猪的身体检查应该和任何其他动物的身体检查相类似。在一项研究报告中显示，小型猪与较大的商品种猪的显著差异之一是其正常的静息直肠体温很可能是较低的温度，可低至 37.6 ℃。虽然对发生在其他猪的所有相同疾病也易感，但对于正确接种疫苗、饲喂且安置的宠物猪，其疾病是罕见的。然而，还会出现包括如下健康问题：

（1）肥胖。肥胖是宠物常见的问题，由于缺乏锻炼和喂养不当。许多宠物主人认为肥胖是正常的，他们不知道宠物猪的各种健康问题基本都与肥胖相关。肥胖会导致慢性跛行且因眼睛周围的脂肪堆积过多而继发失明，并且肥胖会对心脏和肺空间有所限制。宠物主人必须认识到用商品宠物粮来饲养宠物猪，尤其针对小型猪的重要性。此外，将粮食放到食物依赖性的玩具中（空心球或有孔的塑料罐），或者干脆将食物撒到一个干净院子里的草地上，这样猪就需要消耗更多的能量来吃到食物。

（2）关节炎。据报道，小型猪的寿命为 15～18 岁。随着老龄化一个较为普遍的猪的健康问题是关节炎。这通常继发于慢性肥胖或过度生长的蹄。持续跛行的猪最终会对消炎药和止痛药无反应，这是导致在老年猪中实施安乐死的常见原因。

（3）牙齿疾病。随着年龄的增长，猪会形成相当多的牙垢，类似犬那样的定期清洁牙齿，对于某些宠物猪来说可能是有益的。在老年猪中最常见的牙齿问题是公猪中的獠牙根脓肿。有效的治疗方法是将獠牙去除。

项目五 电脑控制液体饲喂

（一）液体饲喂

液体饲喂是指利用液体媒介（主要是水、脱脂牛奶或乳清，也包括任何合适的液体副产品）以悬液的方式将固体（通常为粉状）营养物质或者一些副产品混合物输送到动物的采食点（通常是料槽）的饲喂方式。液体饲喂又称管线饲喂，近来则称电脑控制液体饲喂，不能与干/湿饲喂技术相混淆。在干/湿饲喂技术中，猪用鼻子移动或按压阀门使水流入浅料盘中，并将料盘中的粉状或颗粒饲料打湿或液化到自己喜欢的程度。如果运用得当，两种方式都是非常理想的饲喂方式，只是目前干/湿饲喂技术多用于饲喂幼龄生长猪，而完全的液体饲喂则适用于各阶段的猪，包括种猪。

（二）电脑控制液体饲喂系统的优势

1. 猪的生产性能更好　如果哺乳仔猪转为采用稠厚的糊状饲料甚至是液体饲料而不是干料，一旦断乳，它们的肠道表面受到的损伤将会更轻。因此，该断乳仔猪生长会更快，达到屠宰体重的时间就更早。具体数据如表4-4。

表4-4　电脑控制液体饲喂系统对猪生产性能的影响

阶段	项目	电脑控制液体饲喂	颗粒料
生长育肥猪 （35～105 kg）	饲料转化率	2.27：1	2.53：1
	日增重/(g/d)	796	745
	育肥天数/d	88	94
	每吨饲料可售猪肉/kg	339	300.6
	平均背膘厚/mm	10.9	10.8
哺乳母猪	窝产活仔数	12.44	10.62
	窝断乳仔猪数	11.59	9.69
	平均断乳重/kg	8.75	8.10
	平均断乳窝重/kg	101.2	78.5

2. 饲料浪费减少　饲料浪费可能是直接的（掉到漏缝地板下、被猪践踏、变成粉尘后损失），也可能是间接的（营养素比例不合理等）。饲料浪费可直接增加养殖成本。由管线饲喂系统料槽损失的饲料量与干/湿料槽间有显著差异，许多干料槽会浪费6%左右的饲料，有些可高达15%。

3. 猪采食量更大，转化率更高　目前，食欲是影响猪生产性能的一个限制因素。在炎热条件下，食欲对现代高产母猪和青年母猪以及其他所有阶段的猪都是一个问题。对育肥猪（30～105 kg）而言，饲料转化率通常会改善 0.1%～0.15%。使用电脑控制饲喂系统，对于母猪而言，泌乳料采食量会增加 1 kg/d，断乳时仔猪死亡率下降 1.7%，分娩指数提高 6%，断乳后 5 d 内发情率提高 23%，每头母猪年断乳仔猪体重提高 17%（从 126 kg 增加至 148 kg）。

4. 母猪体况更好　体况是母猪生产中重要的指标之一，因为母猪在哺乳期肌肉或脂肪损失过大会阻碍其断乳后的快速返情，影响后一胎仔猪的生产力或存活率（表 4-5）。

表 4-5　液体饲喂和干料饲喂对母猪体况及生产性能的影响

项目	液体饲喂	常规干料饲喂
平均体况评分	2.6	2.5
肥猪/(母猪·年)/头	21.4	19.1
断乳重/(母猪·年)/kg	147.7	126.1
断乳重/(栏位·年)/kg	773	696

5. 粉尘显著降低　通常干料饲喂时猪舍内的气源性微生物数量要高出 3 倍。由于液体饲喂是在料罐中混合的，因此消除了近一半的会影响工人身体健康的有害粉尘问题，也降低了粉尘爆炸的风险。

6. 用药快速准确　即使在高倍稀释的情况下也只需要几秒钟，用药混合成本降低 50%。与粉末相比，水是一种更快速、扩散性更强的底物，特别是添加量很小时。目前，添加剂生产商可能建议在每吨日粮（或水）中添加少到 250 g（或 250 mL）的添加剂物质，液体饲喂的液体组分就能应对这种低浓度的添加量。

7. 应激更少　应激是目前所有养猪场中一个主要的隐蔽性问题。猪体重在 20～50 kg 阶段液体饲喂瞌睡或睡眠时间占 53%，而颗粒干喂占 45%。改为液体饲喂后，群体中 70% 的母猪在 45 min 内躺下休息，而颗粒干喂的母猪则需 80 min 才能达到这一水平。研究表明，从干料饲喂改为液体饲喂（水料比为 3∶1）后，咬尾现象永久性消失了。而且霉菌毒素污染更少，霉菌毒素是猪场中的另一个隐蔽性问题。由于混合罐和管线会定期进行消毒，且喂料结束后猪会舔舐料槽，因此残留的霉菌毒素量很低，甚至没有。但是，需要密切注意自由采食的料槽和母猪料槽，建议在湿料中添加防霉剂或霉菌毒素吸附剂以预防。

项目六　动物福利

（一）动物福利内容

动物福利是指动物如何适应其所处的环境，满足其基本的自然需求。科学证明：如果动物健康、感觉舒适、营养充足、安全、能够自由表达天性并且不受痛苦、恐惧和压力威胁，则满足动物福利的要求。而高水平动物福利则更需要疾病免疫和兽医治疗，适宜的居所、管理、营养、人道对待和人道屠宰。

动物福利概念由五个基本要素组成：生理福利，即无饥渴之忧虑；环境福利，就是要让动物有舒适的居所；卫生福利，主要是减少动物的伤病；行为福利，应保证动物表达天性的自由；心理福利，即减少动物恐惧和焦虑的心情。

（二）动物福利监测与评估

监测和评估动物福利为生产者提供了评价福利标准的方法。这些标准随后可以为决策提供依据，并为生产者提供了一种可证明他们的猪受到了一定程度的照顾的途径。农场动物福利的措施通常分为两大类：基于资源的措施和基于动物的措施。

基于资源的措施也被称为基于输入、管理或设计的措施，包括空间许可、放养密度、饲料和水的数量与质量、检查频率和饲养人员培训，以及管理员特点，如态度、知识和能力。基于资源的措施的缺点是：它们是动物福利的间接指标，因而不能真实评价动物如何应对环境。但它的优点是可以在动物的福利受到负面影响之前找出动物福利缺乏的潜在原因。因此，基于资源的措施被认为是"领先"指标，可以对正接受评估的猪采取纠正和预防措施。

基于动物的措施，也被称为输出或基于成果的措施，包括死亡率、发病率、淘汰率、跛行、受伤、身体状况、刻板行为、攻击行为和恐惧行为。使用基于动物的措施其优势是，它们是动物福利的直接指标，它们允许在系统设计和管理时改变。缺点是它们往往"滞后"，也就是说，猪在评估时，任何现有的福利问题都已经发生了，只能在未来的生产周期中改变。重点是可以用基于动物的措施去找出动物的实际福利，并用基于资源的措施找出缺乏动物福利的潜在原因。以热舒适性为例，可以用一组缩成一团、瑟瑟发抖和聚堆的保育猪作为基于动物的措施，用恒温 27 ℃作为基于资源的措施，能得出动物正经受冷应激的结论，原因是非换气式通风和传感设备故障。如果要了解动物福利，找出可能原因，这两种措施都是必要的。

思考题

1. 分胎饲养的主要优点是什么？
2. 动物福利是什么？
3. 智能养猪的优点有哪些？

附录

美国 NRC 猪饲养标准（90%干物质）（2012 部分）

附表 1-1　种公猪配种期日粮和每日氨基酸、矿物质、维生素和脂肪酸需要量（含 90%干物质）[a]

日粮净能[b]/(kcal/kg) *	2 475
日粮有效消化能[b]/(kcal/kg)	3 402
日粮有效代谢能[b]/(kcal/kg)	3 300
估算有效代谢能摄入量[b]/(kcal/d)	7 838
估算采食量＋浪费[c]/(g/d)	2 500
日粮净能[b]/(kcal/kg)	2 475

		需要量	
		%或每千克日粮中含量	日需要量
	精氨酸	0.2%	4.86 g
	组氨酸	0.15%	3.46 g
	异亮氨酸	0.31%	7.41 g
	亮氨酸	0.33%	7.83 g
	赖氨酸	0.51%	11.99 g
氨基酸	蛋氨酸	0.08%	1.96 g
（回肠标准可消化）	蛋氨酸＋半胱氨酸	0.25%	5.98 g
	苯丙氨酸	0.36%	8.5 g
	苯丙氨酸＋酪氨酸	0.85%	13.77 g
	苏氨酸	0.22%	5.19 g
	缬氨酸	0.27%	6.52 g
	总氮	1.14%	27.04 g
	精氨酸	0.16%	3.86 g
	组氨酸	0.13%	3.16 g
	异亮氨酸	0.29%	6.18 g
	亮氨酸	0.29%	6.84 g
	赖氨酸	0.47%	11.13 g
氨基酸	蛋氨酸	0.07%	1.72 g
（回肠表观标准	蛋氨酸＋半胱氨酸	0.23%	5.55 g
可消化)[d]	苯丙氨酸	0.33%	7.86 g
	苯丙氨酸＋酪氨酸	0.54%	12.81 g
	苏氨酸	0.17%	4.15 g
	色氨酸	0.19%	4.52 g
	缬氨酸	0.23%	5.58 g
	总氮	0.94%	22.4 g

---

* cal 为非法定计量单位，1 cal＝4.184 0 J。

（续）

	需要量	
	‰或每千克日粮中含量	日需要量
精氨酸	0.25%	5.83
组氨酸	0.18%	4.3 g
异亮氨酸	0.37%	8.81 g
亮氨酸	0.39%	9.2 g
赖氨酸	0.6%	14.25 g
蛋氨酸	0.11%	2.55 g
总氨基酸基础[d] 蛋氨酸＋半胱氨酸	0.31%	7.44 g
苯丙氨酸	0.42%	9.96 g
苯丙氨酸＋酪氨酸	0.7%	16.55 g
苏氨酸	0.28%	6.7 g
色氨酸	0.23%	5.42 g
缬氨酸	0.34%	8.01 g
总钙	0.75%	17.81 g
STTD 磷[e]	0.33%	7.84 g
ATTD 磷[f,g]	0.31%	7.36 g
总磷[g]	0.75%	17.81 g
钠	0.15%	3，56 g
氯	0.12%	2.85 g
矿物质 镁	0.04%	0.95 g
钾	0.2%	4.75 g
铜	5 mg	11.88 mg
碘	0.14 mg	0.33 mg
铁	80 mg	190 mg
锰	20 mg	47.5 mg
硒	0.3 mg	0.71 mg
锌	50 mg	118.75 mg

（续）

	需要量	
	％或每千克日粮中含量	日需要量
维生素	维生素 A[h]	4 000 IU	9 500 IU
	维生素 D$_3$[i]	200 IU	475 IU
	维生素 E[j]	44 IU	104.5 IU
	维生素 K（甲萘醌）	0.50 mg	1.19 mg
	生物素	0.20 mg	0.48 mg
	胆碱	1.25 g	2.97 g
	叶酸	1.30 mg	3.09 g
	可利用烟酸[k]	10 mg	23.75 mg
	泛酸	12 mg	28.50 mg
	核黄素	3.75 mg	8.91 mg
	硫胺素	1.0 mg	2.38 mg
	维生素 B$_6$	1.0 mg	2.38 mg
	维生素 B$_{12}$	15 μg	35.63 g
亚油酸		0.10%	2.38 g

注：a. 需要量的制订以日采食（加上浪费）2.5 kg 饲料为基础。采食量可能需要根据公猪体重和预期增重进行调整。

b. 玉米-豆粕型日粮的能量含量。有效消化能和有效代谢能是根据体重在 25 kg 左右猪的净能的固定转化率计算得到。对于玉米-豆粕型日粮，有效消化能和有效代谢能接近实际消化能和代谢能。最佳日粮能量水平依据当地饲料原料的可利用性及当地原料成本的不同而改变。当使用替代原料时，建议按照净能含量设计日粮配方，调整营养需要量确保营养含量与净能比率保持不变。

c. 假设有 5% 的饲料浪费。

d. 表观回肠可消化和总氨基酸需要量只适用于玉米-豆粕型日粮，主要根据回肠标准可消化氨基酸需要量和玉米、去皮豆粕及磷酸氢钙的营养成分计算得出。假设日粮中添加 0.1% 的赖氨酸盐酸盐及 3% 的维生素和矿物质。玉米和豆粕添加水平满足回肠标准可消化赖氨酸需要都以满足回肠标准可消化氨基酸需要量为前提计算得到。

e. 全消化道标准可消化。

f. 全消化道表观可消化。

g. 全消化道表观可消化磷和总磷需要量只适用于玉米-豆粕型的日粮，是依据全消化道标准可消化磷的需要量和玉米、去皮豆粕及磷酸氢钙的营养成分计算得出。假设日粮中添加 0.1% 的赖氨酸盐酸盐及 3% 的维生素和矿物质。玉米和豆粕添加水平满足回肠需要，而磷酸氢钙的添加量满足全消化道标准可消化磷水平。

h. 1 IU 维生素 A＝0.30 μg 视黄醇或者 0.344 μg 视黄醇乙酸酯。维生素 A 的活性（视黄醇当量）也由 β-胡萝卜素提供。

i. 1 IU 维生素 D$_2$ 或维生素 D$_3$＝0.025 μg 胆钙化醇。

j. 1 IU 维生素 E＝0.67 mgD-α-生育酚或 1 mgDL-α-醋酸生育酚。近来研究表明，天然的和人工合成的 α-醋酸生育酚有实质性的差别。

k. 玉米、高粱、小麦和大麦中的烟酸不可被利用。同样，这些谷物来源的副产物中的烟酸利用率也很低，除非对这些副产物进行了湿磨工艺的发酵。

附表 1-2　**怀孕母猪日粮钙、磷和氨基酸需要量**（日粮含 90% 干物质）[a]

	胎次（配种时体重/kg）					
	1（140）		2（165）		3（185）	
	预计孕期体增重/kg					
	65		60		52.2	
	预计窝产仔数[b]					
	12.5		13.5		13.5	
	妊娠天数					
	<90	>90	<90	>90	<90	>90
日粮净能[a]/(kcal/kg)	2 518	2 518	2 518	2 518	2 518	2 518
日粮有效消化能[a]/(kcal/kg)	3 388	3 388	3 388	3 388	3 388	3 388
日粮有效代谢能[a]/(kcal/kg)	3 300	3 300	3 300	3 300	3 300	3 300
估算有效代谢能摄入量/(kcal/d)	6 678	7 932	6 928	8 182	6 928	8 182
估算采食量+浪费[c]/(g/d)	2 130	2 530	2 210	2 610	2 210	2 610
增重/(g/d)	578	543	539	481	472	408
钙和磷需要量/%						
总钙	0.61	0.83	0.54	0.78	0.49	0.72
STTD磷[d]	0.27	0.36	0.24	0.34	0.21	0.31
ATTD磷[e,f]	0.23	0.31	0.2	0.29	0.18	0.27
总磷[f]	0.49	0.62	0.45	0.58	0.41	0.55
氨基酸需要量[g,h]						
回肠标准可消化基础/%						
精氨酸	0.28	0.37	0.23	0.32	0.19	0.28
组氨酸	0.18	0.22	0.15	0.19	0.13	0.16
异亮氨酸	0.30	0.36	0.25	0.32	0.22	0.27
亮氨酸	0.47	0.65	0.40	0.57	0.35	0.51
赖氨酸	0.52	0.69	0.44	0.61	0.37	0.53
蛋氨酸	0.15	0.20	0.12	0.17	0.10	0.15
蛋氨酸+半胱氨酸	0.34	0.45	0.29	0.40	0.26	0.36
苯丙氨酸	0.29	0.38	0.25	0.34	0.21	0.30
苯丙氨酸+酪氨酸	0.50	0.66	0.43	0.58	0.37	0.51
苏氨酸	0.37	0.48	0.33	0.43	0.29	0.39
色氨酸	0.09	0.13	0.08	0.12	0.07	0.11
缬氨酸	0.37	0.49	0.32	0.43	0.28	0.39
总氮	1.32	1.79	1.15	1.61	1.01	1.45
回肠表观可消化基础/%						
精氨酸	0.23	0.32	0.19	0.28	0.15	0.23
组氨酸	0.17	0.21	0.14	0.18	0.11	0.15
异亮氨酸	0.27	0.34	0.23	0.29	0.19	0.25
亮氨酸	0.43	0.60	0.36	0.53	0.30	0.46

	胎次（配种时体重/kg）			
	4+（205）			
	预计孕期体增重/kg			
	45		40	45
	预计窝产仔数[b]			
	13.5		13.5	15.5
	妊娠天数			
	<90	>90	<90	>90	<90	>90
日粮净能[a]/(kcal/kg)	2 518	2 518	2 518	2 518	2 518	2 518
日粮有效消化能[a]/(kcal/kg)	3 388	3 388	3 388	3 388	3 388	3 388
日粮有效代谢能[a]/(kcal/kg)	3 300	3 300	3 300	3 300	3 300	3 300
估算有效代谢能摄入量/(kcal/d)	6 897	8 151	6 427	7 681	6 251	7 775
估算采食量+浪费[c]/(g/d)	2 200	2 600	2 050	2 450	2 080	2 480
增重/(g/d)	410	340	364	298	416	313
钙和磷需要量/%						
总钙	0.43	0.67	0.16	0.71	0.46	0.75
STTD磷[d]	0.19	0.29	0.2	0.31	0.20	0.33
ATTD磷[e,f]	0.16	0.25	0.17	0.26	0.17	0.28
总磷[f]	0.38	0.52	0.4	0.54	0.40	0.56
氨基酸需要量[g,h]						
回肠标准可消化基础/%						
精氨酸	0.17	0.24	0.17	0.25	0.17	0.26
组氨酸	0.11	0.14	0.11	0.14	0.11	0.15
异亮氨酸	0.19	0.24	0.19	0.24	0.20	0.26
亮氨酸	0.30	0.45	0.31	0.47	0.32	0.49
赖氨酸	0.32	0.46	0.32	0.48	0.33	0.50
蛋氨酸	0.09	0.13	0.09	0.13	0.09	0.14
蛋氨酸+半胱氨酸	0.23	0.33	0.23	0.33	0.24	0.35
苯丙氨酸	0.19	0.27	0.19	0.27	0.19	0.29
苯丙氨酸+酪氨酸	0.32	0.46	0.33	0.47	0.33	0.49
苏氨酸	0.27	0.36	0.27	0.36	0.28	0.38
色氨酸	0.07	0.10	0.07	0.10	0.07	0.11
缬氨酸	0.25	0.35	0.25	0.36	0.26	0.37
总氮	0.90	1.32	0.91	1.35	0.94	1.43
回肠表观可消化基础/%						
精氨酸	0.12	0.20	0.12	0.21	0.13	0.22
组氨酸	0.10	0.13	0.10	0.13	0.10	0.14
异亮氨酸	0.17	0.22	0.17	0.22	0.17	0.23
亮氨酸	0.26	0.41	0.27	0.42	0.13	0.45

（续）

回肠表观可消化基础/%												
赖氨酸	0.49	0.66	0.40	0.57	0.34	0.49	0.29	0.43	0.29	0.44	0.30	0.47
蛋氨酸	0.14	0.19	0.11	0.16	0.09	0.14	0.08	0.12	0.08	0.12	0.08	0.13
蛋氨酸＋半胱氨酸	0.32	0.43	0.27	0.38	0.24	0.34	0.21	0.31	0.21	0.31	0.22	0.33
苯丙氨酸	0.26	0.35	0.22	0.31	0.19	0.27	0.16	0.24	0.16	0.25	0.17	0.26
苯丙氨酸＋酪氨酸	0.46	0.62	0.39	0.54	0.33	0.47	0.29	0.42	0.29	0.43	0.30	0.45
苏氨酸	0.32	0.43	0.28	0.38	0.25	0.34	0.22	0.31	0.22	0.32	0.22	0.33
色氨酸	0.08	0.12	0.07	0.11	0.06	0.10	0.05	0.09	0.06	0.09	0.06	0.10
缬氨酸	0.33	0.44	0.28	0.39	0.24	0.34	0.21	0.31	0.21	0.31	0.22	0.33
总氮	1.12	1.58	0.95	1.41	0.82	1.25	0.72	1.12	0.73	1.15	0.75	1.23
总氨基酸和总氮基础/%												
精氨酸	0.32	0.42	0.27	0.37	0.23	0.32	0.20	0.29	0.21	0.29	0.21	0.31
组氨酸	0.22	0.27	0.19	0.23	0.16	0.20	0.14	0.18	0.14	0.18	0.14	0.19
异亮氨酸	0.36	0.43	0.31	0.38	0.27	0.33	0.24	0.29	0.24	0.30	0.24	0.31
亮氨酸	0.55	0.75	0.47	0.66	0.41	0.59	0.36	0.53	0.36	0.54	0.37	0.57
赖氨酸	0.61	0.80	0.52	0.71	0.45	0.62	0.39	0.55	0.39	0.56	0.40	0.59
蛋氨酸	0.18	0.23	0.15	0.20	0.13	0.18	0.11	0.16	0.11	0.16	0.12	0.17
蛋氨酸＋半胱氨酸	0.41	0.54	0.36	0.48	0.32	0.44	0.29	0.40	0.29	0.41	0.30	0.43
苯丙氨酸	0.34	0.44	0.29	0.40	0.25	0.35	0.23	0.31	0.23	0.32	0.23	0.34
苯丙氨酸＋酪氨酸	0.61	0.79	0.53	0.70	0.46	0.62	0.41	0.56	0.41	0.57	0.42	0.60
苏氨酸	0.46	0.58	0.41	0.53	0.37	0.48	0.34	0.44	0.34	0.45	0.35	0.47
色氨酸	0.11	0.15	0.1	0.14	0.09	0.13	0.08	0.12	0.08	0.12	0.08	0.13
缬氨酸	0.45	0.58	0.39	0.52	0.34	0.46	0.31	0.42	0.31	0.43	0.32	0.45
总氮	1.62	2.15	1.42	1.95	1.26	1.77	1.14	1.62	1.15	1.65	1.18	1.74

注：a. 玉米-豆粕型日粮的能量含量。有效消化能和有效代谢能是根据母猪的净能固定转化率计算得到。对于玉米-豆粕型日粮，有效消化能和有效代谢能接近实际消化能和代谢能。最适宜的日粮能量水平根据原料的可利用率及当地原料成本不同而改变。当使用替代原料时，建议按净能含量设计日粮配方，调整营养需要量确保营养含量与净能比率保持不变。

b. 预期平均出生体重为 1.40 kg。

c. 假设有 5% 的饲料浪费。

d. 全消化道标准可消化。

e. 全消化道表观可消化。

f. 全消化道表观可消化磷和总磷需要量只适用于玉米-豆粕型的日粮，是依据全消化道标准可消化磷的需要量和玉米、去皮豆粕及磷酸氢钙的营养成分计算得出。假设日粮中添加 0.1% 的赖氨酸盐酸盐及 3% 的维生素和矿物质。玉米和豆粕添加水平以满足回肠标准可消化赖氨酸需要量为前提计算得到，而磷酸氢钙的添加量以满足全消化道标准可消化磷水平为前提计算得到。

g. 需要量以生长模型估算得到。

h. 回肠表观可消化和总氨基酸需要量只适用于玉米-豆粕型日粮，主要根据回肠标准可消化氨基酸需要量和玉米、去皮豆粕为基础的日粮（日粮添加 0.1% 的赖氨酸盐酸盐及 3% 的维生素和矿物质）中氨基酸含量计算得出。对每一种氨基酸而言，日粮中的玉米和豆粕水平及营养素需要量都以满足回肠标准可消化氨基酸需要量为前提计算得到。

附表 1-3　妊娠和泌乳母猪日粮矿物质、维生素和脂肪酸需要量（日粮含 90% 干物质）

		妊娠母猪	泌乳母猪
日粮净能[a]/(kcal/kg)		2 518	2 518
日粮有效消化能[a]/(kcal/kg)		3 388	3 388
日粮有效代谢能[a]/(kcal/kg)		3 300	3 300
估算有效代谢能摄入量/(kcal/d)		6 928	19 700
估算采食量＋浪费[b]/(g/d)		2 210	6 280
需要量			
矿物质元素	钠/%	0.15	0.2
	氯/%	0.12	0.16
	镁/%	0.06	0.06
	钾/%	0.2	0.2
	铜/(mg/kg)	10	20
	碘/(mg/kg)	0.14	0.14
	铁/(mg/kg)	80	80
	锰/(mg/kg)	25	25
	硒/(mg/kg)	0.15	0.15
	锌/(mg/kg)	100	100
维生素	维生素 A[c]/(IU/kg)	4 000	2 000
	维生素 D[d]/(IU/kg)	800	800
	维生素 E[e]/(IU/kg)	44	44
	维生素 K/(mg/kg)	0.5	0.5
	生物素/(mg/kg)	0.2	0.2
	胆碱/(g/kg)	1.25	1
	叶酸/(mg/kg)	1.3	1.3
	可利用烟酸[f]/(mg/kg)	10	10
	泛酸/(mg/kg)	12	12
	核黄素/(mg/kg)	3.15	3.15
	硫胺素/(mg/kg)	1	1
	维生素 B_6/(mg/kg)	1	1
	维生素 B_{12}/(μg/kg)	15	15
亚油酸/%		0.1	0.1

注：a. 玉米-豆粕型日粮的能量含量。有效消化能和有效代谢能是根据体重在 25 kg 左右猪的净能的固定转化率计算得到。对于玉米-豆粕型日粮，有效消化能和有效代谢能接近实际消化能和代谢能。最适宜的日粮能量水平根据原料的可利用性与当地原料成本不同而改变。当使用替代原料时，建议按净能含量设计日粮配方，调整营养需要量确保营养含量与净能比率保持不变。

b. 假设有 5% 的饲料浪费。

c. 1 IU 维生素 A＝0.30 μg 视黄醇或者 0.344 μg 视黄醇乙酸酯。维生素 A 的活性（视黄醇当量）也由 β-胡萝卜素提供。

d. 1 IU 维生素 D_2 或维生素 D_3＝0.025 μg 胆钙化醇

e. 1 IU 维生素 E＝0.67 mgD-α-生有酚或者 1 mg DL-α-醋酸生育酚。近来研究表明，天然的和人工合成的 α-醋酸生育酚有实质性的差别。

f. 玉米、高粱、小麦和大麦中的烟酸不可被利用。同样，这些谷物来源的副产物中的烟酸利用率也很低，除非对这些副产物进行了湿磨工艺的发酵。

附表 1-4　泌乳母猪日粮氨基酸需要量（日粮含 90% 干物质）[a]

	胎次					
	1			2+		
	产仔后体重/kg					
	175	175	175	210	210	210
	窝产仔数					
	11	11	11	11.5	11.5	11.5
	泌乳期长度/d					
	21	21	21	21	21	21
	泌乳仔猪平均日增重/g					
	190	230	270	190	230	270
日粮净能[a]/(kcal/kg)	2 518	2 518	2 518	2 518	2 518	2 518
日粮有效消化能[a]/(kcal/kg)	3 388	3 388	3 388	3 388	3 388	3 388
日粮有效代谢能[a]/(kcal/kg)	3 300	3 300	3 300	3 300	3 300	3 300
估算有效代谢能摄入量/(Mcal/d)	18.7	18.7	18.7	20.7	20.7	20.7
估算采食量＋浪费[b]/(g/d)	5.95	5.95	5.93	6.61	6.61	6.61
母猪预计体重变化/kg	1.5	−7.7	−17.4	3.7	−5.8	−15.9
钙和磷需要量/%						
总钙	0.63	0.71	0.80	0.60	0.68	0.76
STTD 磷[c]	0.31	0.36	0.40	0.30	0.34	0.38
ATTD 磷[d,e]	0.27	0.31	0.35	0.26	0.29	0.33
总磷[e]	0.56	0.62	0.67	0.54	0.60	0.65
氨基酸需要量[f,g]						
回肠标准可消化基础/%						
精氨酸	0.43	0.44	0.46	0.42	0.43	0.45
组氨酸	0.30	0.32	0.34	0.29	0.31	0.33
异亮氨酸	0.41	0.45	0.49	0.40	0.43	0.47
亮氨酸	0.83	0.92	1.00	0.80	0.88	0.96
赖氨酸	0.75	0.81	0.87	0.72	0.78	0.84
蛋氨酸	0.20	0.21	0.23	0.19	0.21	0.22
蛋氨酸＋半胱氨酸	0.39	0.43	0.47	0.38	0.41	0.45
苯丙氨酸	0.41	0.44	0.48	0.39	0.42	0.46
苯丙氨酸＋酪氨酸	0.83	0.91	0.99	0.80	0.87	0.95
苏氨酸	0.47	0.51	0.55	0.46	0.49	0.53
色氨酸	0.14	0.15	0.17	0.13	0.15	0.16
缬氨酸	0.64	0.69	0.74	0.61	0.66	0.71
总氮	1.62	1.73	1.86	1.56	1.67	1.79

（续）

回肠表观可消化基础/%					
精氨酸	0.39	0.40	0.41	0.38	0.39	0.40
组氨酸	0.28	0.30	0.33	0.27	0.29	0.31
异亮氨酸	0.39	0.42	0.46	0.37	0.41	0.44
亮氨酸	0.79	0.87	0.95	0.76	0.83	0.91
赖氨酸	0.71	0.77	0.83	0.68	0.74	0.80
蛋氨酸	0.19	0.20	0.22	0.18	0.20	0.21
蛋氨酸＋半胱氨酸	0.37	0.41	0.44	0.36	0.39	0.42
苯丙氨酸	0.38	0.41	0.45	0.36	0.40	0.43
苯丙氨酸＋酪氨酸	0.78	0.86	0.95	0.75	0.93	0.90
苏氨酸	0.42	0.46	0.50	0.41	0.44	0.48
色氨酸	0.13	0.14	0.16	0.12	0.14	0.15
缬氨酸	0.58	0.64	0.69	0.56	0.61	0.66
总氮	1.40	1.52	1.64	1.35	1.46	1.57
总氨基酸和总氮基础/%					
精氨酸	0.48	0.50	0.51	0.47	0.48	0.50
组氨酸	0.35	0.37	0.4	0.34	0.36	0.38
异亮氨酸	0.49	0.52	0.56	0.47	0.5	0.54
亮氨酸	0.96	1.05	1.15	0.92	1.01	1.10
赖氨酸	0.86	0.93	1.00	0.83	0.90	0.96
蛋氨酸	0.23	0.25	0.27	0.23	0.24	0.26
蛋氨酸＋半胱氨酸	0.47	0.51	0.55	0.46	0.49	0.53
苯丙氨酸	0.47	0.51	0.55	0.46	0.49	0.53
苯丙氨酸＋酪氨酸	0.98	1.07	1.16	0.94	1.03	1.12
苏氨酸	0.58	0.62	0.67	0.56	0.60	0.65
色氨酸	0.16	0.18	0.19	0.15	0.17	0.18
缬氨酸	0.75	0.81	0.87	0.72	0.78	0.84
总氮	1.95	2.08	2.22	1.89	2.01	2.15

注：a. 玉米-豆粕型日粮的能量含量。有效消化能和有效代谢能是根据母猪的净能固定转化率计算得到。对于玉米-豆粕型日粮，有效消化能和有效代谢能接近实际消化能和代谢能。最适宜的日粮能量水平根据原料的可利用性和当地原料成本不同而变动。当使用替代原料时，建议按净能含量设计日粮配方，调整营养需要量确保营养含量与净能比率保持不变。

b. 假设饲料浪费为 5%。

c. 全消化道标准可消化。

d. 全消化道表观可消化。

e. 全消化道表观可消化磷和总磷需要量只适用于玉米-豆粕型的日粮，是依据全消化道标准可消化磷的需要量和玉米、去皮豆粕与磷酸氢钙的营养成分计算所得。假设日粮中添加 0.1% 的赖氨酸盐酸盐及 3% 的维生素和矿物质。玉米和豆粕添加水平以满足标准回肠可消化赖氨酸需要量而计算得到，而磷酸氢钙的添加量以满足全消化道标准可消化磷水平为前提计算得到。

f. 需要量以生长模型为基础估算得到。

g. 回肠表观可消化和总氨基酸需要量只适用于玉米-豆粕型日粮，主要根据回肠标准可消化氨基酸需要量和玉米、去皮豆粕为基础的日粮（日粮添加 0.1% 的赖氨酸盐酸盐及 3% 的维生素和矿物质）中氨基酸含量计算所得。对于每一种氨基酸而言，日粮中的玉米和豆粕水平以及营养素需要量都以满足回肠标准可消化氨基酸需要量为前提而计算得到。

附表 1-5 仔猪和生长育肥猪日粮钙、磷和氨基酸需要量（自由采食、日粮含 90% 干物质[a]）

	体重范围/kg						
	5～7	7～11	11～25	25～50	50～75	75～100	100～125
日粮净能[b]/(kcal/kg)	2 448	2 448	2 412	2 475	2 475	2 475	2 475
日粮有效消化能[b]/(kcal/kg)	3 542	3 542	3 490	3 402	3 402	3 402	3 402
日粮有效代谢能[b]/(kcal/kg)	3 400	3 400	3 350	3 300	3 300	3 300	3 300
估算有效代谢能摄入量/(kcal/d)	904	1 592	3 033	4 959	6 989	8 265	9 196
估算采食量＋浪费[c]/(g/d)	280	493	953	1 582	2 229	2 636	2 933
日增重/(g/d)	210	335	585	758	900	917	867
蛋白沉积/(g/d)	—	—	—	128	147	141	122
钙和磷需要量/%							
总钙	0.85	0.8	0.7	0.66	0.59	0.52	0.46
STTD 磷[d]	0.45	0.4	0.33	0.31	0.27	0.24	0.21
ATTD 磷[e,f]	0.41	0.36	0.29	0.26	0.23	0.21	0.18
总磷[f]	0.7	0.65	0.6	0.56	0.52	0.47	0.43
氨基酸需要量[g,h]							
回肠标准可消化基础/%							
精氨酸	0.68	0.61	0.56	0.45	0.39	0.33	0.28
组氨酸	0.52	0.46	0.42	0.34	0.29	0.25	0.21
异亮氨酸	0.77	0.69	0.63	0.51	0.45	0.39	0.33
亮氨酸	1.5	1.35	1.23	0.99	0.85	0.74	0.62
赖氨酸	1.5	1.35	1.23	0.98	0.85	0.73	0.61
蛋氨酸	0.43	0.39	0.36	0.28	0.24	0.21	0.18
蛋氨酸＋半胱氨酸	0.82	0.74	0.68	0.55	0.48	0.42	0.36
苯丙氨酸	0.88	0.79	0.72	0.59	0.51	0.44	0.37
苯丙氨酸＋酪氨酸	1.38	1.25	1.14	0.92	0.8	0.69	0.58
苏氨酸	0.88	0.79	0.73	0.59	0.52	0.46	0.4
色氨酸	0.25	0.22	0.2	0.17	0.15	0.13	0.11
缬氨酸	0.95	0.86	0.78	0.64	0.55	0.48	0.41
总氮	3.1	2.8	2.56	2.11	1.84	1.61	1.37
回肠表观可消化基础/%							
精氨酸	0.64	0.57	0.51	0.41	0.34	0.29	0.24
组氨酸	0.49	0.44	0.4	0.32	0.27	0.24	0.19
异亮氨酸	0.74	0.66	0.6	0.49	0.42	0.36	0.3
亮氨酸	1.45	1.3	1.18	0.94	0.81	0.69	0.57
赖氨酸	1.45	1.31	1.19	0.94	0.81	0.69	0.57
蛋氨酸	0.42	0.38	0.34	0.27	0.23	0.2	0.16
蛋氨酸＋半胱氨酸	0.79	0.71	0.65	0.53	0.46	0.4	0.33

（续）

回肠表观可消化基础/%							
苯丙氨酸	0.85	0.76	0.69	0.56	0.48	0.41	0.34
苯丙氨酸+酪氨酸	1.32	1.19	1.08	0.87	0.75	0.65	0.54
苏氨酸	0.81	0.73	0.67	0.54	0.47	0.41	0.35
色氨酸	0.23	0.21	0.19	0.16	0.13	0.12	0.1
缬氨酸	0.89	0.8	0.73	0.59	0.51	0.44	0.36
总氮	2.84	2.55	2.32	1.88	1.62	1.4	1.16
总氨基酸和总氮基础/%							
精氨酸	0.75	0.68	0.62	0.5	0.44	0.38	0.32
组氨酸	0.58	0.53	0.48	0.39	0.34	0.3	0.25
异亮氨酸	0.88	0.79	0.73	0.59	0.52	0.45	0.39
亮氨酸	1.71	1.54	1.41	1.13	0.98	0.85	0.71
赖氨酸	1.7	1.53	1.40	1.12	0.97	0.84	0.71
蛋氨酸	0.49	0.44	0.4	0.32	0.28	0.25	0.21
蛋氨酸+半胱氨酸	0.96	0.87	0.79	0.65	0.57	0.5	0.43
苯丙氨酸	1.01	0.91	0.83	0.68	0.59	0.51	0.43
苯丙氨酸+酪氨酸	1.6	1.44	1.32	1.08	0.94	0.82	0.7
苏氨酸	1.05	0.95	0.87	0.72	0.64	0.56	0.49
色氨酸	0.28	0.25	0.23	0.19	0.17	0.15	0.13
缬氨酸	1.1	1	0.91	0.75	0.65	0.57	0.49
总氮	3.63	3.29	3.02	2.51	2.2	1.94	1.67

注：a. 25～125 kg 体重阶段，公母 1∶1 混养，中-高度瘦肉生长速度（每日平均体蛋白质沉积 135 g）。

b. 玉米-豆粕型日粮的能量含量。有效消化能和有效代谢能是根据体重 25 kg 左右猪的固定净能转化率计算得到。对于玉米-豆粕型日粮，有效消化能和有效代谢能与实际消化能和代谢能相似。最适宜的日粮能量水平根据原料的可利用率及当地原料成本不同而改变。当使用替代原料时，建议基于净能含量设计日粮配方，调整营养需要量确保营养含量与净能比率保持不变。

c. 假设有 5% 的饲料浪费。

d. 全消化道标准可消化。

e. 全消化道表观可消化。

f. 全消化道表观可消化磷和总磷需要量只适用于玉米-豆粕型的日粮，是依据全消化道标准可消化磷的需要量和玉米、去皮豆粕及磷酸氢钙的营养成分计算得出。假设日粮中添加 0.1% 的赖氨酸盐酸盐及 3% 的维生素和矿物质。玉米和豆粕添加水平以满足回肠标准可消化赖氨酸需要量为前提计算得到，而磷酸氢钙的添加量以满足全消化道标准可消化磷水平为前提计算得到。

g. 5～25 kg 的猪赖氨酸需要量（%）根据经验计算所得，其他氨基酸的需要量都参照满足维持和生长需要的氨基酸与赖氨酸的比率计算所得。25～135 kg 猪的需要量由生长模型估算得到。

h. 回肠表观可消化和总氨基酸需要量只适用于玉米-豆粕型日粮，主要根据回肠标准可消化氨基酸需要量和玉米、去皮豆粕为基础的日粮（日粮添加 0.1% 的赖氨酸盐酸盐及 3% 的维生素和矿物质）中氨基酸含量计算得出。对每种氨基酸而言，日粮中的玉米和豆粕水平及营养素需要量都以满足回肠标准可消化氨基酸需要量为前提计算得到。

附表 1-6　仔猪和生长育肥猪日粮矿物质、维生素和脂肪酸
需要量（自由采食，日粮含 90% 干物质[a]）

		体重范围/kg						
		5～7	7～11	11～25	25～50	50～75	75～100	100～125
日粮净能[a]/(kcal/kg)		2 448	2 448	2 412	2 475	2 475	2 475	2 475
日粮有效消化能[a]/(kcal/kg)		3 542	3 542	3 490	3 402	3 402	3 402	3 402
日粮有效代谢能[a]/(kcal/kg)		3 400	3 400	3 350	3 300	3 300	3 300	3 300
估算有效代谢能摄入量/(kcal/d)		904	1 592	3 033	4 959	6 989	8 265	9 196
估算采食量＋浪费[b]/(g/d)		280	493	953	1 582	2 229	2 636	2 933
增重/(g/d)		210	335	585	758	900	917	867
蛋白沉积/(g/d)		—	—	—	128	147	141	122
需要量								
矿物质	钠/%	0.4	0.35	0.28	0.1	0.1	0.1	0.1
	氯/%	0.5	0.45	0.32	0.08	0.08	0.08	0.08
	镁/%	0.04	0.04	0.04	0.04	0.04	0.04	0.04
	钾/%	0.3	0.28	0.26	0.23	0.19	0.17	0.17
	铜/(mg/kg)	6	6	5	4	3.5	3	3
	碘/(mg/kg)	0.14	0.14	0.14	0.14	0.14	0.14	0.14
	铁/(mg/kg)	100	100	100	60	50	40	40
	锰/(mg/kg)	4	4	3	2	2	2	2
	硒/(mg/kg)	0.3	0.3	0.25	0.2	0.15	0.15	0.15
	锌/(mg/kg)	100	100	80	60	50	50	50
维生素	维生素 A[c]/(IU/kg)	2 200	2 200	1 750	1 300	1 300	1 300	1 300
	维生素 D[d]/(IU/kg)	220	220	200	150	150	150	150
	维生素 E[e]/(IU/kg)	16	16	11	11	11	11	11
	维生素 K/(mg/kg)	0.5	0.5	0.5	0.5	0.5	0.5	0.5
	生物素/(mg/kg)	0.08	0.05	0.05	0.05	0.05	0.05	0.05
	胆碱/(g/kg)	0.6	0.5	0.4	0.3	0.3	0.3	0.3
	叶酸/(mg/kg)	0.3	0.3	0.3	0.3	0.3	0.3	0.3
	可利用烟酸[f]/(mg/kg)	30	30	30	30	30	30	30
	泛酸（mg/kg)	12	10	9	8	7	7	7
	核黄素/(mg/kg)	4	3.5	3	2.5	2	2	2

（续）

		需要量						
维生素	硫胺素（mg/kg）	1.5	1	1	1	1	1	1
	维生素 B_6/（mg/kg）	7	7	3	1	1	1	1
	维生素 B_{12}/（μg/kg）	20	17.5	15	10	5	5	5
亚油酸/%		0.1	0.1	0.1	0.1	0.1	0.1	0.1

注：a. 玉米-豆粕型日粮的能量含量。有效消化能和有效代谢能是根据体重在 25 kg 左右猪的净能的固定转化率计算得到。对于玉米豆粕型日粮，有效消化能和有效代谢能接近实际消化能和代谢能。最适宜的日粮能量水平根据原料的可利用性与当地原料成本不同而改变。当使用替代原料时，建议按净能含量设计日粮配方，调整营养需要量确保营养含量与净能比率保持不变。

b. 假设有 5% 的饲料浪费。

c. 1 IU 维生素 A＝0.30 μg 视黄醇或者 0.344 μg 视黄醇乙酸酯。维生素 A 的活性（视黄醇当量）也由 β-胡萝卜素提供。

d. 1 IU 维生素 D_2 或维生素 D_3＝0.025 μg 胆钙化醇。

e. 1 IU 维生素 E＝0.67 mgD-α-生有酚或者 1 mg DL-α-醋酸生育酚。近来研究表明，天然的和人工合成的 α-醋酸生育酚有实质性的差别。

f. 玉米、高粱、小麦和大麦中的烟酸不可被利用。同样，这些谷物来源的副产物中的烟酸利用率也很低，除非对这些副产物进行了湿磨工艺的发酵。

参 考 文 献

白红杰，2013. 规模化猪场粪污生态化综合处理工艺的应用研究［J］. 养猪（5）：73-76.

陈瑶生，2013. 专家与成功养殖者共谈：现代高效养猪实战方案［M］. 北京：金盾出版社.

靳胜福，2008. 畜牧业经济与管理［M］. 北京：中国农业出版社.

李军成，任德云，2014. 养猪与猪病防治［M］. 北京：中国农业出版社.

李立山，张周，2006. 养猪与猪病防治［M］. 北京：中国农业出版社.

李立山，2011. 猪生产［M］. 北京：中国农业出版社.

刘凤华，2006. 家畜环境卫生学［M］. 北京：中国农业出版社.

刘海良，1998. ［加］养猪生产［M］. 北京：中国农业出版社.

刘孟洲，2007. 猪的配套系育种与甘肃猪种资源［M］. 兰州：甘肃科学技术出版社.

美国国家研究委员会，1998. ［美］猪营养需要［M］. 谯仕彦等，译. 北京：中国农业大学出版社.

曲万文，等，2014. 现代猪场生产管理实用技术［M］. 3 版. 北京：中国农业出版社.

宋育，1995. 猪的营养［M］. 北京：中国农业出版社.

霍登登，2007. ［美］养猪学［M］. 7 版. 王爱国，译. 北京：中国农业大学出版社.

王若军，2003. ［英］母猪与公猪的营养［M］. 北京：中国农业大学出版社.

杨公社，2002. 猪生产学［M］. 北京：中国农业出版社.

斯特劳，等，2014. ［美］猪病学［M］. 10 版. 赵德明，等译. 北京：中国农业大学出版社.

盖德，2015. ［美］现代养猪生产技术［M］. 周绪斌，等译. 北京：中国农业出版社.

读者意见反馈

亲爱的读者：

感谢您选用中国农业出版社出版的职业教育教材。为了提升我们的服务质量，为职业教育提供更加优质的教材，敬请您在百忙之中抽出时间对我们的教材提出宝贵意见。我们将根据您的反馈信息改进工作，以优质的服务和高质量的教材回报您的支持和爱护。

地　　址：北京市朝阳区麦子店街 18 号楼（100125）

　　　　　中国农业出版社职业教育出版分社

联系方式：QQ（1492997993）

教材名称：_____　ISBN：_____

个人资料

姓名：_____所在院校及所学专业：_____

通信地址：_____

联系电话：_____电子信箱：_____

您使用本教材是作为：□指定教材□选用教材□辅导教材□自学教材

您对本教材的总体满意度：

从内容质量角度看□很满意□满意□一般□不满意

改进意见：_____

从印装质量角度看□很满意□满意□一般□不满意

改进意见：_____

本教材最令您满意的是：

□指导明确□内容充实□讲解详尽□实例丰富□技术先进实用□其他_____

您认为本教材在哪些方面需要改进？（可另附页）

□封面设计□版式设计□印装质量□内容□其他_____

您认为本教材在内容上哪些地方应进行修改？（可另附页）

_____

_____

本教材存在的错误：（可另附页）

第_____页，第_____行：_____应改为：_____

第_____页，第_____行：_____应改为：_____

第_____页，第_____行：_____应改为：_____

您提供的勘误信息可通过 QQ 发给我们，我们会安排编辑尽快核实改正，所提问题一经采纳，会有精美小礼品赠送。非常感谢您对我社工作的大力支持！

欢迎访问"全国农业教育教材网"http：//www.qgnyjc.com（此表可在网上下载）

欢迎登录"中国农业教育在线"http：//www.ccapedu.com 查看更多网络学习资源

欢迎登录"智农书苑"read.ccapedu.com 阅读更多纸数融合教材